普通高等职业教育计算机系列规划教材

网页设计与制作

（HTML5+CSS3+JavaScript）

陈惠红　胡耀民　刘世明　主　编

严　梅　汤双霞　丘美玲　副主编

电子工业出版社

Publishing House of Electronics Industry

北京·BEIJING

内 容 简 介

　　本书从网站基础知识开始，结合大量案例，全面、翔实地介绍了使用 HTML5+CSS3+JavaScript 技术开发 Web 网站前端页面的具体方法与步骤，引导读者从零开发，一步步掌握 Web 开发的全过程。

　　本书共 11 章，主要内容包括网页设计基础，HTML5 网页设计文档结构、文本、图像、超链接、表格、表单等；用 CSS3 设置文本、表格、图片、背景和边框等；JavaScript 的语法、函数和对象，DOM 和 BOM，JavaScript 与 HTML5 新标记搭配使用的方法和技术等；通过专题效果、集团网站综合案例详细介绍了 Web 前端设计的完整过程。

　　本书内容丰富、理论结合实践，适合网页制作、美工设计、网站开发、网页编程等行业人员阅读和参考，也可供网页爱好者自学使用，还可作为高等院校网页设计与制作的教材及网页平面设计的培训教材。

图书在版编目（CIP）数据

网页设计与制作：HTML5+CSS3+JavaScript/陈惠红，胡耀民，刘世明主编. —北京：电子工业出版社，2018.8
普通高等职业教育计算机系列规划教材
ISBN 978-7-121-34412-1

Ⅰ．①网… Ⅱ．①陈… ②胡… ③刘… Ⅲ．①超文本标记语言－程序设计－高等职业教育－教材②网页制作工具－高等职业教育－教材③JAVA 语言－程序设计－高等职业教育－教材 Ⅳ．①TP312②TP393.092

中国版本图书馆CIP数据核字（2018）第124248号

策划编辑：徐建军（xujj@phei.com.cn）
责任编辑：靳　平
印　　刷：北京七彩京通数码快印有限公司
装　　订：北京七彩京通数码快印有限公司
出版发行：电子工业出版社
　　　　　北京市海淀区万寿路 173 信箱　邮编　100036
开　　本：787×1 092　1/16　印张：18.5　字数：498 千字
版　　次：2018 年 8 月第 1 版
印　　次：2020 年 1 月第 2 次印刷
定　　价：42.00 元

凡所购买电子工业出版社图书有缺损问题，请向购买书店调换。若书店售缺，请与本社发行部联系，联系及邮购电话：（010）88254888，88258888。

质量投诉请发邮件至 zlts@phei.com.cn，盗版侵权举报请发邮件至 dbqq@phei.com.cn。

本书咨询联系方式：（010）88254570。

前 言
Preface

网页制作技术可以粗略划分为前台浏览器端技术和后台服务器端技术，本书主要介绍前台浏览器端技术，也就是前端技术，HTML5 负责页面结构，CSS3 负责样式表现，JavaScript 负责动态行为。如今网页技术层出不穷，并且日新月异，但有一点是肯定的，不管是使用什么技术设计的网站，用户在客户端通过浏览器打开看到的网页都是静态网页，都是由 HTML5+CSS3+JavaScript 技术构建的网页。网页制作技术的应用范围也越来越广，如门户网站、BBS、博客、在线视频等，HTML5+CSS3+JavaScript 技术成为 Web 2.0 众多技术中不可替代的弄潮儿。所以，如果想从事网页设计或网站管理的相关工作，就必须掌握 HTML5+CSS3+JavaScript 技术。

HTML5 自从 2010 年正式推出以来，就以惊人的速度被迅速推广，世界各知名浏览器厂商也对 HTML5 有很好的支持，如今 HTML5 网页端的产品也越来越丰富。目前，很多高校的计算机专业和 IT 培训公司，都将基于 HTML5+CSS3+JavaScript 技术的开发课程作为必修课程之一。本书是作者项目实践加教学经验的总结，也是广州市高校第九批教育教学改革课题项目（编号：2017F06）的阶段性成果总结，结合企业需求，以学生课堂实践为基础，以案例教学方法为主轴。一方面，跟踪 HTML5+CSS3+JavaScript 技术的发展，适合市场需求，精心选择案例，突然重点、强调实用，使知识讲解全面、系统；另一方面，设计典型案例，将课堂教学与项目实践相结合，既有利于学生学习知识，又有利于指导学生实践，真正使课堂动起来。

本书共 11 章，具体结构划分如下。

第一部分：开发准备篇，包括第 1 章。这部分主要介绍网页和网站基础知识，HTML5 简介、开发环境配置。

第二部分：HTML5 基础知识篇，包括第 2～4 章。这部分主要讲解网页文档结构，HTML5 语义和结构元素，图像标识和超链接，HTML5 列表、表格和表单标记。

第三部分：CSS3 知识篇，包括第 5～7 章。这部分主要讲解 CSS3 基础、CSS3 选择器、CSS3 盒子模型、CSS3 基本样式、CSS3 动画样式。

第四部分：技术提高篇，包括第 8～9 章。这部分主要讲解 JavaScript 基本语法和用法、JavaScript 对象和函数、使用 JavaScript 控制网页文档和浏览器、JavaScript 与 HTML5 新标记（canvas、视频和音频）结合使用等。

第五部分：案例实战篇，包括第 10～11 章。这部分主要通过 4 个小案例和一个集团网站开发综合案例具体演示如何使用 HTML5+CSS3+JavaScript 技术实现网页动态效果和完整的网站开发。

本书特点如下。

知识全面：本书本着"学生好学、教师好教、企业需要"的原则，知识讲解由浅入深，涵盖了大部分 HTML5、CSS3、JavaScript 技术知识点，便于读者循序渐进地掌握 HTML5+CSS3+ JavaScript 技术网站前端开发技术。

图文并茂：本书分篇幅讲解 HTML5、CSS3、JavaScript 技术的内容，为读者描绘一幅 HTML5、CSS3、JavaScript 角色图，说明了这 3 种技术在网页开发这个大生态中扮演着重要角色。本书注意可操作性、图文并茂，在介绍案例的过程中，每一个操作均有对应的插图，这种图文结合的方式使读者在学习过程中能够直观、清晰地看到操作过程及其效果，便于快速理解和掌握。

案例丰富：把知识点融汇于系统的案例实训当中，采用理论介绍、案例演示、运行效果和源代码解释相结合的教学步骤，结合经典案例进行讲解和拓展，进而达到"知其然，并知其所以然"的效果。

讲解详尽：本书思路清晰、语言平实、操作步骤详细，只要认真阅读本书，把书中的所有案例循序渐进地练习一遍，读者就可以达到企业前端开发所需的要求。

资源丰富：本书的教学资源可登录华信教育资源网免费下载，包括本书所需要的软件、所有案例源代码等，其中源代码经过严格测试，可以在 Windows XP/Windows 7 等平台、Google 浏览器下编译和运行。

本书从初学者的角度出发，结合大量的案例使学习不再枯燥、教条，因此要求读者边学习边实践，避免所学的知识只限于理论。本书作为入门书籍，知识点比较庞杂，所以不可能面面俱到，技术学习的关键是方法，本书在很多案例中体现了方法的重要性，读者只要掌握了各种技术的应用方法，在学习更深入的知识时可大大提高自学的效率。

本书由广州番禺职业技术学院的陈惠红、胡耀民、刘世明担任主编，严梅、汤双霞、丘美玲担任副主编，参加本书编写的人员还有李玲玲、谢建华、刘柱栋、吴晓澜。

为了方便教师教学，本书提供了教学参考资料包，内容包括电子课件、案例源代码、课后上机实训、习题解答等，请有此需要的教师登录华信教育资源网（www.hxedu.com.cn）注册后免费下载，如有问题可在网站留言板留言或与电子工业出版社联系（E-mail：hxedu@phei.com.cn）。

由于编者水平有限，书中难免存在疏漏和不足之处，敬请广大读者批评指正，使本书得以改进和完善。

编　者

目 录
Contents

开发准备篇

随着互联网的日益成熟，越来越多的个人和企业制作了自己的网站，网站作为一种全新的形象展示方式，已经被广大用户所接受。想要制作出精美的网站，用户不仅要熟练地掌握网站建设相关软件，还要了解网页和网站开发的相关基础知识。只有对网页和网站的相关基础知识进行深入了解，才能够快速掌握网页的设计技巧和方法。本部分主要介绍网页设计制作的基础知识、开发工具和运行工具。

第1章

初识前端开发

随着新一代 Web 开发标准——HTML5 的诞生，各大浏览器厂商和软件厂商都不遗余力地支持 HTML5 的发展，加入 HTML5 的阵营，互联网时代的新一轮革命即将展开，当前端开发碰上 HTML5 会产生什么样的激烈火花？真是让人期待。

1.1 网页和网站基础知识

1.1.1 了解网页

网页是互联网展示信息的一种形式。一般网页上都会有文本和图像信息，复杂一些的网页上还会有声音、视频、动画等多媒体。

进入网站，浏览者首先看到的是网页的主页，主页集成了二级页面及其他网站的链接，浏览者进入主页后可以浏览最新的信息，找到感兴趣的主题，通过单击超链接跳转到其他网页，如图 1.1 所示。

当浏览者输入一个网址或者单击了某个链接后，在浏览器中看到的文字、图像、动画、视频和音频等的内容，能够承载这些内容的页面称为网页。浏览网页是互联网应用最广泛的功能，网页是网站的基本组成部分。

网站则是各种内容网页的集合，按照其功能和大小来分，目前主要有门户网站和公司网站两种。门户网站内容庞大而又复杂，如新浪、搜狐、网易等门户网站，公司网站一般有几个页面，如小型公司的网站，但都是由最基本的网页元素组合到一起的。

在这些网站中，有一个特殊的页面，它是浏览者输入某个网站后首先看到的页面，因此这样的一个页面通常称为主页（HomePage），又称首页。首页中承载了一个网站中的主要内容，访问者可按照首页中的分类来精确、快速地找到自己想要的信息内容。

通常我们看到的网页，都是以.htm 或.html 为扩展名的文件，俗称 HTML 文件，网页上还会用到一些其他类型文件。网页类型简介如表 1.1 所示。

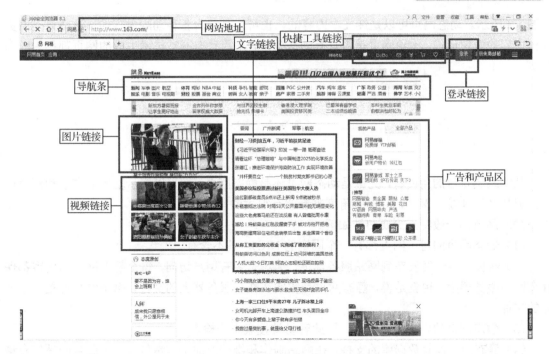

图 1.1 网页在浏览器中的效果

表 1.1 网页类型简介

CGI	CGI 是一种编程标准，规定了 Web 服务器调用其他可执行程序的接口协议标准。CGI 程序通过读取使用者的输入请求从而产生 HTML 网页。它可以用任何程序设计语言编写，目前流行的是 Perl
PHP	PHP 是一种 HTML 内嵌式的语言，它与微软的 ASP 颇有几分相似，都是一种在服务器端嵌入 HTML 文档的脚本语言，风格类似于 C 语言。PHP 独特的语法混合了 C、Java、Perl 及 PHP 自创的语法。它可以比 CGI 或者 Perl 更快速地执行动态网页。其优势在于其运行效率比一般的 CGI 程序要高，PHP 在大多数 UNIX、GUN/Linux 和 Windows 平台上均可运行
ASP	ASP 是一种应用程序环境，可以利用 VBScript 或 JavaScript 语言来设计，主要用于网络数据库的查询和管理，其工作原理是当浏览器者发出浏览请求的时候，服务器会自动将 ADP 的程序代码解释为标准 HTML 格式的网页内容，再发送到浏览器者的浏览器上显示出来。也可以将 ASP 理解为一种特殊的 CGI。利用 ASP 生成的网页，与 HTML 相比具有更大的灵活性。只要结构合理，一个 ASP 页面就可以取代成千上万个网页。尽管 ASP 在工作效率方面较一些新技术要差，但胜在简单、直观、易学，是涉足网络编程的一条捷径
JSP	JSP 是由 Sun Microsystems 公司倡导、许多公司参与一起建立的一种动态网页技术标准。JSP 与 ASP 非常相似，不同的是，ASP 的编程语言是 VBScript 之类的脚本语言，而 JSP 是 Java 语言。此外，ASP 与 JSP 还有一个更为本质的区别：两种语言引擎用完全不同的方式处理页面嵌入的程序代码。在 ASP 下，VBScript 代码被 ASP 引擎解释执行；在 JSP 下，代码被编译成 Servlet，并由 Java 虚拟机执行
VRML	VRML 是虚拟实境描述模拟语言，是描述三维的物体及其连接的网页格式。浏览 VRML 的网页须要安装相应的插件，利用经典的三维动画制作软件 3ds Max，可以简单而快速地做出 VRML

网页可以分为静态网页和动态网页，静态网页与动态网页相对应，静态网页 URL 的后缀以 .htm 、.html 、.shtml 、.xml 等常见形式出现，而动态网页 URL 的后缀则是以.asp、.jsp、.php、.perl、.cgi 等形式出现的，并且在动态网页地址中有一个标志性的符号 "?"，

如图 1.2 所示。动态网页可以是纯文本内容的，也可以是包含各种动画内容的，这些只是网页具体内容的表现形式。无论网页是否具有动态效果，采用动态网站技术生成的网页都称为动态网页。

图 1.2　动态网页

从网站浏览者的角度看，无论是动态网页还是静态网页，都可以展示基本的文字和图片信息，但从网站开发、管理、维护的角度来看就有很大的差别。

静态网页的一般特点简要归纳如下。

（1）静态网页的每个网页都有一个固定的 URL，且不含有"？"。

（2）网页内容一经发布到网站服务器上，无论是否有用户访问，每个静态网页的内容都保存在网站服务器上，也就是说，静态网页是实实在在在服务器上的文件，每个网页都是一个独立的文件。

（3）静态网页的内容相对稳定，因此容易被搜索引擎检索。

（4）静态网页没有数据库的支持，在网站制作和维护方面工作量较大，因此当网站信息量很大时，完全依靠静态网页制作方式比较困难。

（5）静态网页的交互性较差，在功能方面有较大的限制。

动态网页的一般特点简要归纳如下。

（1）动态网页以数据库技术为基础，可以大大降低网站维护的工作量。

（2）采用动态网页技术的网站可以实现更多的功能，如用户注册、用户登录、在线调查、用户管理、订单管理等。

（3）动态网页实际上并不是独立存在于服务器上的网页文件，只有当用户请求时，服务器才返回一个完整的网页。

（4）动态网页地址中的"？"对搜索引擎检索存在一定问题，搜索引擎一般不可能从一个网站的数据库中访问全部网页，或者处于技术方面的考虑，搜索引擎不会去抓取网站"？"后面的内容，因此采用动态网页的网站在进行搜索引擎推广的时候要做一定的技术处理。

1.1.2　设计网页

网页由网址（URL）来识别与存取，当访问者在浏览器的地址栏中输入网址后，通过一段复杂而又快速的程序，网页文件会被传送到访问者的计算机内，然后浏览器把这些 HTML 代码"翻译"成图文并茂的网页。虽然网页的形式与内容不相同，但是组成网页的基本元素是大体相同的，一般包含视频、音频、表单、动画、超链接、图像和文本等内容。

建立网页的目的是给浏览者提供所需的信息，这样浏览者才会愿意光顾，网站才有真正的意义。

1．网页设计的基本原则

1）明确主题

一个优秀的网站要有一个明确的主题，整个网站设计要围绕这个主题进行制作，也就是说，在网页设计之前要明确网站的目的，所有页面都是围绕着这个内容制作的。

2）首页很重要

首页设计是整个网站成功与否的关键。首页能反映整个网站给人的整体感觉。能否吸引访问者全在首页的设计效果。首页最好要有清楚、人性化的类别选项，让访问者可以快速找到自己想要浏览的内容。

3）分类

网站内容的分类也十分重要，它可以按主题分类、按性质分类、按组织者结构分类，或者按人们的思考方式分类等。不论是哪一种分类的方法，都要让访问者很容易找到目标。

4）互动性

互联网的另一个特色就是交互性了，好的网站首页必须与访问者有良好的互动关系，包括整个设计的呈现、使用界面引导等，都应掌握互动的原则，让访问者感觉自己操作的每一步都确实得到了恰当的回应。

5）图像应用技巧

图像是网站的特色之一，它具备醒目、吸引人及传达信息的功能，好的图像应用可给网页增色，同样，不恰当的图像应用则会适得其反。运用图像时一定要注意下载时间的问题，尽可能使用一般浏览器都支持的压缩格式。如果要放置大型图像文件，最好将图像文件与网页分隔开，在页面中先显示一个具备链接的缩略图像或者说明文字，然后加上该图像大小说明，这样不但可加快网页的传输速度，而且可以让浏览者判断是否继续打开放大后的图片。

6）避免滥用技术

技术是让人着迷的东西，网页设计者要喜欢使用各种各样的网页制作设计技术。好的技术运用到页面上会给访问者一种全新的感觉，但不恰当的使用技术反而让浏览者对网页失去兴趣。

7）及时更新和维护

访问者希望看到新鲜的东西，没有人会对过时的信息感兴趣，因此网站的信息一定注意及时性，时刻保持着新鲜感是非常重要的。

网页设计中主要的东西，并非在软件的应用上，而是在网页设计的理解及设计制作的水平上，在自身的美感及页面方向上的把握，包括网页整体布局、信息内容、下载速度、图像和版面设计、文字可读性、多媒体功能的应用和导航清晰性等。

2. 设计网页的风格及色彩搭配

1）确定网站的整体风格

风格是抽象的，是指站点的整体形象给浏览者的综合感受，包括站点的 CI（标志、色彩、字体、标语）、版面布局、浏览方式、交互性、文字、语气、内容价值、存在意义、站点荣誉等诸多因素。

2）网页色彩搭配

无论是平面设计还是网页设计，色彩永远是最重要的一环。当距离显示屏较远的时候，看到的不是优美的版本，也不是美丽的图片，而是网页的色彩。

（1）用一种色彩：先选定一种色彩，然后调整透明度或者饱和度，这样的网页看起来色彩统一，有层次感。

（2）用两种色彩：先选定一种色彩，然后选择它的对比色。

（3）用一个色系：简单地说就是用同一个感觉的色彩，如淡蓝、淡黄、浅绿，或者土黄、土灰、土蓝。

1.1.3　制作网站流程

在开始建设网站之前，应该有一个整体的规划和目标，规划好网页的大概结构后，就可以着手设计了，下面介绍网站建设的基本流程。

1.　前期策划

网站的前期策划对于网站的运作至关重要，规划一个网站时，可以用树状结构先把每个页面的内容大纲列出来，如图 1.3 所示。当要制作一个很大的网站时，不仅要规划好，还要考虑以后的扩展性，以免制作好后再更改整个网站的结构。

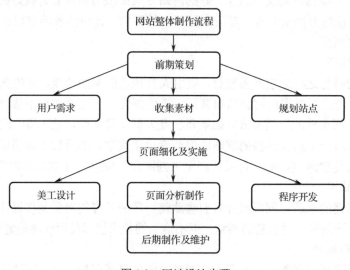

图 1.3　网站设计步骤

1）明确建立网站的目标和用户需求

制作网站必须有明确的目标，要明确网页使用的语言与页面所要体现出来的站点主题，运用一切的手段充分表现出网站的特点和个性，这样才能给访问者留下深刻的印象。

2）收集素材

明确了网站的主题之后，就要围绕主题收集素材，如果想要网站能够吸引更多访问者，就要收集精美的素材，包括图片、文字、音频、视频及动画等。

3）规划站点

一个网站设计成功与否，很大程度上取决于设计者的规划水平，网站的规划包括的内容很多，如网站的结构、颜色的搭配、版面的布局、文字及图片等的运用，只有在制作网站之前把这些方面都考虑到了，制作出的网页才能够具有特点和吸引力。

4）网页设计总体方案主题鲜明

在目标明确的基础上，完成网站的构思创意，即总体方案设计，对网站的整体风格和特色做出定位，规划网站的组织结构。

5）导向清晰

网页设计中的导航使用草文本链接或图片链接，使浏览者能够在网站中自由前进或后退，而不用浏览器上的前进或后退按钮，在所有的图片上使用"ALT"标识符注明图片名称或解释，以便那些不愿意自动加载图片的观众能了解图片的含义。

6）短暂的下载时间

进入网站时等待时间过长，会使浏览者对网站失去兴趣，在互联网上，30s 的等待时间与我们平常 10min 等待时间的感觉相同，因此，建议在网页设计中尽量避免使用过多及"体积"过大的图片，将主页的容量控制在 50KB 以内，平均 30KB 左右，确保普通浏览者页面的等待时间不超过 10s。

7）网站测试和改进

网站测试实际上是模拟用户访问网站的过程，用以发现问题并改进网站设计。

8）内容更新

网站建立完成后，须要不断更新网页内容，站点信息的不断更新可以让浏览者有新鲜感，保持网站的更新速度。

2. 页面细化及实施

网页设计和制作是一个复杂而细致的过程，一定要按照先大后小，先简单后复杂的顺序来进行。所谓的先大后小，就是说在制作网页时，先把大的结构设计好，然后再把小的部分逐渐完善设计出来。所谓先简单后复杂，就是说先设计出简单的内容，然后再将复杂的内容设计出来并完善，这样方便出现问题时进行修改。如果有一个好的网站策划与分工，后台程序可以和美工设计同时开始。

1）网页美工设计

美工设计人员应该在网站策划阶段就与客户充分接触，了解客户对网站设计的需求，以便在设计过程中有一个基调，从而提高设计稿的被认可度。美工首先要对网站有一个整体的定位，然后再根据此定位分别做出首页、二级栏目及内容页的设计稿。一般要设计 1～3 套不同风格的设计稿由客户讨论，再按需求设计出页面的设计图。

2）静态页面制作

美工在设计好各个页面的效果图后，就要制作出 HTML 页面，以供后台人员将程序整合，静态页面的制作分为以下几个步骤。

（1）观察。首先要对设计图的页面布局、配色有一个整体的认识，而在对设计图达成一个初步了解之后，就会对在 HTML 页面中的布局有一个规划，根据规划对设计图进行分割输出，以免匆匆切分后又发现在 HTML 里面无法实现或者效果不好而返工。

（2）拆分。当对设计图和 HTML 页面有了规划之后，就可以将图样拆分成需要的"素材"，以便在组装页面时使用。一般来说，要从设计图中拆分提取的注意点如下。

① 分离颜色：其中包括 3 部分配色，页面主辅颜色搭配和基本配色、普通超链接配色和导航栏超链接配色。

② 提取尺寸：按照设计图的尺寸来搭建网页。

③ 分离背景图片及特殊边框：背景图可能是大面积重复的图案，也可以是一张图片，一般和内容没有关系的装饰性图片都考虑制作成背景图，边框的使用方法和背景图片类似，不过根据情况往往需要单独输出。

④ 分离图片：与内容相关的图片进行分离。

（3）组装。组装就是把分割出来的元素按照一定的方法组合成与设计图效果类似的页面，使用 CSS 布局方式制作网页一般分为构建层结构、插入内容、美化样式表、处理细节和优化样式表。

3）程序开发

程序开发人员可以先行开发功能模块，然后再整合到 HTML 页面内，也可用制作好的页面进行程序开发，但是为了程序有很好的一致性和亲和力，还是推荐先开发功能模块，然后再整合到页面。

3. 后期维护

每一个网站都应该由专业人员定期更新维护。互联网信息只有被快速地反映、准确地报道，才能吸引更多的浏览者。后期维护主要包括如下：服务器及相关软硬件的维护，对可能出现的问题进行评估，制定相应措施；数据库维护，如何有效地利用巨款保证数据的安全是网站维护的重要内容，因此数据库的维护要受到重视；内容的更新、调整等；制定相关网站维护的规定，将网站维护制度化和规范化。很多网站的人气很旺，这肯定与网站内容的定期更新分不开的，也有很多网站由于种种原因数月才更新一次，这样就违背了网站最基本的商业目的。网站不是只销售一件商品，随着时间的推移而编制陈旧，只有不断地融入新的内容，推陈出新，才会具有创造力，发挥网站的商业潜能。

1.2 HTML5 简介

1.2.1 HTML5 概述

自从 HTML5 新标准发布以来，就引起了互联网技术的新一轮风暴，作为新一代的 Web 技术领航者，它受到了各大厂商的追捧，几乎所有的 IT 大厂商都全力提供对 HTML5 规范的支持。相对于 HTML4.X 版本而言，HTML5 提供了许多令人激动的新特性，这些新特性为 HTML5 开创新的 Web 时代提供了坚固的基石。

超文本标记语言（Hypertext Makeup Language，HTML）是专门在 Internet 上传输多媒体的一种语言，正是有了 HTML 语言的出现，现在的互联网世界才显得丰富多彩，从 1993 年第一个版本的 HTML 诞生以来，共经历了以下几个重要的发布版本。

（1）HTML（第 1 版），这是一个非正式的工作版本，于 1993 年 6 月作为 IEIF（Internet Engineering Task Force）草案发布。

（2）HTML2.0，1995 年 11 月作为 RFC1866（Request For Comment）发布，RFC 是由 IETF 发布的备忘录。

（3）HTML3.2，1997 年 1 月 14 日发布，W3C（World Wide Web Consortium）推荐标准。

（4）HTML4.0，1997 年 12 月 18 日发布，W3C 推荐标准。

（5）HTML4.01，1999 年 12 月 24 日发布，W3C 推荐标准。

（6）Web Application1.0，2004 年作为 HTML5 草案的前身由 WHATWG（Web Hypertext Application Technology Working Group，以推动 HTML5 标准而建立的组织）提出，2007 年成为 W3C 推荐标准。

（7）HTML5 草案，2008 年 1 月 22 日，作为第一份草案正式发布。

（8）HTML5.1，2012 年 12 月 17 日，作为 W3C 的首份规范草案发布。

到现在为止，HTML5 还处于发展和完善时期，但诸多 HTML5 中新增加的功能已经让各大软件厂商鼎力支持。从 HTML5 前身的名称（Web Application）可以看出 HTML5 的核心，HTML 不再只是单纯的网站制作语言，而是作为 Web 应用程序的开发语言应运而生，为了能够承担 Web 应用程序所能够完成的功能，在无须安装任何插件的情况下，HTML5 中提供了以下激动人心的功能。

（1）Canvas 画布元素。Canvas 元素的诞生为 HTML5 能够支持较高性能的动画和游戏提供了可能。Canvas 可以直接使用硬件加速完成像素级别的图像渲染，不仅可以完成 2D 图形渲染，使用 WebGL 及 Shader 语言还可以完成较高性能的 3D 图形渲染。

（2）多媒体元素。HTML5 中提供了专门的 audio 元素和 video 元素，用于播放网络音频文件和视频文件，有了这两个多媒体元素，将无须再单独安装插件就可以进行影音的播放，减少浏览器的运行程序。

（3）地理信息服务。通过 HTML5 的地理信息服务，API 可以获取客户端所在的经度和纬度，利用这些信息可以向这个坐标附近的区域提供服务，可应用于地理交通信息查询、基于 LBS（Location Based Services）的社交游戏等。

（4）本地存储服务。相对于传统的 Cookie 微量的本地存储技术，HTML5 推出了新的本地存储规范，提供了容量更大、更安全和更易于使用的本地存储方案。

（5）WebSocket 通信。弥补了传统的 Web 应用程序缺乏实时通信的功能，使用 WebSocket 技术可以在 Web 应用程序中实现类似于传统 C/S 结构应用程序的通信功能，使得在 Web 环境中构建实时的通信程序成为了可能。

（6）离线存储。HTML5 的离线缓存应用的功能，使客户端即使没有连接到互联网络，也可以在客户端正常使用本地功能。有了这个强大的功能，用户可以更加灵活地控制缓存资源的加载，可以在没有网络信号的情况下使用本地应用。

（7）多线程。HTML5 中提供了真正意义上的多线程解决方案，在 HTML4 的使用过程中，如果客户端采用在后台执行这种耗时方法，则会使页面处于"假死"状态，而在 HTML5 中可以使用多线程解决类似问题。

（8）设备。为了能够适应多种机型（PC、手机和平板计算机），HTML5 提供了 Device 元素，可以让应用程序访问诸如摄像头、麦克风等硬件设备。

总之，这些新增的特性无疑都是冲着本地应用程序而来，尽管 HTML5 还处于发展阶段，但已经成为下一代 Web 开发的标准。

1.2.2 HTML5 基本结构

完整的 HTML5 文件包括标题、段落、列表、表格、绘制的图形及各种嵌入对象，这些对象统称 HTML5 元素，一个 HTML5 文件的基本结构如下：

```
<!DOCTYPE html>                      //说明该文件类型是 HTML 类型
<html>                               //文件开始的标记
<head>                               //文件头部开始的标记
    <meta charset="UTF-8">           //文件所用的字符类型
<title>Document</title>              //网页的标题
...                                  //文件头部的内容
</head>                              //文件头部结束的标记
<body>                               //文件主体开始的标记
    ...                              //文件主体的内容
</body>                             //文件主体结束的标记
</html>                             //文件结束的标记
```

从上面的代码可以看出，在 HTML5 文件中，所有的标记都是相对应的，开头标记为<>，结束标记为</ >，在这两个标记中间添加内容，这些基本标记的使用方法及详细解释详见后面章节的内容。

1.2.3 HTML5 优势

从 HTML4.0、XHTML 到 HTML5，从某种意义上讲，这是 HTML 描述性标志语言的一种更加规范的过程，因此，HTML5 并没有给开发者带来多大的冲击，但 HTML5 也增加了很多非常实用的新功能，本节介绍 HTML5 的一些优势。

1. 解决了跨浏览器的问题

浏览器是网页的运行环境，因此能适应浏览器的不同类型也是在网页设计时遇到的一个问题。由于各个软件厂商对 HTML5 标准的支持有所不同，导致同样的网页在不同的浏览器下会有不同的表现，并且 HTML5 新增的功能在各个浏览器中的支持程度也不一致，浏览器的因素变得比以往传统的网页设计更加重要。为了保证设计出来的网页在不同浏览器上效果一致，HTML5 会让问题简单化，具备很好的跨浏览器性能，针对不支持新标签的老式 IE 浏览器，用户只要简单地添加 JavaScript 代码，就可以让它们使用新的 HTML5 元素。

2. 增加了多个新特性

HTML 语言从 1.0 至 5.0 经历了巨大的变化，从单一的文本显示功能到图文并茂的多媒体显示功能，许多特性经过多年的改善，并成为一种非常重要的标记语言，尤其是 HTML5，对多媒体的支持功能更强，它具备如下功能：

- 新增了语义化标签，使文档结构明确；
- 新的文档对象模型（DOM）；
- 实现了 2D 绘图的 Canvas 对象；
- 可控媒体播放；
- 离线存储；
- 文档标记；
- 拖放；
- 跨文档消息；
- 浏览器历史管理；
- MIME 类型和协议注册。

对于这些新功能，浏览器在处理 HTML5 代码错误的时候必须更加灵活，而那些不支持 HTML5 的浏览器将忽略 HTML5 代码。

3. 用户优先的原则

HTML5 标准的制定是以用户优先作为原则的，一旦遇到无法解决的冲突时，规范会把用户放到第一位，其实是网页的作者，再次是浏览器，接着是规范制定者（W3C/WHATWG），最后才考虑理论的纯粹性，所以，总体来看，HTML5 的绝大部分特性还是实用的，只是有些地方还不够完美。

举例说明如下，下述三行代码虽然有所不同，但在 HTML5 中都能被正确识别：

```
id="html5"
id=html5
ID="html5"
```

在上述示例中，除了第一个以外，另外两个语法都不是很严格，这种不严格的语法被广泛使用，受到一些技术人员的反对。但是无论语法严格与否，对网页查看者来说没有任何影响，他们只要看到想要的网页效果就可以了。

为了增强 HTML5 的实用体验，还加强了以下两个方面的设计。

1）安全机制的设计

为了确保 HTML5 的安全，在设计 HTML5 时做了很多针对安全的设计，HTML5 引入了一种新的基于来源的安全模型，该模型不仅易用，而且对各种不同的 API 都通用。使用这个安全模型，可以做一些以前做不到的事情，无须借助于任何所谓聪明、有创意却不安全的 hack 就能跨域进行安全对话。

2）表现和内容分离

表现和内容分离是 HTML5 设计中另一个重要内容，HTML5 在所有可能的地方都努力进行了分离。表现和内容分离早在 HTML4 中就有设计，但是分离得不够彻底，为了避免可访问性差、代码高复杂度、文件过大等问题，HTML5 规范中更细致、清晰地分离了表现和内容。但是考虑 HTML5 兼容性的问题，一些老的表现和内容的代码还是可以兼容使用的。

4. 化繁为简的优势

作为当下流行的通用标记语言，HTML5 越简单越好，所以在设计 HTML5 时，严格遵循了"简单至上"的原则，主要体现在：

➢ 新的简化的字符集声明；

➢ 新的简化的 DOCTYPE；

➢ 简单而强大的 HTML5 API；

➢ 以浏览器原生能力代替复杂的 JavaScript 代码。

为了实现以上这些简化操作，HTML5 规范要比以前更加细致、精确，比以往任何版本的 HTML 规范都要精确。在 HTML5 规范中，为了避免造成误解，几乎对所有内容都给出了彻底、完全的定义，特别是对 Web 应用。基于多种改进过的、强大的错误处理方案，HTML5 具备了良好的错误处理机制，具体来讲，HTML5 倡导重大错误的平缓恢复，再次把最终用户的利益放在了第一位。举例说，如果页面中有错误的话，在以前，可能会影响整个页面的显示，而 HTML5 中，不会出现这种情况，取而代之的是以标准方式显示"broken"标记，这要归功于 HTML5 中精确定义的错误恢复机制。

1.3 开发环境配置

HTML5 和 CSS3 有很多新的特性，各个浏览器对这些特性的支持度也都不一样。因为本书介绍的是基于 HTML5+CSS3+JavaScript 的开发，并且有一部分的开发效果只有在服务器才能显示出来。

1.3.1 开发服务器

对于 Mac 操作系统来说，苹果系统本身自带本地服务器，对于 Windows 操作系统来说，则推荐使用 XAMPP（Apache+MySQL+PHP+PERL），它是一个功能强大的服务器系统开发套件，可以在 Windows、Linux、Solaris 等操作系统下安装使用，支持多语言（如英语、简体中文、繁体中文、韩文、俄文和日文等）。

XAMPP 的官方网址为"http://www.apachefriends.org/"。

下载安装后，打开 XAMPP 文件夹并启动 xampp-control.exe 文件，然后单击 Tomcat 右侧的 Start 按钮启动 Tomcat，Tomcat 启动后状态变为"running"，如图 1.4 所示。

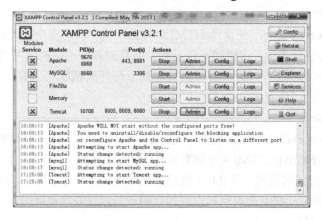

图 1.4　Tomcat 启动页面

1.3.2　开发工具

原则上来说，使用任何文本编辑工具都可以完成 HTML5 代码的编写工作，编辑好 HTML5 代码保存为.htm 或者.html 的文件即可，然后可以使用支持 HTML5 的浏览器查看效果。

"工欲善其事，必先利其器"，尽管可以直接使用 NotePad 编写 HTML5 应用程序，但为了能够提高代码的编写效率和减少出错概率，可以使用一些比较常用的 IDE 工具完成相关程序开发，这里提供了几个 IDE 工具，本书主要使用 Dreamweaver 工具来开发和管理 HTML5 项目。

Dreamweaver CS6 是世界顶级软件厂商 Adobe 推出的一套拥有可视化编辑界面，用于制作并编辑网站和移动应用程序的网页设计软件。由于 Dreamweaver 支持代码、拆分、设计、实时视图等多种方式来创作、编写和修改网页，对于初级人员，可以无须编写任何代码就能快速创建 Web 页面，其成熟的代码编辑工具更适用于 Web 开发高级人员的创作。

1. 使用 Dreamweaver CS6 编辑 HTML5 网页

（1）打开已安装好的 Dreamweaver CS6，此时界面如图 1.5 所示。

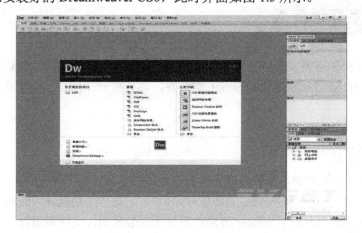

图 1.5　Dreamweaver CS6 界面

（2）单击"文件"菜单下的"新建"选项，如图1.6所示。

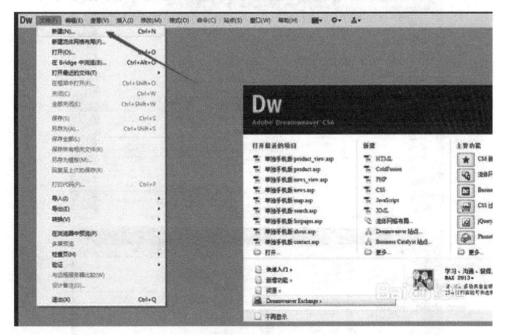

图1.6　单击"新建"选项

（3）在弹出的面板中，选择页面类型下的第一项"HTML"，如图1.7所示。

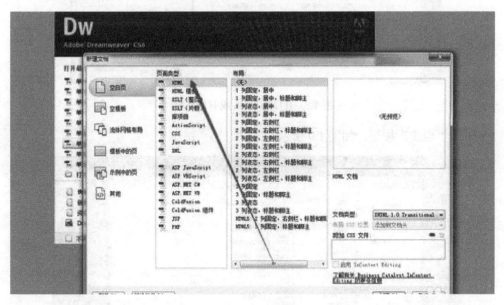

图1.7　选择"HTML"

（4）在右侧文档类型一侧，把 XHTML1.0 改成 HTML5，如图1.8所示。

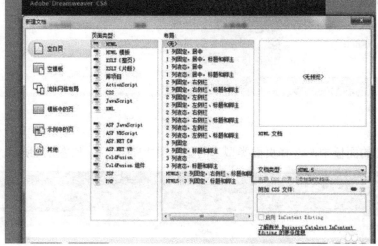

图1.8　HTML1.0 改成 HTML5

（5）单击"创建"按钮，如图1.9 所示。

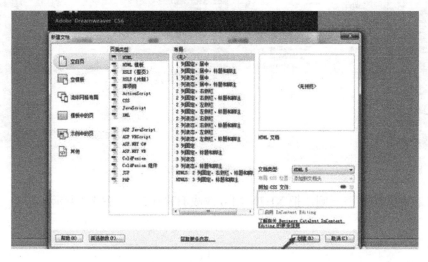

图1.9　单击"创建"按钮

（6）此时，一个 HTML5 的空白页面已经建立好了，如图 1.10 所示，是不是比之前的那些页面要简洁多了。

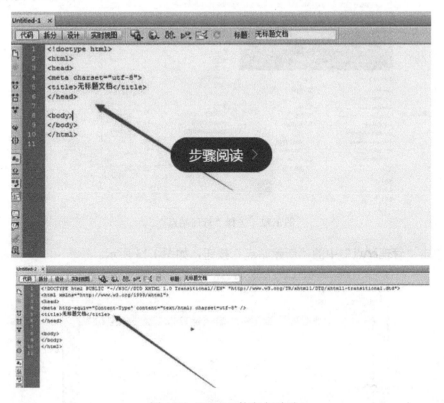

图 1.10　HTML5 的空白页面

2. 使用 Dreamweaver CS6 配置本地服务器

（1）打开 Dreamweaver CS6，如图 1.11 所示。

图 1.11　打开 Dreamweaver CS6

（2）单击菜单中的"站点"选项，选择"管理站点"，如图1.12所示。

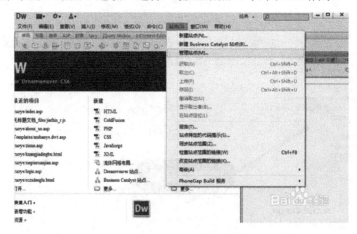

图1.12　选择"管理站点"

（3）单击"管理站点"中的"新建站点"按钮，如图1.13所示。

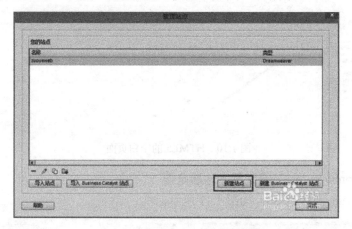

图1.13　单击"新建站点"按钮

（4）选中左边的服务器，然后单击右边下方的"+"按钮，如图1.14所示。

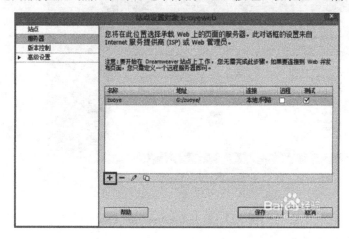

图1.14　单击"+"按钮

（5）然后输入服务器名称，连接方法选择为"本地/网络"，选择网站所在文件夹，在 Web URL 中输入"http://127.0.0.1/"，然后单击"保存"按钮，如图 1.15 所示。

图 1.15　输入"http://127.0.0.1/"

（6）在刚刚新建的服务器中勾选"测试"，然后单击"保存"按钮，如图 1.16 所示。

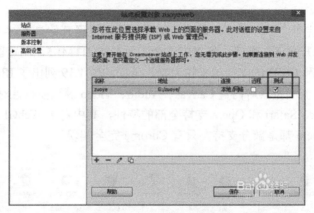

图 1.16　勾选"测试"

（7）然后，单击"完成"按钮，此时就创建好了，如图 1.17 所示。

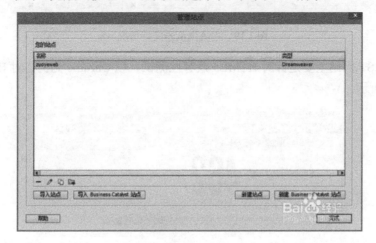

图 1.17　单击"完成"按钮

（8）加入"bbb"字符，保存到 zuoye 目录，文件名为"index.html"，在浏览器中输入如图 1.18 所示的网址，测试后出现网页效果，则说明服务器可以成功链接，基本网页显示成功。

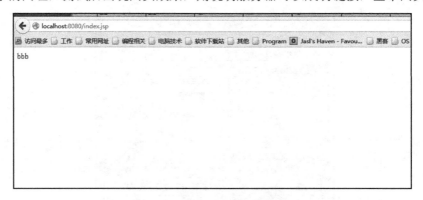

图 1.18　网页测试结果显示

1.3.3　浏览器

HTML5 仍处于完善之中，然而，现在大部分浏览器已经开始具备对 HTML5 的支持了，当然，各大浏览器的开发还在继续，将来应该会全面支持 HTML5，浏览器厂商的竞争促使各大浏览器对 HTML5 和 CSS3 的支持越来越完善，下面的图 1.19 列出了 IE、Chrome、Firefox、Safari、Opera 五大主流浏览器对内置 Canvas、Audio、Video 等重要特性对象的支持情况。

Chrome、Firefox、Safari 和 Opera 支持全部的特性，其中对于 WebGL，IE9 是不支持的，Firefox、Safari 和 Opera 都是部分支持，只有 Chrome 完全实现。

平台	MAC				WIN							
浏览器	CHROME	FIREFOX	OPERA	SAFARI	CHROME	FIREFOX	OPERA		SAFARI		IE	
版本	5	3.6	10.1	4	4	3	10	10.5	4	6	7	8
Canvas	✔	✔	✔	✔	✔	✔	✔	✔	✔	✘	✘	✘
Canvas Text	✔	✔	✘	✔	✔	✘	✘	✔	✔	✘	✘	✘
Audio	✔	✔	✘	✔	✔	✘	✘	✔	✔	✘	✘	✘
Video	✔	✔	✘	✔	✔	✘	✘	✔	✔	✘	✘	✘

图 1.19　主流浏览器支持情况

HTML5 TEST 网站主要是针对 HTML5 兼容性测试，以 Chrome 为例，对 HTML5 的测试评分如图 1.19 所示。

图 1.20　对 HTML5 的测试评分

对 HTML5 综合性能检测权威网站 "http://peacekeeper.futuremark.com" 可以针对浏览器进行全方位的测试，将 Chrome 浏览器缓存清理完毕之后，关闭计算机系统中所有第三方进程，运行 Chrome 浏览器，并将 PEACEKEEPER 测试地址输入 Chrome 地址栏。页面加载完毕之后，看到的界面 PEACEKEEPER 为 Chrome 浏览器的测试准备页面，单击 "GO" 按钮，测试开始，如图 1.21 所示。PEACEKEEPER 在正式测试开始之前，会自动检测所处的浏览器平台，并在页面中呈现浏览器受关注的排列情况。直接单击 "浏览器衡量" 按钮，正式开始测试 Chrome 浏览器。

图 1.21　Chrome 浏览器 PEACEKEEPER BETA 版测试结果

经过多个测试关键页面元素的加载、呈现等运作，PEACEKEEPER 需要 5～8min 来运行各项测试指标。如图 1.21 所示，最终所得到的测试结果为 1720。从检测结果来看，目前综合性能最高的也是 Chrome 浏览器，当然每个浏览器的好坏不仅凭这个就可以定义的，并且即使浏览器的功能再强大，界面再漂亮，也不一定就是用户心目中最好的浏览器，因为浏览器的使用涉及一个习惯问题，用习惯了自然就觉得好了，根本不会去考虑它功能是否强大。另外，现实生活中使用浏览器，虽然其功能十分强大、十分完善，但是并不是每个人都能完全用到所有功能的。

1.3.4　运行和调试

开发者经常须要查看 HTML5 源代码及其效果，还要进行代码的调试，使用浏览器可以查看网页的显示效果，也可以在浏览器中直接查看 HTML5 源代码，更可以进行布局、程序、数据等的调试。

1. 选择浏览器

为了测试网页的兼容性，可以在不同的浏览器中打开网页，在非默认浏览器中打开网页的方法有很多种，在此介绍以下两种常用的方法。

方法一：在 HTML5 文件上右击，从弹出的快捷菜单中选择 "打开方式"，然后选择需要的浏览器，如图 1.22 所示，如果浏览器没有出现在菜单中，可以选择 "选择默认程序"，在计算机中查找浏览器程序。

图 1.22　选择浏览器（一）

方法二：如图 1.23 所示，在 Dreamweaver 页面中，单击"在浏览器中预览"图标，选择你所需要的浏览器进行显示，如果你要用的浏览器不在列表中，单击"编辑"按钮进行浏览器的增删改。

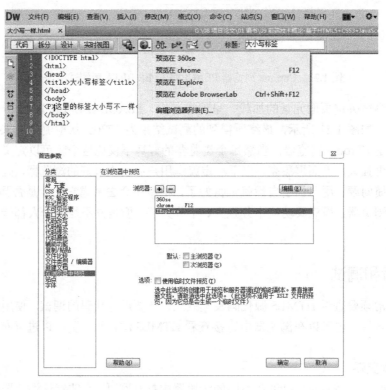

图 1.23　选择浏览器（二）

2．查看网页源代码

查看网页源代码的常见方法有以下两种。

方法一：在页面空白处右击，从弹出的快捷菜单中选择"查看网页源代码"，如图 1.24 所示。

图 1.24 查看网页源代码（一）

方法二：在浏览器的菜单中选择"查看网页源代码"，也可打开源代码页面，如图 1.25 所示。

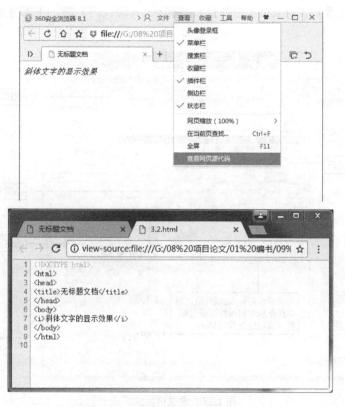

图 1.25 查看网页源代码（二）

3. 调出调试页面

为了便于代码的调试，每个浏览器都提供了不同的调试页面，这里以 Chrome 浏览器为例，其他浏览器调试工具大同小异。调出调试页面的方式有以下两种。

方法一：在需要调试的浏览器中直接按快捷键"F12"。

方法二：选择菜单中"更多工具"→"开发者工具"，进入开发者调试页面，如图 1.26 所示。

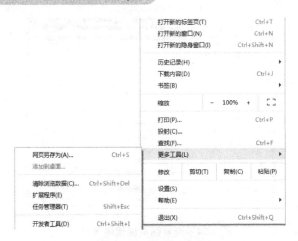

图 1.26 调出调试页面

调试页面的组成如图 1.27 所示，左边是网页显示效果，右边上半部分是调试窗口菜单，包括 Elements（元素）、Console（控制台）、Sources（源代码）等，下部分是当前元素方法和属性值等。

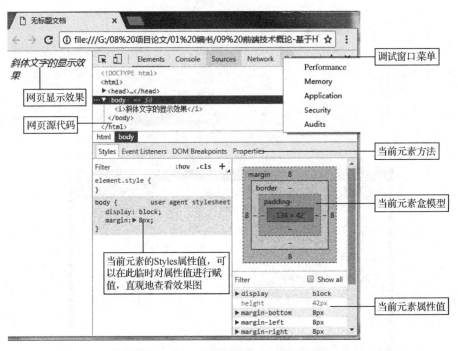

图 1.27 调试页面的组成

HTML5 基础知识篇

随着新一代 Web 开发标准——HTML5 的诞生，各大浏览器厂商和软件厂商都不遗余力地支持 HTML5 的发展，并加入 HTML5 的阵营，互联网时代的新一轮革命即将展开。

HTML5 是制作网页的基础语言，作为一个网页制作爱好者或者专业的网页设计师，HTML5 的知识是不可或缺的。因此，在学习其他网页制作技术之前，掌握 HTML5 的基础知识是非常必要的。学习开发最好的方式就是边学边做实验，所以本书设计的思想是通过案例来学习知识点。

第2章

HTML5 基础

HTML5 通过标记符号来标记要显示的网页的各个部分。

2.1 网页的文档结构

【例 2.1】 第一个 HTML5 网页。

```
<html>
    <head>
        <title>这是我的第一个 HTML5 网页</title>
        <meta charset="UTF-8">
        <meta name="keywords" content="IT 领先技术">
    </head>
    <!--<body bgcolor="green" text="blue">-->
    <body link="red" vlink="green" alink="yellow">
        <h1>这是一个内容的标题</h1>
<hr>
        <a href="http://www.baiduaaa.com">百度 1</a>
        <a href="http://www.baidu.com">百度 2</a>
        <a href="http://www.baidusadasd.com">百度 3</a>
    </body>
</html>
```

1. 文档编写规范说明

HTML5 有自己的语法格式和编写规范，这些都是由 HTML5 规范所定义的，HTML5 文档是由一系列的元素和标记组成的，一个完整的 HTML5 文档应该包括标记、元素。元素名不区分大小写；标记用于规定元素的属性和它在文档中的位置。

1）标记

标记可分为成对标记和单独标记两种，多数标记成对出现，由开始标记和结束标记组成，开始标记的格式为"<元素名称>"，结束标记的格式为"</元素名称>"，其完整的语法格式如下：

```
<元素名称>元素名称</元素名称>
```

成对标记仅对包含在其中的元素内容发生作用，如"<title>"和"</title>"标记用于定义页面标题元素的范围。也就是说，"<title>"和"</title>"标记之间的部分是此 HTML5 文档的标题。单独标记的格式为"<元素名称>"，其作用是在相应的位置插入元素，如 hr 标记便是在该标记所在位置插入一个水平线。

在标记中，还可以设置一些属性，控制标记所建立的元素，这些属性将位于所建立元素的开始标记中，其基本语法格式如下：

```
<元素名称 属性 1="值 1"　属相 2="值 2" ...>
```

因此，在 HTML5 文档中某个元素的完整定义语法格式如下：

```
<元素名称 属性 1="值 1"　属相 2="值 2" ...>元素名称</元素名称>
```

2）元素

当用一组标记将一段文字包含在中间时，这段包含文字的标记被称为一个元素，在HTML5 语法中，每个由标记与文档所形成的元素内，还可以包含另外一个元素，因此整个HTML5 文档就像是一个大元素包含了所需小元素。

在所有的 HTML5 文档中，最外层的元素由 html 标记建立。在 html 标记定义了所建立的元素中包含了两个主要的标记：head 和 body。head 标记定义了所建立的元素内容为头部元素，而 body 标记定义的所建立的元素内容为主体元素，如例 2.1 所示的 HTML5 代码结构。

2. 文档申明标记

DOCTYPE 声明必须是 HTML5 文档的第一行，位于 html 标记之前。DOCTYPE 声明不是html 标记，它是指示 Web 浏览器关于页面使用哪个 HTML 版本进行编写的指令。

其语法格式如下：

```
<!DOCTYPE element-name DTD-type DTD-name DTD-url>
```

上述格式说明如下：

➤ <!DOCTYPE：表示开始申明 DTD，其中 DOCTYPE 是关键字；

➤ element-name：指定该 DTD 的根元素名称；

➤ DTD-type：指定该 DTD 是属于标准公用的还是私人制定的，若设为 PUBLIC 则表示该DTD 是标准公用，如果设为 SYSTEM 则表示是私人制定的。

➤ DTD-name：指定该 DTD 的文件名称；

➤ DTD-url：指定该 DTD 文件所在的 URL 网址；

➤ >：表示 DTD 的结束申明。

在 HTML 4.01 中，DOCTYPE 声明引用 DTD，因为 HTML 4.01 基于 SGML。DTD 规定了标记语言的规则，这样浏览器才能正确地呈现内容。HTML5 不基于 SGML，所以无须引用DTD。请始终向 HTML5 文档添加 DOCTYPE 声明，这样浏览器才能获知文档类型。DOCTYPE声明没有结束标记。DOCTYPE 声明对大小写不敏感。请使用 W3C 的验证器来检查您是否编写了有效的 HTML/XHTML 文档。

常用的 DOCTYPE 声明如下。

1）HTML 5

```
<!DOCTYPE html>
```

2）HTML 4.01 Strict

该 DTD 包含所有 html 元素和属性，但不包括展示性的和弃用的元素（如 font），不允许框架集（framesets）。

```
<!DOCTYPE HTML PUBLIC "-//W3C//DTD HTML 4.01//EN" "http://www.w3.org/TR/html4/strict.dtd">
```

3）HTML 4.01 Transitional

该 DTD 包含所有 html 元素和属性，包括展示性的和弃用的元素（如 font），不允许框架集。

```
<!DOCTYPE HTML PUBLIC "-//W3C//DTD HTML 4.01 Transitional//EN"
"http://www.w3.org/TR/html4/loose.dtd">
```

4）HTML 4.01 Frameset

该 DTD 等同于 HTML 4.01 Transitional，但允许框架集。

```
<!DOCTYPE HTML PUBLIC "-//W3C//DTD HTML 4.01 Frameset//EN"
"http://www.w3.org/TR/html4/frameset.dtd">
```

5）XHTML 1.0 Strict

该 DTD 包含所有 html 元素和属性，但不包括展示性的和弃用的元素（如 font）。不允许框架集，必须以格式正确的 XML 来编写标记。

```
<!DOCTYPE html PUBLIC "-//W3C//DTD XHTML 1.0 Transitional//EN" "
http://www.w3.org/TR/xhtml1/DTD/xhtml1-transitional.dtd">
```

3. 标记文档开始

文档标记以 html 标记开始，用于表示该文档是以超文本标记语言（HTML）编写的，其语法格式如下：

```
<html>文档的全部内容</html>
```

任何一个规范的 HTML5 文档最先出现的都是 html 标记，而且它必须成对出现，即"<html>"和"</html>"分别位于 HTML5 文档的最开始和结束的位置，文档中的所有其他标记都包含在 html 标记中。事实上，常用的 Web 浏览器都可以自动识别 HTML5 文档，并不要求有 html 标记，也不对该标记进行任何操作，但是，为了提高文档的适用性，使编写的 HTML5 文档能适应不断变化的 Web 浏览器，应当养成使用这个标记的习惯。

4. 标记文档头部

head 标记用于定义文档头部，它是所有头部元素的容器。head 标记中的元素可以引用脚本、指示浏览器在哪里找到样式表、提供元信息等。文档头部描述了文档的各种属性和信息，包括文档的标题、在 Web 中的位置及和其他文档的关系等。绝大多数文档头部包含的数据都不会真正作为内容显示给读者。下面这些标记可用在 head 标记中：base、link、meta、script、style 及 title。title 定义文档的标题，它是 head 标记中唯一必需的元素。

应该把"<head>"放在文档的开始处，紧跟在"<html>"后面，并处于"<body>"或"<frameset>"之前。请记住始终为文档规定标题！

5. 标记文档主体

body 元素定义文档的主体。body 元素包含文档的所有内容（如文本、超链接、图像、表格和列表等。）body 标记是成对出现的，网页中的主体内容应该写在"<body>"和"</body>"之间，而 body 标记包含在"<html>"与"</html>"之间。body 标记支持 HTML5 中的全局属性，也支持 HTML5 中的事件属性。

6. 注释标记

注释标记用于在源代码中插入注释。注释不会显示在浏览器中。可使用注释对源代码进行解释，这样做有助于以后对源代码进行编辑。当编写了大量源代码时，注释尤其有用。使用注释标记来隐藏浏览器不支持的脚本也是一个好习惯（这样就不会把脚本显示为纯文本）。如果需要在 HTML5 文档源代码中添加注释，可以使用"<!--"表示开始，以"-->"表示结束。

【程序运行效果】 如图 2.1 所示，本例用 HTML5 元素搭建一个简单的网页，包含了 head、body 等基本结构布局。

图 2.1 例 2.1 运行效果

2.2 文档基础标记

从文档结构中可以看出，HTML5 页面是由很多标记组成的。本节主要介绍 HTML5 中基础标记的使用，例如，使用元信息标记定义页面关键字，使用字体标记定义字体大小和颜色等。

2.2.1 元信息标记

【例 2.2】 元信息标记。

```
<html>
<head>
<meta http-equiv="Content-Type" content="text/html; charset=gb2312" />
<meta name="author" content="feizi">
<meta name="revised" content="feizi,1/1/18">
<meta name="generator" content="Dreamweaver 8.0en">
</head>
<body>
<p>本文档的 meta 属性标识了创作者和编辑软件。</p>
</body>
</html>
```

meta 元素可提供有关页面的元信息（meta-information），如针对搜索引擎和更新频度的描述和关键词。meta 标记位于文档的头部，不包含任何内容。meta 标记的属性定义了与文档相关联的名称/值对。在 HTML5 中，meta 标记没有结束标记。meta 标记永远位于 head 元素内部。

meta 标记必需的属性如表 2.1 所示。

表 2.1　meta 标记必需的属性

属　　性	值	描　　述
content	some_text	定义与 http-equiv 或 name 属性相关的元信息

meta 标记可选的属性如表 2.2 所示。

表 2.2　meta 标记可选的属性

属　　性	值	描　　述
http-equiv	● content-type ● expires ● refresh ● set-cookie	把 content 属性关联到浏览器的文档头部，定义内容样式、过期时间、更新设置和 cookie 设置等
name	● author ● description ● keywords ● generator ● revised ● others	把 content 属性关联到一个名称，定义作者、描述、关键字、编辑工具等属性值
scheme	some_text	定义用于翻译 content 属性值的格式

1. http-equiv 属性

http-equiv 属性为名称/值对提供了名称，并指示服务器在发送实际的文档之前，先要在浏览器的文档头部包含名称/值对。

当服务器向浏览器发送文档时，会先发送许多名称/值对。虽然有些服务器会发送许多这种名称/值对，但是所有服务器都至少要发送一个"content-type:text/html"。这将告诉浏览器准备接收一个 HTML5 文档。

使用带有 http-equiv 属性的 meta 标记时，服务器将把名称/值对添加到浏览器的内容头部。例如，添加：

```
<meta http-equiv="charset" content="iso-8859-1">
<meta http-equiv="expires" content="31 Dec 2008">
```

这样发送到浏览器的头部就应该包含：

```
content-type: text/html
charset:iso-8859-1
expires:31 Dec 2008
```

当然，只有浏览器可以接受这些附加的头部字段，并能以适当的方式使用它们时，这些字段才有意义。

2. name 属性

name 属性提供了名称/值对中的名称。HTML 和 XHTML 标准都没有指定任何预先定义的 meta 标记名称。在通常情况下，可以自由使用对自己和源文档的读者来说富有意义的名称。例如，"keywords"是一个经常被用到的名称。它为文档定义了一组关键字。某些搜索引擎在遇到这些关键字时，会用这些关键字对文档进行分类。

类似这样的 meta 标记，可能对于进入搜索引擎的索引有帮助：

```
<meta name="keywords" content="HTML,ASP,PHP,SQL">
```

如果没有提供 name 属性，那么名称/值对中的名称会采用 http-equiv 属性值。

3. content 属性

content 属性提供了名称/值对中的值。该值可以是任何有效的字符串。content 属性始终要和 name 属性或 http-equiv 属性一起使用。

4. scheme 属性

scheme 属性用于指定要用来翻译属性值的方案。此方案在 head 标记的 profile 属性指定的概况文件中进行了定义。

【程序运行效果】 如图 2.2 所示，本例定义了网页往服务器发的是"content-type:text/html charset=gb2312"，告诉浏览器准备接收一个以 gb2312 编码格式编辑的 HTML5 文档，并定义了创作者、版权和编辑软件。

图 2.2 例 2.2 运行效果

2.2.2 文字排版标记

【例 2.3】 p 段落标记和 hr 水平线标记。

```
<html>
<body>
<p>hr 标记定义水平线：</p>
<hr />
<p>这是段落。</p>
<hr />
<p >这是段落。</p>
<hr />
<p>这是段落。</p>
</body>
</html>
```

p 标记定义了段落。p 元素会自动在其前后创建一些空白。浏览器会自动添加这些空间，您也可以在样式表中规定添加这些空间，可以只在块（block）内指定段落，也可以把段落和其他段落、列表、表单和预定义格式的文本一起使用。总的来讲，这意味着段落可以在任何有合适的文本流的地方出现，如文档的主体中、列表的元素里等。从技术角度来讲，段落不可以出现在头部、锚点或者其他严格要求内容必须只能是文本的地方。实际上，多数浏览器都忽略了这个限制，它们会把段落作为所含元素的内容一起格式化。hr 标记在 HTML5 页面中创建一条水平线。水平线（horizontal rule）可以在视觉上将文档分隔成各个部分。

【程序运行效果】 如图 2.3 所示，本例定义了 4 个 p 标记，p 标记用 hr 标记进行分隔。

图 2.3　例 2.3 运行效果

【例 2.4】　center 居中对齐标记和 blockquote 缩进标记。

```
<html>
<body>
<center>
<p>hr 标记定义水平线：</p>
</center>
<hr />
<p>这是段落。</p>
<hr />
<blockquote>
    <blockquote>
        <p>这是段落。</p>
    </blockquote>
</blockquote>
<hr />
<p>这是段落。</p>
</body>
</html>
```

center 标记对其所包括的文本进行水平居中，也可使用 CSS3 样式来居中文本；blockquote 标记定义了块引用，"<blockquote>"与"</blockquote>"之间的所有文本都会从常规文本中分离出来，经常会在左、右两边进行缩进（增加外边距），而且有时会使用斜体，也就是说，块引用拥有它们自己的空间。

【程序运行效果】 如图 2.4 所示，第一个 p 标记居中对齐，第三个 p 标记定义在块引用中。

图 2.4　例 2.4 运行效果

【例 2.5】　hn 标记和强行换行标记。

```
<body>
    hn 标题标记
```

```
文档标记换行<br/>
<h1 align="center">文档标记 h1</h1>
<h2 align="left">文档标记 h2</h2>
<h3 align="right">文档标记 h3</h3>
<h4>文档标记 h4</h4>
<h5>文档标记 h5</h5>
<h6>文档标记 h6</h6>
```

br 标记可插入一个简单的换行符。br 标记是空标记（意味着它没有结束标记，因此"
</br>"是错误的）。在 XHTML 中，把结束标记放在开始标记中，也就是"
"。请注意，br 标记只是简单地开始新的一行，而当浏览器遇到 p 标记时，通常会在相邻的段落之间插入一些垂直的间距。

h1～h6 标记可定义标题。h1 标记定义最大的标题。h6 标记定义最小的标题。由于 h 元素拥有确切的语义，因此请慎重地选择恰当的标记层级来构建文档的结构。因此，不要利用标题标记来改变同一行中的字体大小。相反，我们应当使用层叠样式表来定义，以达到漂亮的显示效果。

在默认情况下，hn 标记的标题文字是靠左对齐的，而在实际的网页页面中，要将标题字体放置在不同的位置，最常用的就是使用 align 属性，align 值有 left（左对齐、默认）、center（居中对齐）、right（右对齐）、和 justify（自适应）。

【程序运行效果】 如图 2.5 所示，定义了 h1～h6 的标题，并设置 h1 标题居中显示、h2 标题居左对齐、h3 标题居右对齐。

图 2.5　例 2.5 运行效果

【例 2.6】 font 标记。

```
<body>
    font   标记
    文档标记
    <font size="1">文档标记</font>
    <font size="3">文档标记</font>
    <font size="7">文档标记</font>
    <font size="7" color="red" face="微软雅黑">文档标记</font>
    <font size="7" color="red" face="宋体">文档标记</font>
    <font size="7" color="red" face="新细明体">文档标记</font>
    </body>
```

font 标记规定了文本的字体、字体尺寸、字体颜色。但是可以使用后面所学的 CSS3 样式 style（代替）来定义文本的字体、字体颜色、字体尺寸。

front 标记可选的属性如表 2.3 所示。

表 2.3　front 标记可选的属性

属　性	值	描　述
color	rgb(x,x,x)；#xxxxxx；colorname	规定文本的颜色
face	font_family	规定文本的字体
size	number	规定文本的大小

【程序运行效果】　如图 2.6 所示，定义文字不同的大小、颜色、字体，读者可以自己多做一些修改来熟练使用这些属性值。

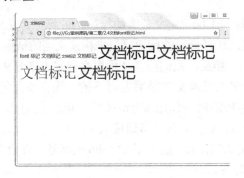

图 2.6　例 2.6 运行效果

【例 2.7】　其他标记。

```
<body>
b 标记加粗
文档标记
<b>文档标记</b>
<br/>
i 标记斜体
文档标记
<i>文档标记</i>
<br/>
sub 下标标记
2<sub>2</sub>
<br/>
sup 上标标记
2<sup>2</sup>
<br/>
引用标记
<cite>文档标记</cite>
<br/>
em 标记表示强调，显示为斜体
<em>文档标记</em>
<br/>
strong 标记表示强调，加粗显示
<strong>文档标记</strong>
<br/>
```

```
small 标记，显示小一号字体，可以嵌套使用，当字体为最小时将会显示最小字体字号
<small>文档标记</small>
<small><small>文档标记</small></small>
<small><small><small>文档标记</small></small></small>
<br/>
big 标记，显示大一号的字体
<big>文档标记</big>
<big><big>文档标记</big></big>
<br/>
u 标记是显示下画线
<big><big><big><u>文档标记</u></big></big></big>
</body>
```

font 标记的 face、size 和 color 属性虽然可以完成对字体的绚丽设计，但是，有些情况下，这些设计并不能满足用户的需求，这时可以借助其他的一些标记。这些标记能够让文字有更多的样式变化，也可以强调某一部分，常用 HTML5 其他字体标记如表 2.4 所示。

表 2.4 常用 HTML5 其他字体标记

字 体 标 记	含 义
\\	粗体
\<i>\</i>	斜体
_\	下标记
\[\]	上标记
\<cite>\</cite>	引用标记
\\	表示强调，一般为斜体
\\	表示强调，一般为粗体
\<small>\</small>	小型字体
\<big>\</big>	大型字体
\<u>\</u>	下画线

根据 HTML5 规范，在没有其他合适标记更合适时，才应该把 b 标记作为最后的选项。HTML5 规范声明：应该使用 h1～h6 标记来表示标题，应该使用 em 标记来表示强调的文本，应该使用 strong 标记来表示重要文本，应该使用 mark 标记来表示标注的/突出显示的文本。

i 标记和基于内容的样式标记 em 类似。它告诉浏览器将包含其中的文本以斜体字（italic）或者倾斜（oblique）字体显示。如果这种斜体字对该浏览器不可用的话，可以使用高亮、反白或加下画线等样式。

sup 标记可定义上标文本，包含在开始标记"\^{"和结束标记"\}"中的内容将会以当前文本流中字符高度的一半来显示，但是与当前文本流中文字的字体和字号都是一样的。

提示：这个标记在向文档添加脚注及表示方程式中的指数值时非常有用。如果和 a 标记结合起来使用，就可以创建出很好的超链接脚注。

sub 标记可定义下标文本，包含在开始标记"_{"和结束标记"\}"中的内容将会以当前文本流中字符高度的一半来显示，但是与当前文本流中文字的字体和字号都是一样的。

无论是 sub 标记还是和它对应的 sup 标记，在数学等式、科学符号和化学公式中都非常有用。

cite 标记通常表示它所包含的文本对某个参考文献的引用，如书籍或者杂志的标题。用 cite 标记把指向其他文档的引用分离出来，尤其是分离那些传统媒体中的文档，如书籍、杂志、期刊等。如果引用的这些文档有联机版本，还应该把引用包括在一个 a 标记中，从而把一个超链接指向该联机版本。cite 标记还有一个隐藏的功能：它可以使你或者其他人从文档中自动摘录参考书目。我们可以很容易地想象一个浏览器，它能够自动整理引用表格，并把它们作为脚注或者独立的文档来显示。cite 标记的语义已经远远超过了改变它所包含的文本外观的作用；它使浏览器能够以各种实用的方式来向用户表达文档的内容。

em 标记告诉浏览器把其中的文本表示为强调的内容。对于所有浏览器来说，这意味着要把这段文字用斜体来显示。在文本中加入强调也需要有技巧。如果强调太多，有些重要的短语就会被漏掉；如果强调太少，就无法真正突出重要的部分。这与调味品一样，最好还是不要滥用强调。尽管现在 em 标记修饰的内容都是用斜体字来显示，但这些内容也具有更广泛的含义，将来的某一天，浏览器也可能会使用其他的特殊效果来显示强调的文本。如果只想使用斜体字来显示文本的话，请使用 i 标记。除此之外，文档中还可以包括用来改变文本显示的级联样式定义。除强调之外，当引入新的术语或引用特定类型的术语或概念时，作为固定样式，也可以考虑使用 em 标记。例如，W3Cschool 经常对重要的术语使用 em 标记。em 标记可以用来把这些名称和其他斜体字区别开来。

strong 标记和 em 标记一样，用于强调文本，但它强调的程度更强一些。浏览器通常会以不同于 em 标记的方式来显示 strong 标记中的内容，通常是用加粗的字体（相对于斜体）来显示其中的内容，这样用户就可以把这两个标记区分开来了。如果常识告诉我们应该较少使用 em 标记的话，那么 strong 标记出现的次数应该更少。如果说用 em 标记修饰的文本好像是在大声呼喊，那么用 strong 标记修饰的文本就无异于尖叫了。沉默寡言的人说出的话总是一诺千金，与此相同，限制 strong 标记的使用可以令应该更加引人注意，而且更加有效。举一个例子，经常访问 W3Cschool 的用户可以注意到了，许多教程页面的第一句摘要都是以粗体显示的，而实际上，我们对这一句摘要使用了 strong 标记。使用这个标记的理由是，我们认为教程摘要不仅概括了其所在页面的内容，而且位于页面的最重要的位置，其内容自然是非常重要的且值得强调的。

big 标记呈现大号字体效果。使用 big 标记可以很容易地放大字体。当浏览器显示包含在"<big>"和其相应的"</big>"之间的文字时，其字体比周围的文字要大一号。但是，如果文字已经是最大号字体，这个 big 标记将不起任何作用。更妙的是，可以嵌套 big 标记来放大文本。每一个 big 标记都可以使字体大一号，直到上限 7 号文本，正如字体模型所定义的那样。但是使用 big 标记的时候还是要小心，因为浏览器总是很宽大地试图去理解各种标签，对于那些不支持 big 标记的浏览器来说，它经常将其认为是粗体字标记。

small 标记呈现小号字体效果。small 标记和它所对应的 big 标记一样，但它是缩小字体而不是放大。如果被包围的字体已经是字体模型所支持的最小字号，那么 small 标记将不起任何作用。与 big 标记类似，small 标记也可以嵌套，从而连续地把文字缩小。每个 small 标记都把文本的字体变小一号，直到达到下限的一号字。

u 标记可定义下画线文本。但是，请尽量避免为文本加下画线，用户会把它混淆为一个超链接！

【程序运行效果】 如图 2.7 所示，定义不同的字体样式来显示不同效果，读者可以多做练习尝试效果。

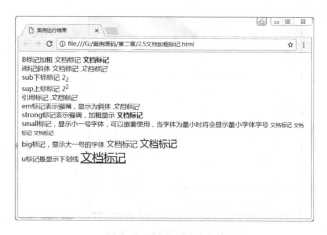

图 2.7　例 2.7 运行效果

2.3　HTML5 语义和结构元素

HTML5 中新增元素和属性是它的一大亮点，这些新增元素使文档结构更加清晰，容易阅读，根据 HTML5 中新增元素的使用情况和语义，可以将它们进行不同的分类，有些元素的定义很模糊，以 header 元素来说，它既可以是结构元素，也可以作为语义元素，可以将元素放到任意一种类型中，这也是为什么在不同的参考资料中，同一个元素所属分类不同的原因。本章将 HTML5 中新增元素分为结构元素、分组元素、语义元素、交互元素。通过本章的学习，读者可以熟练地使用这些元素来构建网页。

2.3.1　结构元素

在 HTML5 中，为了使文档的结构更加清晰，追加了新的元素来创建更好的页面结构，包括一些与页眉、页脚、内容区块等文档结构关联的结构元素。

【例 2.8】 header 元素。

```
<header>
    <h1>网页标题</h1>
</header>
<article>
    <header>
        <h1>文章标题</h1>
    </header>
    <p>文章正文部分</p>
</article>
```

HTML5 中新增的 header 元素是一种具有引导和导航作用的结构元素，用于定义文档的页眉（介绍信息）。一个网页的基本架构如图 2.8 所示，其中 header 元素通常用来放置整个页面或页面内的一个内容区块的标题，也可以包含网站 LOGO 图片、数据表格和搜索表单等内容。整个页面的标题应该放在页面的开头，可以表示主标题，也可以表示一个文章段落中的标题。它的使用方法与其他元素一样。

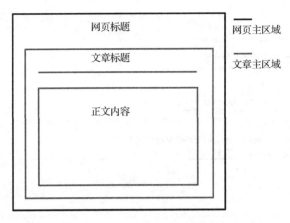

图 2.8　网页的基本架构

【程序运行效果】　如图 2.9 所示，把网站的头部都放在 header 标记里面。

图 2.9　例 2.8 运行效果

【例 2.9】　article 元素。

```
<article>
    <h1>Internet Explorer 9</h1>
    <p> Windows Internet Explorer 9（缩写为 IE9）在 2011 年 3 月 14 日 21:00 发布。</p>
</article>
```

article 元素代表文档、页面或者应用程序中独立的、完整的、可以独自被外部引用的内容。它可以是一篇论坛帖子、博客文章、新闻故事、评论或独立的插件，或者其他任何独立的内容。

【程序运行效果】　如图 2.10 所示，设计 article 标记，将独立的一段文章头部和内容都放置在里面。

Internet Explorer 9

Windows Internet Explorer 9(缩写为 IE9)在2011年3
月14日21:00 发布。

图 2.10　例 2.9 运行效果

【例 2.10】　aside 元素。

```
<aside>
    <h1>网站公告：</h1>
    <p>国庆节放假通知</p>
```

```
    <p>中秋节放假通知</p>
</aside>
```

aside 元素用来表示当前页面或者文章的复数信息部分，它可以包含于当前页面或主要内容相关的引用、侧边栏、广告、导航条，以及其他类似的有别于主要内容的部分。一般情况下，aside 元素有以下两种用法。

（1）被包含在 article 元素中作为主要内容的附属信息，其中的内容可以是与当前文章有关的参考资料、名词解释等。

（2）在 article 元素之外使用，作为页面或者站点全局的附属信息部分。最典型的形式是侧边栏，其中的内容可以是友情链接、博客中其他文章列表和广告单元等。

【程序运行效果】　如图 2.11 所示，设计 aside 标记的侧边栏信息框。

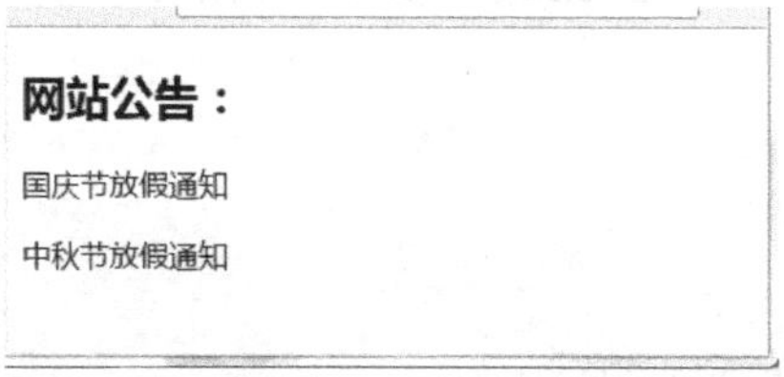

网站公告：

国庆节放假通知

中秋节放假通知

图 2.11　例 2.10 运行效果

【例 2.11】　section 元素显示产品块信息。

```
<section>
    <h1>产品</h1>
    <p>产品的种类列表</p>
    <article>
        <h2>产品 A</h2>
        <p>产品 A 的介绍</p>
    </article>
    <article>
        <h2>产品 B</h2>
        <p>产品 B 的介绍 p>
    </article>
</section>
```

<section>标记定义了文档的某个区域，如章节、头部、底部或者文档的其他区域。

section 元素用于对网站或应用程序中页面上的内容进行分块，一个 section 元素通常由内容和标题组成，但是 section 元素并非一个普通的容器元素，当一个容器元素被直接定义样式或通过脚本定义行为时，推荐使用 div 元素，而不是 section 元素。在使用 section 元素时，要注意以下几方面。

（1）不要将 section 元素用作设置样式的页面容器，那是 div 元素的工作。

（2）如果 artic 元素、aside 元素或 nav 元素更符合使用条件，那么不要使用 section 元素。

（3）不要为没有标题的内容区块使用 section 元素。

section 元素的作用是对页面上的内容进行分块，或者说对文章进行分段，实际上，在 HTML5 中，article 元素可以看作是一种特殊的 section 元素，它比 section 元素更强调独立性，即 section 元素强调分段或分块，而 article 强调独立性，具体来说，如果一块内容相对来说比较独立、完整时，应该使用 article 元素；但是如果想要将一块内容分为多段时，应该使用 section

元素。

　　【程序运行效果】　如图 2.12 所示，用 section 标记定义了产品的区域块信息，并在其中用 article 标记设置"产品 A"和"产品 B"两个单独的子产品。

图 2.12　例 2.11 运行效果

　　【例 2.12】　nav 元素。

```
<nav>
    <ul>
        <li>
            <a href="nav 元素.html">首页</a>
        </li>
                （此处多个 li+a 标签的格式）
    </ul>
</nav>
<article>
    <header>
        <h2>
            NAV-1
        </h2>
        <nav>
            <li>
                <a href="section 元素.html">section</a>
            </li>
            （此处多个 li+a 标签的格式）
        </nav>
    </header>
</article>
（此处类似多个 article 部署）
<footer>
    <p>
        <a href="/">版权信息</a>
        <a href="/">站点帮助</a>
        <a href="/">联系我们</a>
    </p>
</footer>
```

　　nav 元素是一个可以用作页面导航的链接组，其中导航元素链接到其他页面或当前页面的其他部分。并不是所有的链接组都要被放进 nav 元素，只要将主要的、基本的链接组放进 nav 元素即可。一个 HTML5 网页中可以包含多个 nav 元素，作为页面整体或者不同部分的导航，具体来说，nav 元素可以用于以下几种场合。

（1）传统导航条：目前主流网站上都有不同层级的导航条，其作用是将当前画面跳转到网站的其他主要页面。

（2）侧边栏导航：目前主流博客网站及商品网站上都有侧边栏导航，其作用是将页面从当前文章或当前商品跳转到其他文章或其他商品页面。

（3）页内导航：它在作用是在本页面几个主要的组成部分之间进行跳转。

（4）翻页操作：是指在多个页面的前后页或博客网站的前后篇文章滚动。

除了上面几点之外，nav 元素也可以用于其他开发者觉得是重要的、基本的导航链接组中。

【程序运行效果】 如图 2.13 所示，在不同结构中使用 nav 标记设置导航栏信息。

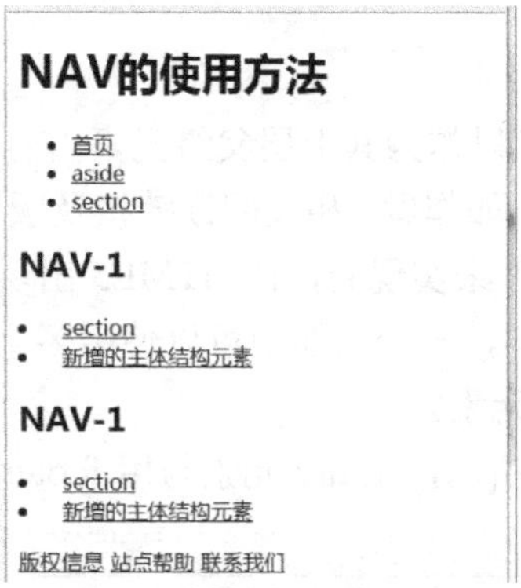

图 2.13　例 2.12 运行效果

【例 2.13】 footer 元素与 div 元素实现版权信息的对比。

```
<div id="footer">
    <p>
        <a href="/">版权信息</a>|
        <a href="/">关于我们</a>|
        <a href="/">联系我们</a>|
        <a href="/">站点地图</a>|
    </p>
    <p>本书院版权所有</p>
</div>
<footer>
    <p>
        <a href="/">版权信息</a>|
        <a href="/">关于我们</a>|
        <a href="/">联系我们</a>|
        <a href="/">站点地图</a>|
    </p>
    <p>本书版权所有</p>
</footer>
```

设计 div 元素的 CSS3 样式：

```
<style>
    *{                      //设置所有标记的 CSS3 样式
        margin: 0;          //设置外边距为 0px
        padding: 0;         //设置填充为 0px
```

```
        }
        body{                          //设置 body 的样式
            font-family: 微软雅黑;       //设置字体为"微软雅黑"
            text-align: center;        //设置文本为居中对齐
        }
        #footer,#footer a{             //设置 id 为 footer 的标签及其子标记 a 标记的属性
            color:#555                 //设置颜色值为#555（灰色）
        }
        footer,footer a{               //设置 footer 的标记及其子标记 a 标记的属性
            color:#555                 //设置颜色值为#555（灰色）
        }
    </style>
```

footer 元素很容易理解，它可以作为其上层父级元素内容区块或者是一个根区块的脚注。它通常包含相关区块的脚注信息，如作者、相关阅读链接及版权信息等。在 HTML5 出现之前，通常都是使用 "<div id="footer">" 来实现的，在 HTML5 出现之后，直接使用 footer 元素来代替。footer 元素与 header 元素一样，一个页面中可以使用多个 footer 元素。通常可以为 article 元素或者 section 元素添加 footer 元素。

【程序运行效果】 如图 2.14 所示，用 div 元素与用 footer 元素设计的脚注运行结果类似。

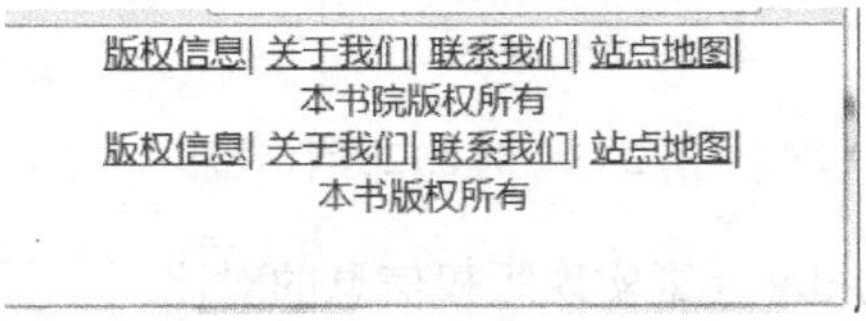

版权信息| 关于我们| 联系我们| 站点地图|
本书院版权所有
版权信息| 关于我们| 联系我们| 站点地图|
本书版权所有

图 2.14　例 2.13 运行效果

2.3.2　分组元素

顾名思义，分组元素就是对页面中的内容进行分组的，HTML5 中涉及 3 个与分组相关的元素：hgroup 元素、figcaption 元素和 figure 元素。

【例 2.14】 hgroup 元素。

```
<article>
    <header>
        <h1>文章标题</h1>
        <p><time datetime="2014-10-08">2014 年 10 月 8 日</time></p>
    </header>
    <p>文章正文</p>
</article>
<article>
    <header>
        <hgroup>
            <h1>文章主标题</h1>
            <h2>文章子标题</h2>
        </hgroup>
        <p><time datetime="2014-10-08">2014 年 108 日</time> </p>
    </header>
```

```
    <p>文章正文</p>
</article>
```

hgroup 元素是将标题及其子标题进行分组的元素,该元素通常会将 h1~h6 元素进行分组,例如,一个内容区块的标题及其子标题算作一组,案例中前半部分只有一个标题 h1,未使用 hgroup 元素进行分组,后半部分,通过 header 元素设计头部时包含了两个标题,一个主标题 h1 元素和一个副标题 h2 元素,HTML5 中增加 hgroup 元素之后,可以通过该元素进行分组,如果有必要,还可以为 hgroup 元素制定 CSS 样式。hgroup 元素也并不是想用就用的,通常情况下,在使用 hgroup 元素时,要遵循以下几个条件。

(1)如果只有一个标题元素(h1~h6 中的一个),不建议使用 hgroup 元素。

(2)当出现一个或者一个以上的标题和元素时,建议推荐使用 hgroup 元素作为标题容器。

(3)当一个标题有副标题、其他 section 或者 article 的元数据时,建议将 hgroup 元素和元数据放到单独的 header 元素容器中。

【程序运行效果】 如图 2.15 所示,用 hgroup 元素把 h1 和 h2 的元素都组合起来。

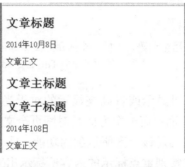

图 2.15 例 2.14 运行效果

【例 2.15】 figcaption 元素和 figure 元素。

在 HTML5 中,figcaption 元素用于定义 figure 元素的标题,该元素应该被放到 figure 元素的第一个或者最后一个子元素的位置;figure 元素指定独立的流内容,如图像、图表、照片和代码等。

```
<figure>
    <img src=" images/1.jpg" title="风景">
    <img src=" images/2.jpg" title="风景">
    <img src=" images/2.jpg" title="风景">
    <figcaption>风景</figcaption>
</figure>
```

figure 元素的内容应该与主内容无关,如果被删除,则不会对文章流产生影响,在使用 figure 元素时,可以通过 figcaption 元素添加副标题,一个 figure 元素内最多只允许放置一个 figcaption 元素,但是允许放置多个其他元素。本例中,将图像放入 figure 元素中,并且在 figure 元素中定义 figcaption 元素,制定特点的标题信息。figure 元素所表示的内容通常是图片、统计图或代码示例,但是并不仅限于此,它同样可以用来表示音频插件、视频插件或者统计表格等。

【程序运行效果】 如图 2.16 所示,用 figure 元素把 3 个图片做个统一归属,且用 figcaption 元素设置其图片组的标题。

图 2.16　例 2.15 运行效果

2.3.3　语义元素

语义元素，即"元素的意义"。具体来说，就是语义元素能够为浏览器和开发者清楚描述其意义，例如，可以将 header 和 footer 等元素看成语义元素，而 div 元素则属于无语义元素。本节介绍 HTML5 中新增的几种文本语义元素。

【例 2.16】　mark 元素。

```
<p>
    万维网的核心语言、标准通用标记语言下的一个应用超文本标记语言（<mark>HTML</mark>）的第五次重大修改（这是一项正在进行中的一个草案，外语原文：This is a work in progress！）。标准通……
</p>
```

mark 元素表示页面中要突出显示或者高亮显示的对于当前用户具有参考作用的一段文字。mark 元素通常作用在两个方面：第一个方面是对网页全文搜索某个关键词显示检查结果，目前许多搜索引擎使用其他方法实现该元素所达到的功能；另一个方面是在引用原文时，为了某种特殊目的而把原文作者没有特别重点标示的内容给标示出来。本案例高亮显示了"HTML"这些字。

在 HTML4 中，还可以使用 em 元素和 strong 元素突出显示文字，但是 mark 元素的作用与它们有所区别，说明如下。

（1）mark：该元素与原文作者无关，或者说，它不是原文作者用来标示文字的，而是在后来引用时添加上去的，其目的是吸引用户的注意力，提供给用户作为参考，希望对用户有所帮助。

（2）strong：该元素是原文作者用来强调一段文字的重要性的（如警告信息）。

（3）Em：该元素是作者为了突出文章重点而使用的。

【程序运行效果】　如图 2.17 所示，"HTML" 4 个字母被设置为黄底的重点突出样式。

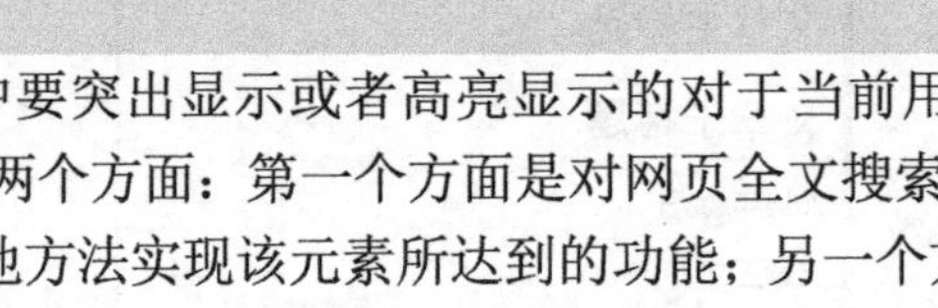

```
HTML5的百度百科
万维网的核心语言、标准通用标记语言下的一个应用超
文本标记语言（HTML）的第五次重大修改（这是一项正
在进行中的一个草案，外语原文：This is a work in
progress！）。标准通……
```

图 2.17　例 2.16 运行效果

【例 2.17】　ruby、rt 和 rp 元素。

ruby 元素定义 ruby 注释，通常与 rt 和 rp 元素一块使用。

```
<ruby>
    汉 <rp>(</rp><rt>Kan</rt><rp>)</rp>
```

```
字 <rp>(</rp><rt>ji</rt><rp>)</rp>
</ruby>
```

ruby 注释是中文注音或字符，在东亚使用时，显示的是东亚字条的发音，ruby 元素由一个或多个需要解释/发音的字符和一个提供该信息的 rt 元素组成，rt 元素定义 ruby 注释的解释。ruby 元素还包括可选的 rp 元素，定义当浏览器不支持 ruby 元素时显示的内容。

【程序运行效果】　如图 2.18 所示，在"汉字"上面被加入了拼音"han zi"。

图 2.18　例 2.17 运行效果

【例 2.18】　time 元素。

```
<p>我们在每天早上 <time>9:00</time> 开始营业。</p>
<p>我在 <time datetime="2017-02-14">情人节</time> 有个约会。</p>
<p><strong>注意：</strong>IE8 及更早版本不支持 time 标记。</p>
```

time 标记定义公历的时间（24 小时制）或日期，时间和时区偏移是可选的。该元素能够以机器可读的方式对日期和时间进行编码，例如，用户代理能够把生日提醒或排定的事件添加到用户日程表中，搜索引擎也能够生成更智能的搜索结果。datetime 和 pubdate 属性是 time 元素常用的两个属性。datetime 属性制定日期/时间，否则，由元素的内容给定日期/时间；pubdate 属性制定 time 元素中的日期/时间是文档（或 article 元素）的发布时间。

【程序运行效果】　如图 2.19 所示，设置内容为 9:00 的 time 标记，并设置 datetime 属性值为"2017-02-14"的 time 标记，其中"2017-02-14"并不会在页面上显示。

```
我们在每天早上 9:00 开始营业。

我在 情人节 有个约会。

注意：IE8 及更早版本不支持 time 标记。
```

图 2.19　例 2.18 运行效果

【例 2.19】　wbr 元素。

```
<p>尝试缩小浏览器窗口，以下段落的 "XMLHttpRequest" 单词会被分行：</p>
<p>尝试缩小浏览器窗:学习 AJAX，您必须熟悉 <wbr>Http<wbr>Request 对象。</p>
<p><b>注意：</b>IE 浏览器不支持 wbr 标记。</p>
```

wbr（word break opportunity）标记规定在文本中的何处适合添加换行符。如果单词太长，或者您担心浏览器会在错误的位置换行，那么可以使用 wbr 元素来添加单词换行时机。

【程序运行效果】　如图 2.20 所示，当页面达到一定宽度，"HttpRequest"需要在"Http"的位置断行时，将"Http"嵌套在 wbr 标记中。

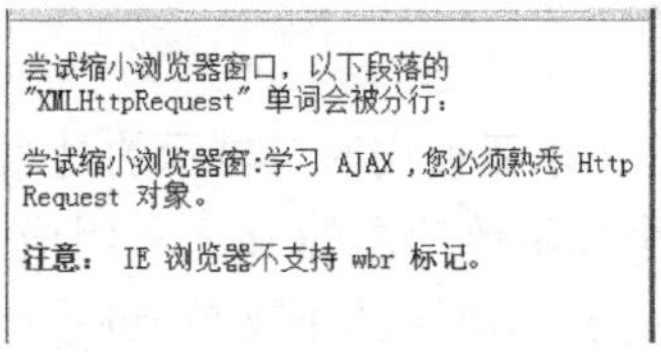

尝试缩小浏览器窗口，以下段落的
"XMLHttpRequest"单词会被分行：

尝试缩小浏览器窗:学习 AJAX ,您必须熟悉 Http
Request 对象。

注意：IE 浏览器不支持 wbr 标记。

图 2.20　例 2.19 运行效果

2.3.4　交互元素

HTML5 是一些独立特性的集合，它不仅增加了许多 Web 页面特征，而且本身也是一个应用程序，对于应用程序而言，表现最为突出的就是交互操作，HTML5 为操作新增加了对应的交互体验元素，本节主要了解这些元素。

【例 2.20】　meter 元素。

```
<p>硬盘实际使用情况<meter value="43.9" max="119" min="0">43.9/119</meter>GB </p>
<p>硬盘实际使用情况<meter value="43.9" max="119" min="0" low="50" high="70" optimum="70">
</meter></p>
```

meter 元素是 HTML5 新追加的用来定义度量衡的元素，该元素仅用于已知最大和最小值的度量。例如，显示磁盘使用情况、对某个候选者的投票人数占总投票人数的比例、查询结果的相关性等，都可以使用 meter 元素。meter 元素的开始标记和结束标记之间可以添加文本，在浏览器不支持该元素时，可以显示标记之间的文字。meter 标记的属性值如表 2.5 所示。

表 2.5　meter 标记的属性值

属　　性	值	描　　述
form	form_id	规定 meter 元素所属的一个或多个表单
high	number	规定被界定为高的值的范围
low	number	规定被界定为低的值的范围
max	number	规定范围的最大值
min	number	规定范围的最小值
optimum	number	规定度量的最优值
value	number	必须规定度量的当前值

【程序运行效果】　如图 2.21 所示，本例设置第一行度量条的最大值为 119，最小值为 0，当前值为 43.9；第二行度量条的最大值为 119，最小值为 0，当前值为 43.9，被界定为高的值为 70，被界定为低的值为 50，度量的最优值为 70，您可以不断调整各个属性的值查看其显示状态的变化。

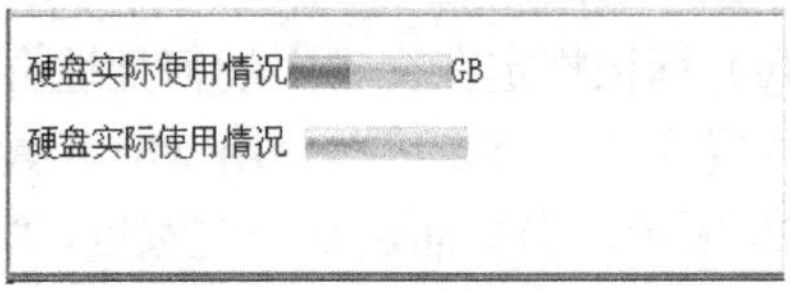

硬盘实际使用情况　　　　GB
硬盘实际使用情况

图 2.21　例 2.20 运行效果

【例 2.21】 progress 元素。

```
<p> 当前任务完成进度:
    <progress max="0" value="850"></progress>
</p>
```

progress 元素代表一个任务的完整进度,这个进度可以是不确定的,只是表示进度正在进行,但是不清楚还有多少工作量没有完成,可以使用 0 到某个最大值(如 100)之间的数值来表示进度完成的准确区别情况。progress 元素具有两个属性,以表示当前任务完成的情况:value 属性表示已经完成了多少工作量;max 属性表示总共有多少工作量。工作量的单位是随意的,不用指定,在设置属性时,value 属性和 max 属性只能指定为有效的浮点数,value 属性值必须大于 0,且小于或等于 max 属性值,max 属性值必须大于 0。请将 progress 标记与 JavaScript 一起使用来显示任务的进度。progress 标记不适合用来表示度量衡(如磁盘空间使用情况或相关的查询结果)。若表示度量衡,请使用 meter 标记代替。

【程序运行效果】 如图 2.22 所示,设置总共的工作量为"0",已经完成了 850 个工作量,所以进度条显示是百分百的形式,读者可以不断调整各个属性值来查看其显示状态的变化。

图 2.22 例 2.21 运行效果

【例 2.22】 detail、summary 元素。

```
<details>
    <summary>
        HTML5+CSS3 视频教程
    </summary>
    <p>
        HTML5+CSS3 视频教程,多方位,全面的课程体系
    </p>
</details>
```

detail 元素提供了一种代替 JavaScript 将页面上局部区域进行展开或者收缩的方法,用于说明文档或者某个细节信息的作用。details 标记用来供用户开启/关闭交互式控件,任何形式的内容都能被放在 details 标记里。details 元素的内容对用户是不可见的,除非设置了 open 属性。summary 标记是 HTML5 中的新标记。summary 标记为 details 元素定义一个可见的标题。当用户单击标题时会显示出详细信息。

【程序运行效果】 如图 2.23 所示,当用户单击三角形箭头所指文本时,可实现详细内容的展开或者收缩。

图 2.23 例 2.22 运行效果

第3章

图像标识和超链接

图片是网页中不可或缺的元素,巧妙地在网页中使用图片,可以为网页增色不少。超链接(Hyperlink)是超级链接的简称,它是网页中最重要的元素之一。当浏览网页时,单击一个超链接,可使网页切换到另外一个 HTML5 文档或 URL 指定的站点。

3.1 图像标识

网页支持多种图片格式,并且可以对插入的图片设置高度和宽度,网页中使用的图像可以是 GIF、JPEG、BMP、TIFF、PNG 等格式的图像文件,其中使用最广泛的主要是 GIF 和 JPEG 两种格式。

1. 图像元素

【例 3.1】 在网页中插入图片。

```
<!DOCTYPE html>
<html>
<body>
百度 LOGO 图片显示:
<img src="images/baidu_logo.gif" alt="本地百度 LOGO 图片">
<img    src="https://ss0.bdstatic.com/5aV1bjqh_Q23odCf/static/superman/img/logo/bd_logo1_31bdc765.png"
alt="网络百度 LOGO 图片">
</body>
</html>
```

img 元素向网页中嵌入一幅图像。请注意,从技术上讲,img 标记并不会在网页中插入图像,而是从网页上链接图像。img 标记创建的是被引用图像的占位空间。img 标记有两个必需的属性:src 属性和 alt 属性。

img 标记必需的属性如表 3.1 所示。

表 3.1 img 标记必需的属性

属　　性	值	描　　述
alt	text	规定图像不能显示时的替代文本
src	URL	规定显示图像的 URL，可以是本地也可以是网络的地址

img 标记可选的属性如表 3.2 所示。

表 3.2 img 标记可选的属性

属　　性	值	描　　述
align	● top ● bottom ● middle ● left ● right	规定如何根据周围的文本来排列图像
border	pixels	定义图像周围的边框
height	Pixels 或%	定义图像的高度
hspace	pixels	定义图像左侧和右侧的空白
vspace	pixels	定义图像顶部和底部的空白
width	● pixels%	设置图像的宽度

对于大多数图片来说，一张图片可能胜过千言万语。首先，也是最重要的一点，是要把文档的图形作为可视化工具，而不是将其作为无缘无故的装饰。它们应当支持文本的内容，并帮助读者在文档中导航。使用图像可使文档内容更清楚，还可为文档加注释或示例。支持内容的照片、图表、曲线图、地图和图画等都是很自然的、很合适的选择项。例如，产品的照片对于在线目录和购物指南来说是非常关键的组成部分。还有具有链接功能的图标和印刷符号，包括具有动画效果的图像等，都可以是导向内容或者外部资源的非常有效的可视向导。如果某个图像对文档没有起到任何上述作用，那就应该把它丢到一边去！

在考虑向文档添加图像时，另外一个重要的考虑因素，就是在通过网络，尤其是通过调制解调器连接传输这个文档时，检索方面所带来的时间延迟。一般的普通文档最多可以容纳 10～15KB，而一个图像可以轻易地达到数百千字节大小。一个文档的总下载时间，还要考虑网络负载所带来的延迟。

根据连接的速度（也就是带宽，通常用 bit/s 来表示）和可能减慢连接速度的网络阻塞情况，要下载一个包含 100KB 图像的单独文档，可能在凌晨一两点时，用一个 57.6kbit/s 的调制解调器连接花大约 15s 来完成下载，也有可能在中午时，用一个 9600kbit/s 调制解调器花上超过 10min 来完成下载。

当然，图片和其他多媒体的使用，会促使因特网服务提供商不断追求更快、更好的方式来提供 Web 内容。现在，56kbit/s 调制解调器就要像马和马车一样退出历史舞台（就像 9600bit/s 调制解调器那样），它已经被电缆调制解调器、ADSL、无线、光纤等这样的新设备所取代。实际上，大多数连接已经超过 1Mb/s 的速率甚至 10Mb/s 的速率。

img 标记的 src 属性是必需的。它的值是图像文件的 URL，也就是引用该图像文件的绝对路径或相对路径。

提示： 为了整理文档的存储，创作者通常会把图像文件存放在一个单独的文件夹中，而且通常会将这些目录命名为"pics"或者"images"之类的名称。

URL 规定图像的地址。URL 可能的值：绝对 URL 指向其他站点（如 src="http://www.example.com/"）；相对 URL 指向站点内的文件（如 src="/i/image.gif"）。alt 属性是一个必需的属性，它规定在图像无法显示时的替代文本。

假设由于下列原因用户无法查看图像，alt 属性可以为图像提供替代的信息：

➢ 网速太慢；

➢ src 属性中的错误；

➢ 浏览器禁用图像；

➢ 用户使用的是屏幕阅读器。

img 标记的 alt 属性指定了替代文本，用于在图像无法显示或者用户禁用图像显示时，代替图像显示在浏览器中的内容。我们强烈推荐在文档的每个图像中都使用这个属性。这样即使图像无法显示，用户还是可以看到关于丢失了什么东西的一些信息。而且对于残疾人来说，alt 属性通常是他们了解图像内容的唯一方式。alt 属性的值是一个最多可以包含 1024 个字符的字符串，其中包括空格和标点。这个字符串必须包含在引号中。这段 alt 文本中可以包含对特殊字符的实体引用，但它不允许包含其他类别的标记，尤其是不允许有任何样式标记。

【程序运行效果】 第一个百度 LOGO 是使用本地 images 目录的百度 LOGO 图像，第二个百度 LOGO 是使用网络地址上的百度 LOGO 图像，图片存在时显示效果如图 3.1 所示。

alt="网络百度 LOGO 图片"设置了图片不存在时显示文字为"网络百度 LOGO 图片"，如图 3.1 所示。

图 3.1　例 3.1 运行效果

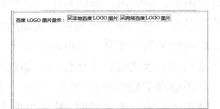

图 3.2　例 3.1 找不到图片时的运行效果

【例 3.2】 排列图像。

```
<!DOCTYPE html>
<html>
<body>
<h2>未设置对齐方式的图像：</h2>
<p>图像<img src ="images/baidu_logo.gif">在文本中未设计对齐方式</p>
<h2>已设置对齐方式的图像：</h2>
<p>图像<img src="images/baidu_logo.gif" align="bottom">在文本中 bottom 对齐</p>
<p>图像<img src ="images/baidu_logo.gif" align="middle">在文本中 middle 对齐</p>
<p>图像<img src ="images/baidu_logo.gif" align="top">在文本中 top 对齐</p>
```

```
</body>
</html>
```

在网页的文字中，如果插入了图片，这时就可以对图片进行排序，img 标记的 align 属性定义了图像相对于周围元素的水平和垂直对齐方式。HTML 和 XHTML 标准指定了 5 种图像对齐属性值：left、right、top、middle 和 bottom。left 和 right 值会把图像周围与其相连的文本转移到相应的边界中；其余的 3 个值将图像与其相邻的文字在垂直方向上对齐。

【程序运行效果】 如图 3.3 所示，第一张图片未设置对齐方式（默认），第二张图片底部对齐，第三张图片居中对齐，第四张图片顶部对齐。

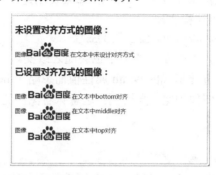

图 3.3　例 3.2 运行效果

【例 3.3】 用多种样式来设置图像高度和宽度。

```
<html>
<body>
<img src="/i/ct_1px.gif" width="200px" height="30px" />
<br />
<br />
<img src="/i/ct_1px.gif" width="60%" height="30px" />
<br />
<br />
<img src="/i/ct_1px.gif" width="20%" />
</body>
</html>
```

img 标记的 height 和 width 属性可以用来改变图像大小，也可以制作填充图像。

height 和 width 属性值如表 3.3 所示。

表 3.3　height 和 width 属性值

值	描述
pixels	以 px 为单位的高度或宽度值
percent	以包含元素的百分比计的高度或宽度值

height 和 width 属性值有一种隐藏的特性，就是人们无须指定图像的实际大小，也就是说，这两个值可以比实际的尺寸大一些或小一些。浏览器会自动调整图像，使其适应这个预留空间的大小。使用这种方法就可以很容易地为大图像创建其缩略图，以及放大很小的图像。但需要注意的是：浏览器还是必须要下载整个文件，不管它最终显示的尺寸到底是多大，而且，如果没有保持其原来的宽度和高度比例，图像会发生扭曲。使用 height 和 width 属性值的另外一种

技巧，是可以非常容易地实现对页面区域的填充，同时还可以改善文档的性能。设想一下，如果想在文档中放置一个彩色的横条。如果无须创建一个具有完整尺寸的图像，相反，只要创建一个宽度和高度都为 1px 的图像，并把自己希望使用的颜色赋给它，然后使用 height 和 width 属性值把它扩展到更大的尺寸，程序代码如下：

```
<img src="images/ct_1px.gif" width="200px" height="30px" />
```

查看程序运行效果，这个颜色彩条是用只有 1px 的图像制成的。

使用 width 属性值的最后一个技巧是使用百分比值来代替像素的绝对值。这将使浏览器按照与浏览器显示窗口的一定比例来缩放图像。因此，如果要创建一个宽度与显示窗口宽度相同，高度为 30px 的彩色横条，可以这样实现：

```
<img src="images /ct_1px.gif" width="60%" height="30px" />
```

当文档窗口的大小改变时，这个图像的大小也会随之改变。

提示： 如果提供了一个百分比形式的 width 属性值而忽略了 height 属性值，那么不管是放大还是缩小，浏览器都将保持图像的宽、高比例。这意味着图像的高度与宽度之比将不会发生变化，图像也就不会发生扭曲。

请看下面的程序代码：

```
<img src="/i/ct_1px.gif" width="20%" />
```

也就是说，如果只设置图像 ct_1px.gif 的 width 属性的百分比值，会得到一个矩形图像（这是因为原始的 ct_1px.gif 就是一个只有 1px 宽和高的矩形）。

【程序运行效果】 如图 3.4 所示，读者可以放大、缩小查看 3 个图片的变化，注意观察，第二、第三个可以随着页面的大小成一定比例变化。

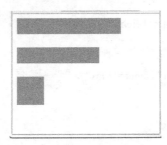

图 3.4　例 3.3 运行效果

【例 3.4】 设置图片的高宽固定值来实现风景网站。

```
<!DOCTYPE html>
<html >
<head>
<title>包含图片的风景网站</title>
</head>
<body>
<p> <img src="images/image1.jpg" width="400" height="300"/> <img src="images/image2.jpg" width="400" height="300"/><img src="images/image3.jpg" width="400" height="300"/><br />
    漂亮的花海。。。。。。。。。。。。。                          创意植物写生。。。。。。。。。。。。                梅花。。。。。。。。。。。。 </p>
<hr/>
<p> <img src="images/image3.jpg" width="400" height="300"/> <img src="images/image5.jpg" width="400"
```

```
height="300"/><img src="images/image6.jpg" width="400" height="300"/><br />   
    自然山水。。。。。。。。。。。。               
        海阔天空。。。。。。。。。。。。           
               神奇的自然。。。。。。。。。 </p>
    <hr />
</body>
</html>
```

img 标记的 height 和 width 属性值可以设置图像的尺寸。为图像指定 height 和 width 属性值是一个好习惯。如果设置了这些属性值，就可以在页面加载时为图像预留空间。如果没有这些属性值，浏览器就无法了解图像的尺寸，也就无法为图像保留合适的空间，因此当图像加载时，页面的布局就会发生变化。请不要通过 height 和 width 属性值来缩放图像。如果通过 height 和 width 属性值来缩小图像，那么用户就必须下载大容量的图像（即使图像在页面上看上去很小）。正确的做法是，在网页上使用图像之前，应该通过软件把图像处理为合适的尺寸。

【程序运行效果】 如图 3.5 所示，设置图片的宽度为 400px，高度为 300px，设计后使 1 行有 3 个图片、6 个图片分 2 行显示。

图 3.5 例 3.4 运行效果

2. 背景图片

【例 3.5】 将图片设置为背景。

```
<!DOCTYPE html>
<html>
<body background="images/image1.jpg">
<h3>图像背景</h3>
</body>
</html>
```

在插入图片时，用户可以根据需要，将某些图片设置为网页的背景。GIF 和 JPG 文件都可以用在 HTML 背景，如果图片小于页面，图像会重复平铺。

【程序运行效果】 如图 3.7 所示，插入了当前项目的下一层路径 images 中 image1.jpg 作为

body 标记的背景。

图 3.6　例 3.5 运行效果

另外，对图片的操作也可以通过选择 Dreamweaver 菜单中的"插入"→"图像"进行插入，插入后用户可以在"属性"设置中进行各个参数的修改。

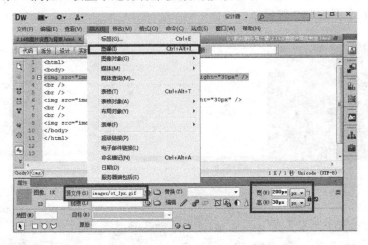

图 3.7　通过 Dreamweaver 添加图像

3. 图片热点区域

【例 3.6】 创建热点区域。

在浏览网页时，读者会发现，有时当单击一张图片的不同区域时，会显示不同的链接内容，这就是图片的热点区域，所谓图片的热点区域，就是将一个图片划分为若干个链接区域，当访问者单击不同区域，会链接到不同的目标页面。在 HTML5 中，可以为图片创建 3 种类型的热点区域：矩形、圆形和多边形，创建热点区域使用 map 和 area 标记，创建的方法可以使用 Dreamweaver 来精确定位热点区域，操作步骤如下。

（1）创建 HTML5 文件，插入一张图片，如图 3.8 所示。

```
<img src="images/image9.jpg" width="1001" height="87" border="0" usemap="#Map">
```

图 3.8　插入图片

（2）选择图片，在 Dreamweaver 中打开"属性"面板，面板左下角有 3 个形状图标，依次代表矩形、圆形和多边形热点区域。单击左边的"矩形热点"工具图标，如图 3.9 所示。

图 3.9　选择"矩形热点"工具图标

（3）选择 Dreamweaver 菜单中的"设计"页面，将鼠标指针移动到被选中的图片上，分别以"创意信息平台"、"创业数码平台"、"产品服务平台"、"视觉搜索引擎"和"视客论坛"栏中的矩形大小为准，按下鼠标左键，从左上角向右下角拖拽鼠标，得到 6 个栏目的矩形区域，如图 3.10 所示，绘制出来的热点区域呈现出半透明的状态。

图 3.10　绘制热点区域

（4）如果绘制出来的矩形热点区域有误差，可以通过"属性"面板中的"指针热点"进行编辑，如图 3.11 所示。

图 3.11　指针热点

（5）完成准确热点区域定位后，保持矩形热点区域处于被选中状态，然后在"属性"面板的"链接"文本框中输入或者用"浏览文件"来选中热点区域链接所对应的目标页面。

图 3.12　链接目标页面

（6）在"目标"下拉列表框中有 4 个选项，如图 3.13 所示，它们决定着链接页面的弹出方式，如果选择了"_blank"，则矩形热点的链接页面将在新的窗口中弹出；如果"目标"选项保持空白，就表示仍在原来的浏览器窗口中显示链接的目标页面，这样，热点区域就设置完成了。

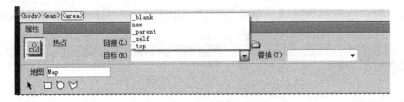

图 3.13　选择链接打开方式

（7）完成后保存并预览页面，可以发现，凡是绘制了热点区域，鼠标指针移上去时就会变成手型，单击时就会跳转到相应的页面。

程序代码如下：

```
<!DOCTYPE html>
<html>
<head>
<title>创建热点区域</title>
</head>
<body>
<img src="images/image9.jpg" width="1001" height="87" border="0" usemap="#Map">
<map name="Map">
    <area shape="rect" coords="296,5,412,85" href="2.12 图片综合案例.html" target="_blank" alt="链接失败
时显示内容">
    <area shape="rect" coords="412,4,524,85" href="2.12 图片综合案例.html" alt="链接失败时显示内容">
    <area shape="rect" coords="525,4,636,88" href="#" alt="链接失败时显示内容">
    <area shape="rect" coords="639,6,749,86" href="#" alt="链接失败时显示内容">
    <area shape="rect" coords="749,5,864,88" href="#" alt="链接失败时显示内容">
    <area shape="rect" coords="861,6,976,86" href="#" alt="链接失败时显示内容">
</map>
</body>
</html>
```

map 标记定义了一个客户端图像映射，图像映射（image-map）是指带有可点击区域的一幅图像。

注意：

➢ 要想建立图片热点区域，必须先插入图片，注意图片必须增加 usemap 属性，说明该图片是热区映射图像，属性值必须以 "#" 开头，加上名字。

➢ map 标记只有一个属性 name，其作用是为区域命名，其设置值必须与 image 标记的 usemap 属性值相同。

➢ area 标记主要是定义热点区域的形状及超链接，area 元素永远嵌套在 map 元素内部。area 元素可定义图像映射中的区域。

area 标记必需的属性如表 3.4 所示。

表 3.4　area 标记必需的属性

属　　性	值	描　　述
alt	text	定义此区域的替换文本

area 标记可选的属性如表 3.5 所示。

表 3.5 area 标记可选的属性

属　　性	值	描　　述
coords	坐标值	定义可点击区域（对鼠标敏感的区域）的坐标
href	URL	定义此区域的目标 URL
nohref	nohref	从图像映射排除某个区域
shape	● default ● rect ● circ ● poly	定义区域的形状，默认为 rect
target	● _blank ● _parent ● _self ● _top	规定在何处打开 href 属性指定的目标

　　area 标记的 coords 属性定义了客户端图像映射中对鼠标敏感区域的坐标。坐标的数字及其含义取决于 shape 属性中决定的区域形状。可以将客户端图像映射中的超链接区域定义为矩形、圆形或多边形等。

　　下面列出了每种形状的适当值。

➢ 圆形，其语法格式如下：

`shape="circle"，coords="x,y,z"`

　　这里的 x 和 y 定义了圆心的位置（"0，0"是图像左上角的坐标），z 是以 px 为单位的圆形半径。

➢ 多边形，其语法格式如下：

`shape="polygon"，coords="x1,y1,x2,y2,x3,y3,..."`

　　每一对"x，y"坐标都定义了多边形的一个顶点（"0，0"是图像左上角的坐标）。定义三角形至少需要三组坐标；高纬多边形则需要更多数量的顶点。

　　多边形会自动封闭，因此在列表的结尾无须重复第一个坐标来闭合整个区域。

➢ 矩形，其语法格式如下：

`shape="rectangle"，coords="x1,y1,x2,y2"`

　　第一对坐标是矩形的一个角的顶点坐标，另一对坐标是对角的顶点坐标，"0，0"是图像左上角的坐标。请注意，定义矩形实际上是定义带有 4 个顶点多边形的一种简化方法。

　　如果某个 area 标记中的坐标和其他区域发生了重叠，会优先采用最先出现的 area 标记。浏览器会忽略超过图像边界范围之外的坐标。

　　coods 属性值如表 3.6 所示。

表 3.6 coods 属性值

值	描　　述
x1,y1,x2,y2	如果 shape 属性设置为 "rect"，则该值规定矩形左上角和右下角的坐标
x,y,radius	如果 shape 属性设置为 "circ"，则该值规定圆心的坐标和半径
x1,y1,x2,y2,..,xn,yn	如果 shape 属性设置为 "poly"，则该值规定多边形各边的坐标。如果第一个坐标和最后一个坐标不一致，那么为了关闭多边形，浏览器必须添加最后一对坐标

【程序运行效果】 创建的热点区域如图 3.15 所示。

图 3.14 例 3.6 运行效果

3.2 超链接

1. 超链接基础应用

可以按照使用对象的不同，将网页中的链接进行分类，如文本链接、图像超链接、E-mail 链接、锚点链接、多媒体文件链接和空链接等。链接就是从一个 Web 页面到另外一个相关 Web 页面的有效途径，在 HTML5 文档中通过 a 标记来实现超链接，当浏览网页时，单击一个超链接，可使网页切换到另外一个 HTML5 文档或 URL 指定的站点。

【例 3.7】 超链接基础应用。

```
<body>
    <a href="http://www.baidu.com">百度</a><!--在当前页面打开百度网页-->
    <a href="2.5 文档加粗标记.html" target="_blank">demo2 的页面</a>        <!--在新页面打开百度网页-->
    <a href="#dibu">到页面底部</a><!--单击后链接到 name="dibu" 的位置-->
    <a href="#zhongbu">到中部</a><!--单击后链接到 name="zhongbu" 的位置-->
    <a name="dingbu"></a><!--单击后链接到 name=" dingbu " 的位置-->
    <a href="http://www.baidu.com" target="_blank"><img src="https://www.baidu.com/img/bdlogo.png">
</a><!--单击图片后链接到百度网站-->
    <div>
    <p>小官（省略大部分文字……）</p>
    </div>
    。。。（此处多个类似 div）
<div>
    <a name="zhongbu"></a>
    <h1>这是中部</h1>
    <p>小官巨腐漫画（省略大部分文字……）</p>
    </div>
    。。。（此处多个类似 div）
    <div>
    <a name="dibu"></a>
    <p>小官巨腐漫画（省略大部分文字……）</p>
    </div>
    <a href="#dingbu">到页面顶部</a><!--单击后链接到 name="dingbu" 的位置-->

    <a href="#zhongbu">到中部</a><!--单击后链接到 name="zhongbu" 的位置-->
</body>
```

a 标记定义了超链接，用于从一张页面链接到另一张页面。a 标记的 href 属性用于指定超链接目标的 URL。a 元素最重要的属性是 href 属性，如果用户选择了 a 标记中的内容，那么浏览器会尝试检索并显示 href 属性指定的 URL 所表示的文档，或者执行 JavaScript 表达式、方法和函数的列表。

在所有浏览器中，链接的默认外观是：

➤ 未被访问的链接带有下画线而且是蓝色的；

➤ 已被访问的链接带有下画线而且是紫色的；

➤ 活动链接带有下画线而且是红色的。

可以使用 CSS3 伪类向文本超链接添加复杂而多样的样式，请使用 CSS3 来设置链接的样式。

a 标记中必须提供 href 属性或 name 属性。如果不使用 href 属性，则不可以使用 download、hreflang、media、rel、target 及 type 属性，被链接页面通常显示在当前浏览器窗口中，除非您规定了另一个目标（target 属性）。

a 标记的属性如表 3.7 所示。

表 3.7　a 标记的属性

属　　性	值	描　　述
download	filename	规定被下载的超链接目标
href	URL	规定链接指向的页面的 URL
name	section_name	规定锚的名称
target	● _blank ● _parent ● _self ● _top ● framename	规定在何处打开链接文档
type	MIME type	规定被链接文档的的 MIME 类型

1）制作文本链接

一个引用其他文档的简单 a 标记的语法格式可以是：

```
<a href="http://www.baidu.com / ">百度页面</a>
```

浏览器用特殊效果显示短语"百度页面"（通常是带下画线的蓝色文本），这样用户就会知道它是一个可以链接到其他文档的超链接。

2）制作图像链接

更复杂的锚点链接还可以包含图像。下面这个 LOGO 是一个图像链接，单击该图像，可以返回百度的首页，其语法格式如下：

```
<a href="http://www.baidu.com" target="_blank"><img src="https://www.baidu.com/ img/bdlogo.png"></a>
```

上面的代码会为百度的 LOGO 添加一个返回首页的超链接。本例的程序解析已经例中注释，请仔细查看。

3）通过使用 name 属性创建文档内的书签

name 属性规定锚点（anchor）的名称。可以使用 name 属性创建 HTML5 页面中的书签。书签不会以任何特殊方式显示，它对读者是不可见的。

当命名锚点（named anchors）时，我们可以创建直接跳至该命名锚点（如页面中某个小节）的链接，这样使用者就无须不停地滚动页面来寻找需要的信息了。命名锚点的语法格式如下：

```
<a name="label">锚点（显示在页面上的文本）</a>
```

锚点的名称可以是任何你喜欢的名字。可以使用 id 属性来替代 name 属性，命名锚点同样有效。例如，在 HTML5 文档中对锚点进行命名：

```
<a name="dingbu"></a>
<a name="zhongbu"></a>
<a name="dibu"></a>
```

然后，我们在同一个文档中创建指向该锚点的链接：

```
<a href="#dibu">到页面底部</a>
<a href="#zhongbu">到中部</a>
<a href="#dingbu">到页面顶部</a>
```

提示： 命名锚点经常用于在大型文档开始位置上创建目录。可以为每个章节赋予一个锚点的名称，然后把链接到这些锚点的链接放到文档的上部。如果您经常访问百度百科，就会发现其中几乎每个词条都采用这样的导航方式。假如浏览器找不到已定义的命名锚点，那么就会定位到文档的顶端，不会有错误发生。

【程序运行效果】　如图 3.15 所示，读者尝试单击不同 a 标记，查看其链接效果。

图 3.15　例 3.7 运行效果

分别单击页面底部、中部、顶部查看效果，如图 3.16 所示。

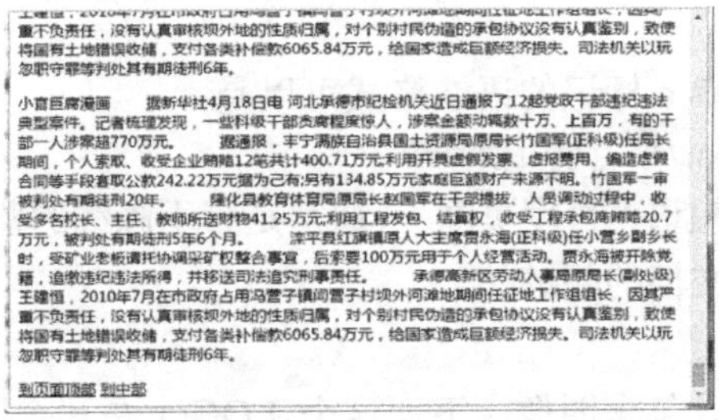

图 3.16　单击锚点超链接后运行效果

2. 超链接的下载功能

【例 3.8】 超链接中下载功能的使用。

```
<!DOCTYPE html>
<html>
<body>
<p>单击百度的 LOGO 来下载该图片：<p>
<a href="images/baidu_logo.gif" download="baidu_logo_download.gif">
<img border="0" src="images/baidu_logo.gif" alt="可供下载的图片或文件">
</a>
```

```
</body>
</html>
```

download 属性规定了被下载的超链接目标。在 a 标记中必须设置 href 属性。该属性也可以设置一个值来规定下载文件的名称。所允许的值没有限制，浏览器将自动检测正确的文件扩展名并添加到文件（.img，.pdf，.txt，.html 等）。

download 属性语法格式如下：

```
<a download="filename">
```

download 属性值如表 3.8 所示。

表 3.8 download 属性值

值	描 述
filename	规定作为文件名来使用的文本

【程序运行效果】 如图 3.17 所示，单击百度图片的 a 标记，出现一个图 3.18 所示的下载到本地的弹出框。

图 3.17 例 3.8 运行效果

图 3.18 例 3.8 下载后的文件保存在本地

第4章

HTML5 列表、表格和表单

美工或者开发人员在设计网页的时候，为了使页面更加美观，通常会使用表格、列表和表单，使页面结构化和条理化，以便浏览者能更快捷地获取相应的信息。

4.1 HTML5 列表

4.1.1 无序列表

HTML5 中的文字列表就如同文件编辑软件 Word 中的项目符号和自动编号。HTML5 支持 3 种类型的列表，分别是编号列表、项目符号列表和自定义项目列表。

【例 4.1】 建立无序列表。

```
<!DOCTYPE html>
<html>
<head>
<title>嵌套无序列表的使用</title>
</head>
<body>
<h1>网站建设流程</h1>
<ul type="square">
    <li>项目需求</li>
    <li>系统分析
      <ul type="disc">
        <li>网站的定位</li>
        <li>内容收集</li>
        <li>栏目规划</li>
        <li>网站内容设计</li>
      </ul>
    </li>
```

```
    <li>网页草图
      <ul type="circle">
        <li>制作网页草图</li>
        <li>将草图转换为网页</li>
      </ul>
    </li>
    <li>站点建设</li>
    <li>网页布局</li>
    <li>网站测试</li>
    <li>站点的发布与站点管理</li>
  </ul>
</body>
</html>
```

无序列表相当于 Word 中的项目符号，无序列表的项目排列没有顺序，只以符号作为分项标识，无序列表使用一对"<ul>""</ul>"来表示这个无序列表的开始和结束，其中每一个列表项使用一对"<li>""</li>"来表示开始和结束，在一个无序列表中可以包含多个列表项，并且 li 标记可以省略结束标记。type 属性规定列表的项目符号的类型。disc 为默认值，表示实心圆；circle 表示空心圆；square 表示实心方块。

【程序运行效果】　如图 4.1 所示，用 ul+li 的架构实现的是网页的段落部署，type 属性规定了前面项目符号的类型。

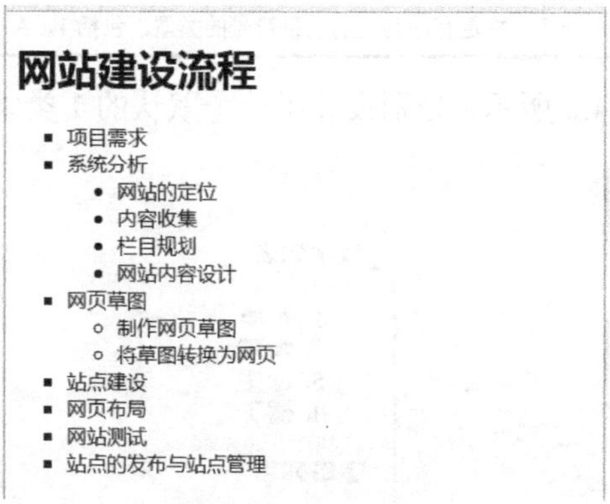

图 4.1　例 4.1 运行效果

4.1.2　有序列表

【例 4.2】　建立有序列表。

```
<!DOCTYPE html>
<html>
<body>
<h4>数字列表：</h4>
<ol>
 <li>苹果</li>
 <li>香蕉</li>
 <li>柠檬</li>
```

```
    <li>橘子</li>
  </ol>
  <h4>字母列表：</h4>
  <ol type="A">
   <li>苹果</li>
   <li>香蕉</li>
   <li>柠檬</li>
   <li>橘子</li>
  </ol>
 </body>
</html>
```

有序列表类似于 Word 的自动编号功能，有序列表的使用方法与无序列表的使用方法基本相同，它使用 "<ol>""</ol>" 定义有序列表，每一个列表项前使用 "<li>""</li>" 表示开始和结束。每个项目都有前后顺序之分，多用数字表示。

有序列表的属性如表 4.1 所示。

表 4.1　有序列表的属性

属　性	值	描　述
reversed	reversed	规定列表顺序为降序，如 9，8，4，…
start	number	规定有序列表的起始值
type	1；A；a；I；i	规定有序列表的项目符号的类型，包括 1、A、a、I、i 等

【程序运行效果】　如图 4.2 所示，分别设计了一个默认的 1 类型和 A 类型的有序项目符号列表。

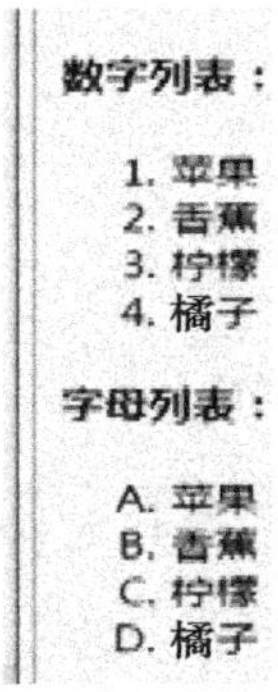

图 4.2　例 4.2 运行效果

【例 4.3】　有序列表的 reverse 属性。

```
<!DOCTYPE html>
<html>
<body>
<ol reversed>
    <li>咖啡</li>
    <li>牛奶</li>
    <li>茶</li>
</ol>
```

```
<p><strong>注释：</strong>目前只有 Chrome 和 Safari 6 支持 ol 元素的 reversed 属性。</p>
</body>
</html>
```

reversed 属性是逻辑属性。当使用该属性时，它规定列表属性为降序（9，8，4，…），而不是升序（1，2，3，…）。

【程序运行效果】 如图 4.3 所示，设计了有序项目符号列表是降序（3，2，1）的排列顺序。

图 4.3 例 4.3 运行效果

【例 4.4】 有序列表的 start 属性。

```
<ol start="50">
  <li>咖啡</li>
  <li>牛奶</li>
  <li>茶</li>
</ol>
<ol type="I" start="50">
  <li>咖啡</li>
  <li>牛奶</li>
  <li>茶</li>
</ol>
```

start 属性规定了有序列表的开始点。

【程序运行效果】 如图 4.4 所示，有序项目符号列表从 50 起开始编号。

图 4.4 例 4.4 运行效果

【例 4.5】 li 标记属性。

```
<ol>
  <li>Coffee</li>
  <li value="100">Water</li>
  <li type="a">Tea</li>
  <li>Milk</li>
</ol>
<ul>
  <li>Coffee</li>
```

```
    <li type="square">Tea</li>
    <li>Milk</li>
</ul>
```

li 标记定义列表项目。li 标记可用在有序列表和无序列表中。

li 标记可选的属性如表 4.2 所示。

表 4.2　li 标记可选的属性

属　　性	值	描　　述
type	● A；a；I；i；1；disc；square；circle	规定使用哪种项目符号
value	number	规定列表项目的数字

type 属性规定了列表中的列表项目符号的类型。

type 属性语法格式如下：

<li type="*value*">

有序列表的属性值如表 4.3 所示。

表 4.3　有序列的属性值

值	描　　述
1	数字顺序的有序列表（默认值）（1，2，3，4）
a	字母顺序的有序列表，小写（a，b，c，d）
A	字母顺序的有序列表，大写（A，B，C，D）
i	罗马数字，小写（i，ii，iii，iv）
I	罗马数字，大写（I，II，III，IV）

无序列表的属性值如表 4.4 所示。

表 4.4　无序列表的属性值

值	描　　述
disc	默认值，实心圆
circle	空心圆
square	实心方块

value 属性规定了列表项目的数字。接下来的列表项目会从该数字开始进行升序排列。

value 属性语法格式如下：

<li value="*number*">

value 属性值如表 4.5 所示。

表 4.5　value 属性值

值	描　　述
number	当前列表项目的数字（序号）

【程序运行效果】　如图 4.5 所示，定义了不同类型的有序列表和无序列表。

图 4.5　例 4.5 运行效果

4.1.3　自定义列表

【例 4.6】　自定义项目列表。

自定义项目列表给每个列表项加上一段说明性文字，说明性文字独立于列表另起一行显示，在应用中，列表项用 dt 标记表示，说明性文字用 dd 标记表示。

```
<dl>
    <dt>计算机</dt>
    <dd>是一种能够按照程序运行的电子设备……</dd>
    <dt>显示器</dt>
    <dd>以视觉方式显示信息的装置 ……</dd>
</dl>
```

自定义列表不仅仅是一列项目，而是项目及其注释的组合。自定义列表以"<dl>"开始。每个自定义列表项以"<dt>"开始。每个自定义列表项的定义以"<dd>"开始。dt 标记定义了定义列表中的项目（即术语部分）。dd 标记定义列表中的条目。

【程序运行效果】　如图 4.6 所示，使用自定义列表来介绍计算机和显示器。

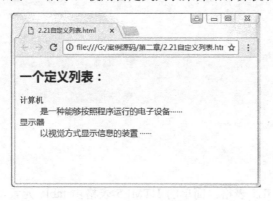

图 4.6　例 4.6 运行效果

4.2　HTML5 表格

HTML5 中的表格不但可以清晰地显示数据，还可以用于页面布局。HTML5 中的表格类似于 Word 软件中的表格，尤其是在使用网页制作工具绘制表格时，操作类似。HTML5 制作表格的原理是使用相关标记（如表格对象 table 标记、行对象 tr 标记、单元格对象 td 标记）和表格属性（width、height、border）等来设计多样化表格的。

4.2.1　表格基本应用

【例 4.7】　表格的基本结构。

```
<!DOCTYPE html>
<html>
<body>
<h4>一列：</h4>
<table border="1">
<tr>
    <td>100</td>
</tr>
</table>
<h4>一行三列：</h4>
<table border="1">
<tr>
    <td>100</td>
    <td>200</td>
    <td>300</td>
</tr>
</table>
<h4>两行三列：</h4>
<table border="1">
<tr>
    <td>100</td>
    <td>200</td>
    <td>300</td>
</tr>
<tr>
    <td>400</td>
    <td>500</td>
    <td>600</td>
</tr>
</table>
</body>
</html>
```

table 标记定义 HTML5 表格。简单的 HTML5 表格由 table 元素，以及一个或多个 tr、th 或 td 元素组成。tr 元素定义表格行；th 元素定义表头；td 元素定义表格数据（table data），即数据单元格的内容，td 元素定义数据单元格可以包含文本、图片、列表、段落、表单、水平线、表格等。更复杂的 HTML5 表格也可能包括 caption、col、colgroup、thead、tfoot 及 tbody 元素。

如图 4.7 所示，HTML5 中的表格和我们平时用的 Excel 表格的结构基本是一致的，由行和列及单元格构成。

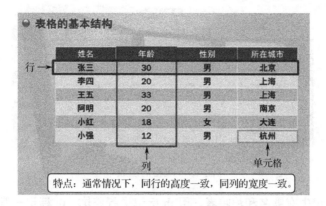

图 4.7　table 基本元素

1. HTML5 表格的特点

通常情况下，同行的高度一致，同列的宽度一致。

2. 表格的相关元素

（1）如图 4.8 所示，HTML5 表格以"<table>"开始，以"</table>"结束。

table	用于定义表格
tr	定义表格行，该元素只能包含td或th两种元素
td	定义单元格，包含两个主要的属性：colspan——指定单元格跨多少列，rowspan——指定单元格可横跨的行数
caption	用于定义表格标题
th	定义表格页眉的单元格
tbody	定义表格的主体
thead	定义表格头
tfoot	定义表格脚

图 4.8　表格的相关元素说明

（2）表格一般由多行组成，行由 tr 标记进行定义，因此 tr 标记一般有多行。在 tr 标记中只能包含 td 和 th 两种元素。

（3）td 标记定义单元格，假设一个表格有一行五列，即有 5 个单元格、5 个 td 元素。td 标记中有两个重要的属性：

➤ colspan：指定单元格可跨的列数，简称跨列；

➤ rowspan：指定单元格可跨的行数，简称跨行。

（4）表格的标题用 caption 标记表示，表格的标题一般为 0 或 1 个。

（5）表格页眉的单元格用 th 标记表示，与 td 标记类似，放在 tr 标记里。

（6）按照表格的结构，一般可以分为 3 个模块：

➤ tbody 标记：定义表格的主体，即内容；

➤ thead 标记：定义表格头，即表头；

➤ tfoot 标记：定义表格的脚。

3. 表格的组成

上述各标记组成一个基础表格，如图 4.9 所示。

图 4.9　表格的组成

（1）在 thead 标记中有歌名和演唱者，用 th 标记进行修饰。th 标记一般都是粗体字，居中显示。

（2）蓝框部分的内容用 td 标记，td 标记的内容一般都居左显示，不加粗字体。

（3）蓝框中的每一行即为 tr 标记。

（4）"张国荣"这一个单元格跨越了两行，即表示为 rowspan="2"。

（5）紫框部分为 tfoot 标记，跨越了两列，即表示为 colspan="2"。

table 标记可选的属性如表 4.6 所示。

表 4.6　table 标记可选的属性

属　　性	值	描　　述
align	● left ● center ● right	规定表格相对周围元素的对齐方式。不赞成使用，请使用 CSS 样式代替
bgcolor	● rgb(x,x,x) ● #xxxxxx ● colorname	规定表格的背景颜色。不赞成使用，请使用 CSS 样式代替
border	pixels	规定表格边框的宽度
cellpadding	● pixels ● %	规定单元边沿与其内容之间的空白
cellspacing	● pixels%	规定单元格之间的空白
summary	text	规定表格的摘要
width	● % ● pixels	规定表格的宽度

【程序运行效果】　如图 4.10 所示，设置了带边框的一行一列、一行三列和两行三列的表格。

图 4.10　例 4.7 运行效果

【例 4.8】　含有标题的表格。

```
<!DOCTYPE html>
<html>
<body>
<h4>带有标题的表格</h4>
<table border="3">
<caption align="bottom">数据统计表</caption> <tr>
    <td>100</td>
    <td>200</td>
    <td>300</td>
</tr>
<tr>
    <td>400</td>
    <td>500</td>
    <td>600</td>
</tr>
</table>
</body>
</html>
```

有时为了方便表述表格，还要在表格上面加上标题。caption 标记定义表格标题。caption
标记必须紧随 table 标记之后。只能对每个表格定义一个标题。通常这个标题会被居中于表格
之上。

caption 标记可选的属性如表 4.7 所示。

表 4.7　caption 标记可选的属性

属　　性	值	描　　述
align	● left ● right ● top ● bottom	规定标题的对齐方式。不赞成使用，请使用 CSS 样式代替

align 属性规定 caption 元素的对齐方式。该属性将 caption 元素作为块元素向表格的左边、
右边、顶部、底部进行对齐。

【程序运行效果】　如图 4.11 所示，在表格之上用 caption 标记定义表格标题，
"align="bottom""定义表格靠底部对齐，读者可以调整 caption 标记的 align 值，分别查看效果。

图 4.11　例 4.8 运行效果

4.2.2 表格属性设置

【例4.9】 设置表格的边框和边距。

```
<body>
<h4>普通边框与边距</h4>
<table border="1" cellspacing="10">
<tr>
  <td>First</td>
  <td>Row</td>
</tr>
<tr>
  <td>Second</td>
  <td>Row</td>
</tr>
</table>
<h4>加粗边框</h4>
<table border="8" cellpadding="10">
<tr>
  <td>First</td>
  <td>Row</td>
</tr>
<tr>
  <td>Second</td>
  <td>Row</td>
</tr>
</table>
```

border属性规定围绕表格的边框的宽度。border属性会为每个单元格应用边框，并用边框围绕表格。如果border属性的值发生改变，那么只有表格周围边框的尺寸会发生变化，表格内部的边框则是1px宽。

提示：设置border="0"，可以显示没有边框的表格。从实用角度出发，最好不要规定边框，而是使用CSS3来添加边框样式和颜色。cellspacing属性规定单元格之间的空间；cellpadding属性规定单元边沿与其内容之间的空白。

注释：请勿将cellpadding属性与cellspacing属性相混淆。从实用角度出发，最好不要规定cellpadding属性，而是使用CSS3来填充。

【程序运行效果】 如图4.12所示，把第一个表格的单元格间距设置为10px；把第二个表格的单元格边界与单元内容之间的间距设置为10px。

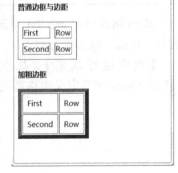

图4.12　例4.9运行效果

【例4.10】 设置表格和单元格背景。

```
<table border="1"   cellspacing="10" bgcolor="#009966">
<tr>
  <td>First</td>
  <td>Row</td>
```

```
  </tr>
  <tr>
    <td>Second</td>
    <td>Row</td>
  </tr>
</table>
<h4>加粗边框</h4>
<table border="8" cellpadding="10">
  <tr>
    <td bgcolor="blue">First</td>
    <td>Row</td>
  </tr>
  <tr>
    <td>Second</td>
    <td>Row</td>
  </tr>
</table>
```

bgcolor 属性规定表格的背景颜色，但是尽可能使用 CSS3 来设置表格和单元格的背景颜色。bgcolor 属性值如表 4.8 所示。

表 4.8　bgcolor 属性值

值	描　　述
color_name	规定颜色值为颜色名称的背景颜色，如 red
hex_number	规定颜色值为十六进制值的背景颜色，如#FF0000
rgb_number	规定颜色值为 RGB 代码的背景颜色，如 rgb（255,0,0）

【程序运行效果】　如图 4.13 所示，用颜色名称、颜色十六进制和 RGB 的方式设计表格背景颜色。

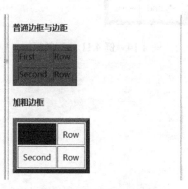

图 4.13　例 4.10 运行效果

【例 4.11】　设计表格背景图片。

```
<table border="1"   cellspacing="10" background="images/image2.jpg">
  <tr>
    <td>First</td>
    <td>Row</td>
  </tr>
```

```
<tr>
    <td>Second</td>
    <td>Row</td>
</tr>
</table>
<h4>加粗边框</h4>
<table border="8" cellpadding="10">
<tr>
    <td background="images/image3.jpg">First</td>
    <td>Row</td>
</tr>
<tr>
    <td>Second</td>
    <td>Row</td>
</tr>
</table>
```

除了可以为表格或单元格设计背景颜色，还可以使用"background="图片文件名""来为表格和单元格设计图片背景。

【程序运行效果】 如图 4.14 所示，使用"background="images/image*.jpg""来设置表格和单元格的背景。

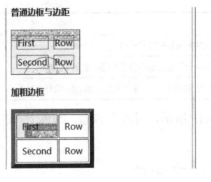

图 4.14 例 4.11 运行效果

【例 4.12】 合并单元格。

```
<!DOCTYPE html>
<html>
<head>
<title>单元格左右合并</title>
</head>
<body>
<table border="1">
    <tr>
        <td colspan="2" rowspan="2">A1B1<br>A2B2</td>
        <td>C1</td>
    </tr>
    <tr>
        <td>C2</td>
    </tr>
```

```
          <tr>
            <td colspan="2">A3B3</td>
            <td>C3</td>
          </tr>
          <tr>
            <td rowspan="2">A4A5</td>
            <td>B4</td>
            <td>C4</td>
          </tr>
          <tr>
            <td>B5</td>
            <td>C5</td>
          </tr>
        </table>
      </body>
    </html>
```

colspan 属性规定单元格可跨的列数。"colspan="0""指示浏览器可跨到列组的最后一列。
rowspan 属性规定单元格可跨的行数。"rowspan="0""指示浏览器可跨到表格部分的最后一行
（thead、tbody 或者 tfoot）。

　　【程序运行效果】　如图 4.15 所示，用 colspan、rowspan 属性设置 A、B、C 的行列跨度。

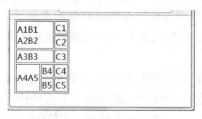

图 4.15　例 4.12 运行效果

4.2.3　表格综合案例

　　【例 4.13】　完整表格结构。

```
<table border="1">
  <thead>
    <tr>
      <th>Month</th>
      <th>Savings</th>
    </tr>
  </thead>
  <tbody>
    <tr>
      <td>January</td>
      <td>$100</td>
    </tr>
    <tr>
      <td>February</td>
```

```
                <td>$80</td>
            </tr>
        </tbody>
        <tfoot>
            <tr>
                <td>Sum</td>
                <td>$180</td>
            </tr>
        </tfoot>
</table>
```

表格的 CSS 样式设计：

```
<style type="text/css">
thead {color:green}
tbody {color:blue;height:50px}
tfoot {color:red}
</style>
```

thead 标记定义表格的表头。该标记用于组合 HTML5 表格的表头内容。thead 元素应该与 tbody 和 tfoot 元素结合起来使用。tbody 元素用于对 HTML5 表格中的主体内容进行分组，而 tfoot 元素用于对 HTML5 表格中的表注（页脚）内容进行分组。

注释：如果使用 thead、tfoot 及 tbody 元素，就必须使用全部元素。它们的出现次序是：thead、tfoot、tbody，这样浏览器就可以在收到所有数据前呈现页脚了。另外，必须在 table 元素内部使用这些标签。在默认情况下，这些元素不会影响到表格的布局。不过，可以使用 CSS3 改变表格的外观。

thead、tfoot 及 tbody 元素能对表格中的行进行分组。当创建某个表格时，总是希望表格有一个标题行、一些带有数据的行，以及位于底部的一个总计行，这样可以使浏览器支持独立于表格标题和页脚的表格正文滚动。当打印长表格时，表格的表头和页脚可被打印在包含表格数据的每个页面上。

【程序运行效果】 如图 4.16 所示，完整的表格包括 thead、tfoot 及 tbody 元素。

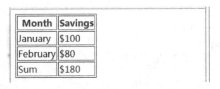

图 4.16 例 4.13 运行效果

4.3 HTML5 表单

表单在网页设计中的作用非常重要，网页如果要实现采集数据的功能，表单是不可或缺的。通过使用表单，可以采集访问者的信息，如姓名、性别、年龄、职业、联系方式等，也可以制作调查表、留言簿等，从而获取重要的数据以满足各种需要，访问者与后台的交互是通过单击表单中的按钮来实现的，而与前台的交互则通过输入数据或选择选项来实现的。HTML5 增加了表单的诸多功能，包括增加输入类型、表单元素、form 属性和 input 属性等，使用这些新的元素，前端设计人员可以更加省力和高效地制作出标准的 Web 表单。

4.3.1 表单基本应用

【例 4.14】 表单概述。

```
<form action="2.1.html" method="post">
First name: <input type="text" name="FirstName" value="Mickey"><br>
Last name: <input type="text" name="LastName" value="Mouse"><br>
<input type="submit" value="提交"></form>
<p>单击"提交"按钮，表单数据将被发送到服务器上的.php、.jsp、.html 文件中，本案例以"2.1.html"
为例。</p>
```

form 对象代表一个 HTML5 表单。

在 HTML5 文档中，表单使用表单标记 form 来设置：

```
<form>input 元素</form>
```

"<form>"每出现一次，就会创建一个 form 对象。表单用户通常用于收集用户数据，包含 input 元素，如文本字段、复选框、单选框、提交按钮等。表单也可以说是选项菜单，如 textarea、fieldset、legend 和 label 元素。表单用于向服务端发送数据。

form 对象属性如表 4.9 所示。

表 4.9 form 对象属性

属 性	描 述
acceptCharset	服务器可接受的字符集
action	设置或返回表单的 action 属性值
enctype	设置或返回表单用来编码内容的 MIME 类型
length	返回表单中的元素数目
method	设置或返回表单的 method 属性值
name	设置或返回表单的名称
target	设置或返回表单的 target 属性值

acceptCharset 属性可设置或返回一个逗号分隔的列表，内容是服务器可接受的字符集。

表 4.10 acceptCharset 属性值

值	描 述
character-set	一个或多个服务器可接受的字符集。对于多个字符集，可用逗号分隔集。 通常值： ● UTF-8 - Unicode 编码； ● ISO-8859-1 - 字符编码，为拉丁字母。 理论上，可以使用任何字符编码，但不是所有浏览器都支持。所以请使用常用的字符编码。 字符编码请查看《字符设置参考手册》

action 属性可设置或返回表单的 action 属性值。

action 属性定义了当表单被提交时数据被送往何处。

enctype 属性可设置或返回用来编码表单内容的 MIME 类型。

如果表单没有 enctype 属性，那么提交文本时的默认值是"application/x-www-form-urlencoded"。

当 input type 是"file"时，值是"multipart/form-data"。

enctype 属性值如表 4.11 所示。

表 4.11　enctype 属性值

值	描　　述
application/x-www-form-urlencoded	数据在发送前所有字符都会被编码（默认）
multipart/form-data	没有字符被编码。这个值用于控制表单文件的上传
text/plain	空格转换为"+"符号，但没有特殊字符编码

method 属性可设置或返回表单的 method 属性值。

method 属性指定了如何发送表单数据（表单数据提交地址在 action 属性中指定）。

method 属性值如表 4.12 所示。

表 4.12　method 属性值

值	描　　述
get	在 URL 中添加表单数据：URL?name=value&name=value（默认）
post	使用 http post 方法提交表单数据

target 属性用于设置或返回表单的 target 属性值。

target 属性指定在何处打开表单中的 action-URL。

target 属性值如表 4.13 所示。

表 4.13　target 属性值

值	描　　述
_blank	打开新窗口
_self	在相同的框架或窗口中载入目标文档
_parent	把文档载入父窗口或包含了超链接引用的框架集
_top	把文档载入包含该超链接的窗口，取代任何当前正在窗口中显示的框架
framename	在同一个名称的框架中打开窗口

【程序运行效果】　如图 4.17 所示，设计两个类型"text"和一个类型"submit"的 input 的表单元素，单击"提交"按钮，表单数据将被发送到服务器上的.php、.jsp、.html 文件中，本例以提交到"2.1.html"为例。

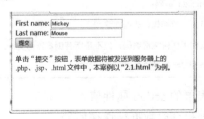

图 4.17　例 4.14 运行效果

4.3.2 表单元素和属性

【例 4.15】 表单单行文本输入框（text）和密码输入框（password）。

```
<form>
请输入您的姓名：
<input type="text" name="yourname" size="20" maxlength="20" value="默认值">
<br>
请输入您的地址：
<input type="text" name="youradr" size="30" maxlength="30">
登录密码：
<input type="password" name="yourpw"><br>
</form>
```

文本输入框可以让访问者自己输入内容的表单对象，通常用来填写单个字或者简短的回答，如用户姓名和地址等。其代码格式如下：

```
<input type="text" name="…" size="…" maxlength="…" value=" ">
<input type="password"  name="…" size="…" maxlength="…" value=" ">
```

其中，type="text"定义单行文本输入框；type="password"定义密码输入框；name 属性定义文本输入框的名称，要保证数据的准确采集，必须定义一个独一无二的名称；size 属性定义文本输入框的宽度，单位是单个字符宽度；maxlength 属性定义最多输入的字符数；value 属性定义文本输入框的初始值。

【程序运行效果】 如图 4.18 所示，定义了姓名、地址和登录密码，密码以"*"的形式显示出来。

图 4.18 例 4.15 运行效果

【例 4.16】 表单多行文本输入框（textarea）。

```
<form>
请输入您最新的工作情况<br>
<textarea name="yourworks" cols ="50" rows = "5"></textarea>
<br>
<input type="submit" value="提交">
</form>
```

多行文本输入框（textarea）主要用于输入较长的文本信息，其代码格式如下：

```
<textarea name="…" cols ="…" rows = "…" wrap="…"></textarea>
```

textarea 属性如表 4.14 所示。

表 4.14　textarea 属性

属　　性	值	描　　述
autofocus	autofocus	规定页面加载后在文本区内自动获得焦点
cols	number	规定文本区内的可见宽度
disabled	disabled	规定禁用该文本区
form	form_id	规定文本区所属的一个或多个表单
maxlength	number	规定文本区的最大字符数
name	name_of_textarea	规定文本区的名称
placeholder	text	规定描述文本区预期值的简短提示
readonly	readonly	规定文本区为只读
required	required	规定文本区是必填的
rows	number	规定文本区内的可见行数
wrap	● hard ● soft	规定在表单中提交时文本区中的文本如何换行

textarea 属性值如表 4.15 所示。

表 4.15　textarea 属性值

值	描　　述
soft	当在表单中提交时，textarea 中的文本不换行（默认值）
hard	当在表单中提交时，textarea 中的文本换行（包含换行符） 当使用"hard"时，必须规定 cols 属性

【程序运行效果】　如图 4.19 所示，"cols ="50" rows = "5""定义了列为 50 列、行为 5 行的多文本输入框。

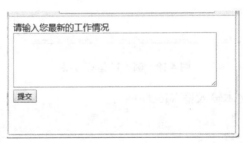

图 4.19　例 4.16 运行效果

【例 4.17】　表单单选按钮（radio）。

```
<form >
请选择您感兴趣的图书类型：<br>
<input type="radio" name="book" value = "Book1">网站编程<br>
<input type="radio" name="book" value = "Book2">办公软件<br>
<input type="radio" name="book" value = "Book3">设计软件<br>
<input type="radio" name="book" value = "Book4">网络管理<br>
```

```
<input type="radio" name="book" value = "Book5">黑客攻防<br>
</form>
```

单选按钮允许用户选取给定数目的选择项，其程序代码如下：

```
<input type="radio" name=" " value="">
```

其中，"type="radio""定义单选按钮；name 属性定义单选按钮的名称，单选按钮都是以组为单位使用的，同一组中的单选项都必须用同一个名称；value 属性定义单选按钮的值，在同一组中，它们的域值必须是不同的。

【程序运行效果】 如图 4.20 所示，用户只能选 5 个单选按钮中的一个。

图 4.20 例 4.17 运行效果

【例 4.18】 表单多选按钮（checkbox）。

```
<form >
请选择您感兴趣的图书类型：<br>
<input type="checkbox" name="book" value = "Book1">网站编程<br>
<input type="checkbox" name="book" value = "Book2">办公软件<br>
<input type="checkbox" name="book" value = "Book3">设计软件<br>
<input type="checkbox" name="book" value = "Book4">网络管理<br>
<input type="checkbox" name="book" value = "Book5" checked>黑客攻防<br>
</form>
```

复选框主要是让网页浏览者在一组选项中可以同时选择多个选项，每个复选框都是一个独立的元素，都必须有一个唯一的名称，其代码格式：

```
<input type="checkbox" name="…" value = "…" checked>
```

其中，"type="checkbox""定义复选框按钮；name 属性定义复选框按钮的名称，同一组中的复选框都必须用同一个名称；value 属性定义复选框按钮的值；checked 属性用来设置默认选中项。

【程序运行效果】 如图 4.21 所示，用户可以选择多个复选框。

图 4.21 例 4.18 运行效果

【例 4.19】 表单列表框（select）。

```
<form>
请选择您感兴趣的图书类型：<br>
```

```
<select name="fruit" size = "3" multiple>
<option value="Book1">网站编程
<option value="Book2">办公软件
<option value="Book3">设计软件
<option value="Book4">网络管理
<option value="Book5">黑客攻防
</select>
</form>
```

列表框主要用于在有限的空间中设置多个选项，列表框既可以用作单选，也可以用作复选，其代码格式：

```
<select name="…" size = "…" multiple>
<option value="…">selected
….
</option>
</select>
```

其中，size 属性定义列表框的行数；name 属性定义列表框的名称；multiple 属性表示可以多选，如果不设置本属性，那么只能单选；value 属性定义列表框的值；selected 属性表示默认已经选中本选项。

【程序运行效果】 如图 4.22 所示，用户可在下拉菜单中选择感兴趣的图书类型。

图 4.22 例 4.19 运行效果

【例 4.20】 表单按钮（button、submit、reset）。

```
<form    action="http://www.yinhangit.com/yonghu.asp" method="get">
请输入您的姓名：
<input id="field1" type="text" name="yourname">
<br>
再次输入您的姓名：
<input id="field2" type="text" name="yourname">
<br>
请输入您的单位：
<input type="text" name="yourcom">
<br>
请输入您的联系方式：
<input type="text" name="yourcom">
<br>
<input   type="button"   name="…"   value="单 击 我"   onClick="document.getElementById('field2').value=
document.getElementById('field1').value">
<input type="submit" value="提交注册">
<input type="reset" value="重置">
</form>
```

普通按钮用来控制其他定义了 JavaScript 脚本的处理工作，其程序代码如下：

```
<input type="button" name="..." value="..." onClick="…">
```

提交按钮用来将输入的信息提交到服务器，其程序代码如下：

```
<input type="submit" name="..." value="…">
```

重置按钮又称复位按钮，用来重置表单中输入的信息，其程序代码如下：

```
<input type="reset" name="..." value="重置">
```

其中，name 属性定义元素的名称；value 属性定义显示的文字；onclick 属性表示单击行为，也可以是其他事件，通过指定脚本函数来定义按钮的行为。

【程序运行效果】　如图 4.23 所示，单击"单击我"按钮，即可实现将"请输入您的姓名："中的内容复制/粘贴到"再次输入您的姓名："中；输入全部内容后单击"提交注册"按钮，即可实现将表单中的数据发送到指定文件。输入内容后单击"重置"按钮，即可实现将表单中的数据清除的目的。

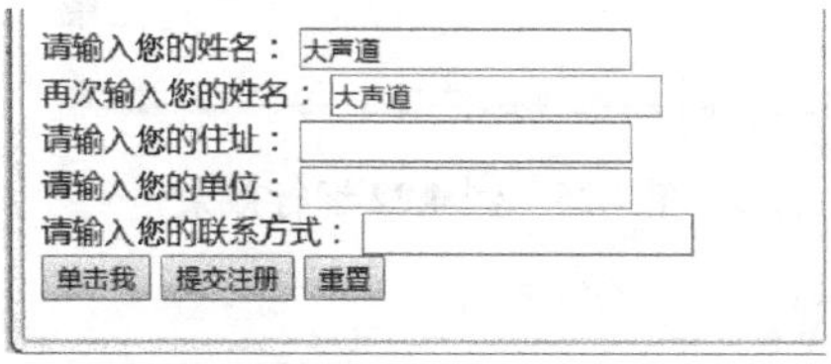

图 4.23　例 4.20 运行效果

【例 4.21】　表单文件域。

```
<form method = "POST" action = "#" id = "myform">
<label>
图片：
<input type = "file" name = "pic" accept = "image/gif,image/jpeg" formenctype = "multipart/form-data"/>
</label>
<form>
```

file 空间用来定义文件上传控件，与表单容器一样，它有一个 accept 属性，用来定义允许上传的文件格式；formenctype 属性为 multipart/form-data，说明使用二进制进行编码。

【程序运行效果】　如图 4.24 所示，选择文件，打开 Windows 的"打开"选择文件窗口。

图 4.24　例 4.21 运行效果

【例 4.22】　表单 E-mail 类型。

```
<form action="demo_form.php" method="get">
请输入您的 E-mail 地址： <input type="email" name="user_email" /><br />
```

```
<input type="submit" />
</form>
```

E-mail 类型的 input 元素是一种专门用于输入 E-mail 地址的文本输入框，在提交表单的时候，会自动验证 E-mail 输入框的值，如果不是一个有效的 E-mail 值，则该输入框不允许提交该表单。

【程序运行效果】 如图 4.25 所示，当输入的格式不是正确的 E-mail 格式时，会提示错误。

图 4.25　例 4.22 运行效果

【例 4.23】 表单 URL 类型。

```
<form action="demo_form.php" method="get">
请输入网址：<input type="url" name="user_url" /><br/>
<input type="submit" />
</form>
```

URL 类型的 input 元素提供用于输入 URL 地址这类特殊文本的文本输入框，当提交表单时，如果所输入的内容是 URL 地址格式的文本，则会提交数据到服务器，如果不是 URL 格式的文本，则不允许提交。

【程序运行效果】 如图 4.26 所示，当输入的不是正确的网站格式时，会提示输入错误。

图 4.26　例 4.23 运行效果

【例 4.24】 表单 number 类型。

```
<form action="demo_form.php" method="get">
请输入数值：<input type="number" name="number1" min="1" max="20" step="4">
<input type="submit" />
```

number 类型的 input 元素提供用于输入数值的文本输入框，我们还可以设定对所接受的数值的限制，包括规定允许的最大值和最小值、合法的数值间隔或默认值。如果所输入的数值在限定的范围之内，则会出现输入错误的提示。

【程序运行效果】 如图 4.27 所示，当输入的不是在数据范围内的数据时，会提示输入错误。

图 4.27　例 4.24 运行效果

输入的数值必须是 1~20 之间、间隔为 4 的数值，其他数值都会弹出错误提示。

【例 4.25】　表单 range 类型。

```
<form action="demo_form.php" method="get">
请输入数值：<input type="range" name="range1" min="1" max="30" />
<input type="submit" />
</form>
```

range 类型的 input 元素提供用于输入一定范围内的数值的文本输入框，在网页中显示为滑动条。我们还可以设定对所接受的数值的限制，包括规定允许的最大值和最小值、合法的数值间隔或默认值等，如果所输入的数值不在限定范围之内，则会出现错误提示。

【程序运行效果】　如图 4.28 所示，读者可以用鼠标拖动滚动条来设置当前值。

图 4.28　例 4.25 运行效果

【例 4.26】　表单日期时间类型。

```
<form action="demo_form.php" method="get">
请输入日期：<input type="date" name=" date1" />
请输入月份：<input type="month" name=" month1" />
请选择年份和周数：<input type="week" name="week1" />
请选择或输入时间：<input type="time" name="time1" />
请选择或输入时间：<input type="time" name="time1" step="5" value="09:00" />
请选择或输入时间：<input type="datetime" name="datetime1" />
请选择或输入时间：<input type="datetime-local" name="datetime-local1" />
<input type="submit" />
</form>
```

日期检出器（date pickers）是网页中经常用到的一种控件，如表 4.16 所示。在 HTML5 之前的版本中，并没有提供任何形式的日期检出器。在网页前端设计中，多采用 JavaScript 框架来实现日期检出器的功能，如 jQuery UI、YUI 等，它们在具体使用时会比较麻烦。

表 4.16　日期检出器

date	定义 date 控件（包括年、月、日，不包括时间）
datetime	定义 date 和 time 控件（包括年、月、日、时、分、秒、几分之一秒，基于 UTC 时区）
datetime-local	定义 date 和 time 控件（包括年、月、日、时、分、秒、几分之一秒，不带时区）

续表

month	定义 month 和 year 控件（不带时区）
Week	定义 week 和 year 控件（不带时区）
time	定义用于输入时间的控件（不带时区）

【程序运行效果】 如图 4.29 所示，设置时间时会弹出系统的时间设置窗口，读者选中要设置的时间即可。

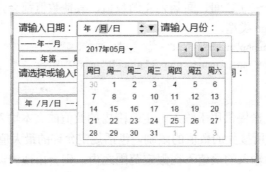

图 4.29 例 4.26 运行效果

【例 4.27】 表单 search 类型。

```
<form action="demo_form.php" method="get">
请输入搜索关键词：<input type="search" name="search1" />
<input type="submit" value="Go"/>
</form>
```

search 类型的 input 元素提供用于输入搜索关键字的文本输入框，虽然从外观上看起来，search 类型的 input 元素与普通的 text 类型稍有区别，但实现起来并不那么容易。search 类型提供的搜索框不只是 Google 或百度的搜索框，而是任意网页中的任意一个搜索框。目前大多数网站的搜索框都用"<input type="text"/>"的方式来实现，即采用纯文本的文本输入框，而 HTML5 中定义了专门用于搜索框的表单搜索类型。

【程序运行效果】 代码在 Google 的运行效果如图 4.30 所示，在搜索框中输入要搜索的关键字，在搜索框右侧就会出现一个"×"按钮，该按钮可以清除已经输入的内容。

图 4.30 例 4.27 运行效果

【例 4.28】 表单 tel 类型。

```
<form action="demo_form.php" method="get">
请输入电话号码：<input type="tel" name="tel1" />
```

```
<input type="submit" value="提交"/>
</form>
```

tel 类型的 input 元素提供专门用于输入电话号码的文本输入框，它并不限定只输入数字，因为很多的电话号码还包括其他字符（如"+"、"-"、"("、")"等），如 86-020-22222222。

【程序运行效果】 代码在 chrome 浏览器中的运行效果如图 4.31 所示，从某种程度上说，所有的浏览器都支持 tel 类型的 input 元素，因为它们都将作为一个普通的文本输入框来显示。HTML5 规则下，并不需要浏览器执行任何特点的电话号码语法或以任何特别的方式来显示电话号码。iPhone 或 iPad touch 中的浏览器遇到 tel 类型的 input 元素时，会自动变化触摸屏键盘以方便用户输入，如图 4.32 所示。

请输入电话号码：1333433435

提交

图 4.31 例 4.28 运行效果　　　图 4.32 例 4.28 在手机端的运行效果

【例 4.29】 表单 datalist 元素和 list 属性。

```
<form action="testform.asp" method="get">
请输入网址：<input type="url" list="url_list" name="weblink" />
<datalist id="url_list">
    <option label="新浪" value="http://www.sina.com.cn" />
    <option label="搜狐" value="http://www.sohu.com" />
    <option label="网易" value="http://www.163.com" />
</datalist>
<input type="submit" value="提交" />
</form>
```

datalist 元素用于为输入框提供一个可选的列表,用户可以直接选择下拉列表中的某一预设项，从而免去输入的麻烦，该列表由 datalist 标记中的 option 元素创建，如果用户不希望从列表中选择某项，也可以自行输入其他内容。在实际应用中，如果要把 datalist 提供的列表绑定到某输入框，则要使用输入框的 list 属性来引用 datalist 元素的 id，list 属性用于指定输入框所绑定的 datalist 元素。应该注意的是，每一个 option 元素都必须设置 value 属性。list 属性适用于以下 input 输入类型：text、search、URL、telephone、E-mail、date pickers、number、range 和 color。

【程序运行效果】 如图 4.33 所示，单击输入框之后，弹出已经定义的网址列表。

图 4.33　例 4.29 运行效果

【例 4.30】　表单 required 属性。

```
<form action="/testform.asp" method="get">
请输入姓名: <input type="text" name="usr_name" required />
<input type="submit" value="提交" />
</form>
```

新增的 required 属性用于规定输入框填写的内容不能为空，否则不允许用户提交表单，required 属性适用于以下 input 输入类型：text、search、URL、telephone、E-mail、date pickers、number、checkbox、radio 和 file。

【程序运行效果】　如图 4.34 所示，当输入框内容为空并单击"提交"按钮时，会出现"请填入此字段。"的提示，只有在输入了内容之后才允许提交表单。

图 4.34　例 4.30 运行效果

4.3.3　表单综合应用

【例 4.31】　表单设计综合案例。

在本例中，将使用表单内的各种元素来开发一个简单网页的运动会报名表页面，具体操作步骤如下。

（1）需求分析：运动会报名表非常简单，通常包括 3 个部分，要在页面上方给出标题，标题下方是正文部分，即表单元素，最下方是表单元素的提交按钮，在设计页面时，把标题部分设置成 h1 标记，正文使用 p 标记来制定表单元素。

（2）构建 HTML5 页面，实现表单内容：

```
<!DOCTYPE html>
<html>
<head>
    <title>表单综合应用</title>
```

```
</head>
<body>
        <hl>运动会报名表</hl>
    <form class="form" method="post" action="#" name = "myform">
        <p>
            <label for="user_name">真实姓名</label>
            <input type="text" id="user_name" name="user_name" required = "required"/>
        </p>
        <p>
            <label for="user_ball">比赛项目</label>
            <input type="text" id="user_ball" name="user_ball" list = "ball" required = "required" />
            <datalist id = "ball">
            <option value = "篮球"/>
            <option value = "足球"/>
            <option value = "排球"/>
            </datalist>
        </p>
        <p>
            <label for="user_email">电子邮箱</label><br />
            <input type="email" id="user_email" name="user_email" required = "required" />
        </p>
        <p>
            <label for="user_phone">手机号码</label><br />
            <input type="telephone" id="user_phone" name="user_phone" required = "required"/>
        </p>
        <p>
            <label for="user_id">身份证号</label><br />
            <input type="text" id="user_id" name="user_id" required = "required" />
        </p>
        <p>
            <label for="user_born">出生年月</label><br />
            <input type="month" id="user_born" name="user_born" required = "required"/>
        </p>
        <p>
            <label for="user_rank">名次期望</label>
            <span>第<em id ="ranknum">1</em>名</span>
            <input type="range" id="user_rank" name="user_rank" value = "5" required = "required" min
="0" max = "10" step ="1" />
        </p>
        <p>
            <input type="submit" value="提交表单" id="submit" name="submit" />
        </p>
    </form>
</div>
</body>
</html>
```

（3）在 chrome 浏览器中显示的效果如图 4.35 所示，可以看到创建的运动会报名表包括标题、"真实姓名"、"比赛项目"、"电子邮箱"、"手机号码"、"身份证号"、"出生年月"、"名次期望"等输入框和"提交表单"按钮。表单应该与CSS3、JavaScript、AJAX、JSP等代码结合，可做出更好的交互效果。

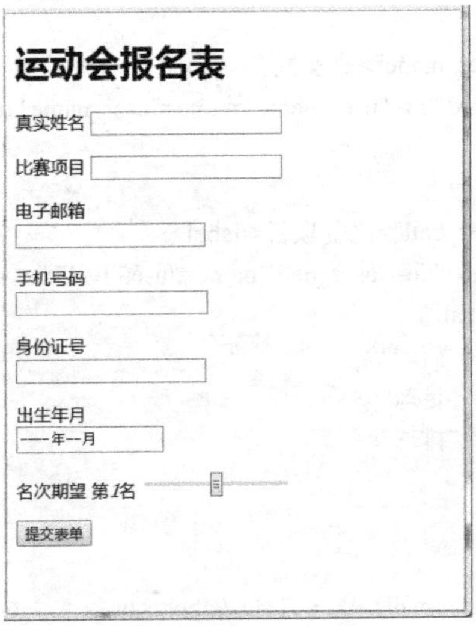

图 4.35 例 4.31 运行效果

CSS3 知识篇

一个美观、大方、简约的页面及高访问量的网站，是网页设计者追求的目标。然而，仅通过 HTML5 来实现是非常困难的，HTML5 语言仅定义了网页的结构，对于文本样式没有过多涉及。这就需要一种技术，为页面布局、字体、颜色、背景和其他图文效果的实现提供更加精确的控制，这种技术就是 CSS3。

层叠样式表（Cascading Style Sheets）是一种用来表现 HTML（标准通用标记语言的一个应用）或 XML（标准通用标记语言的一个子集）等文件样式的计算机语言。CSS3 不仅可以静态地修饰网页，还可以配合各种脚本语言动态地对网页各元素进行格式化。本篇使用 CSS3 样式去渲染 HTML5 的基本元素，实现网页炫彩的效果。

第5章

CSS3 基础

与 HTML5 语言一样，CSS3 也是一种标记语言，在任何文本编辑器中都可以打开和编辑，由于它简单易学，在网页设计中不可或缺，因此成为网页设计师必须掌握的基本语言，下面将讲解 CSS3 的基本语法和简单用法。

5.1 CSS3 概述

CSS3 能够对网页中元素位置的排版进行像素级精确控制，支持几乎所有的字体字号样式，拥有对网页对象和模型样式编辑的能力。

1990 年，Tim Berners-Lee 和 Robert Cailliau 共同发明了 Web。1994 年，Web 真正走出实验室。

从 HTML 被发明开始，样式就以各种形式存在。不同的浏览器结合它们各自的样式语言为用户提供页面效果控制功能。最初的 HTML 只包含很少的显示属性。随着 HTML 的成长，为了满足页面设计者的要求，HTML 添加了很多显示功能。但是随着这些功能的增加，HTML 变得越来越杂乱，而且 HTML 页面也越来越臃肿。于是 CSS 便诞生了。

1994 年，哈坤·利提出了 CSS 的最初建议。而当时伯特·博斯正在设计一个名为 Argo 的浏览器，于是他们决定一起设计 CSS。其实，当时在互联网界已经有过一些统一样式表语言的建议了，但 CSS 是第一个含有"层叠"含意的样式表语言。在 CSS 中，一个文件的样式可以从其他的样式表中继承。读者在有些地方可以使用他自己更喜欢的样式，在其他地方则继承或"层叠"作者的样式。这种层叠的方式使作者和读者都可以灵活地加入自己的设计，混合每个人的爱好。

哈坤·利于 1994 年在芝加哥的一次会议上第一次提出了 CSS 的建议，1995 年的 WWW 网络会议上 CSS 又一次被提出，伯特·博斯演示了 Argo 浏览器支持 CSS 的例子，哈坤·利也展示了支持 CSS 的 Arena 浏览器。

同年，W3C 组织（World Wide Web Consortium）成立，CSS 的创作成员全部成为 W3C 工

作小组的一员，并且负责研发 CSS 标准，层叠样式表的开发终于走上正轨。有越来越多的成员参与其中，如微软公司的托马斯·莱尔顿（Thomas Reaxdon），他的努力最终令 Internet Explorer 浏览器支持 CSS 标准。哈坤·利、伯特·博斯和其他一些人是这个项目的主要技术负责人。1996 年年底，CSS 初稿已经完成，同年 12 月，层叠样式表的第一份正式标准（Cascading Style Sheets Level 1）完成，成为 W3C 的推荐标准。

1997 年年初，W3C 组织负责 CSS 的工作组开始讨论第 1 版中没有涉及的问题。其讨论结果组成了 1998 年 5 月出版的《CSS 规范（第 2 版）》。CSS 目前最新的版本为 CSS3，CSS3 是 CSS 技术的升级版本，CSS3 语言开发是朝着模块化发展的。以前的规范作为一个模块实在是太庞大了，而且比较复杂，所以把它分解为一些小的模块，更多新的模块也被加入进来。这些模块包括盒子模型、列表模块、超链接方式、语言模块、背景和边框、文字特效、多栏布局等。

5.2　CSS3 样式的语法基础

CSS3 规则由两个主要部分构成：选择器及一条或多条声明，如图 5.1 所示。

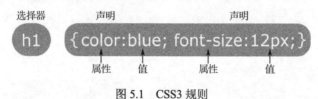

图 5.1　CSS3 规则

选择器通常是改变样式的 html 元素。每条声明由一个属性和一个值组成。属性（property）是您希望设置的样式属性（style attribute）。每个属性有一个值。属性和值用冒号分开。

【例 5.1】　选择器入门案例。

```
<!DOCTYPE html>
<html>
<head>
<meta charset="utf-8">
<title> </title>
<style>
p
{
    color:red;
    text-align:center;
}
</style>
</head>
<body>
<p>Hello World!</p>
<p>这个段落采用 CSS 样式化。</p>
</body>
</html>
```

CSS3 声明总是以分号（;）结束，声明组用大括号（{}）括起来：

p {color:red;text-align:center;}

为了让 CSS3 可读性更强，允许每行只描述一个属性。上述代码的"p"指的是 p 元素，color 和 text-align 表示设置 p 元素的字体颜色为"红色"和文本对齐方式为"居中对齐"。

【程序运行效果】 如图 5.2 所示，将 HTML5 的文本设置为红色、居中对齐。

图 5.2　例 5.1 运行效果

【例 5.2】 CSS3 注释。

```
<head>
<meta charset="utf-8">
<title></title>
<style>
/*这是个注释*/
p
{
text-align:center;
/*这是另一个注释*/
color:black;
font-family:arial;
}
</style>
</head>
<body>
<p>CSS 注释!</p>
<p>不是在文本中显示出来。</p>
</body>
```

注释是用来解释程序代码的，并且可以随意编辑它，浏览器会忽略它。

【程序运行效果】 如图 5.3 所示，CSS3 注释以"/*"开始、以"*/"结束，不在页面中显示出来。

图 5.3　例 5.2 运行效果

5.3 CSS3 样式的引用方式

当读到一个样式表时，浏览器会根据它来格式化 HTML5 文档。插入样式表的方法有以下3 种。

（1）外部样式表：把 CSS3 样式保存在单独的文件中，使用时导入该文件。

（2）内部样式表：把 HTML5 页面头部 head 标记用 style 标记引起来。

（3）内联样式：在元素中用 style 的属性值进行设置。

【例 5.3】 外部样式表。

```
<head>
<meta charset="utf-8">
<title></title>
<link rel="stylesheet" type="text/css" href="5.3CSS 外部样式.css">
</head>
<body>
<p>CSS 注释!</p>
<p>不是在文本中显示出来。</p>
</body>
```

当样式应用于很多页面时，外部样式表将是理想的选择。在使用外部样式表的情况下，可以通过改变一个文件来改变整个站点的外观。每个页面都使用 link 标记链接到样式表。link 标记在（文档的）头部：

```
<head>
<link rel="stylesheet" type="text/css" href="CSS 样式文件">
</head>
```

浏览器会从文件 mystyle.css 中读到样式声明，并根据它来格式文档。外部样式表可以在任何文本编辑器中进行编辑。文件不能包含任何 HTML5 标记。样式表应该以.css 扩展名进行保存。下面是本例样式表文件内容：

```
p {margin-left:20px; background-image:url(images/image2.jpg)}body
```

不要在属性值与单位之间留有空格（如"margin-left: 20 px"），正确的写法是"margin-left: 20px"。

【程序运行效果】 如图 5.4 所示，用 link 的方式导入外部样式表。

图 5.4 例 5.3 运行效果

【例 5.4】 内部样式表。

当单个文档需要特殊的样式时，就应该使用内部样式表。可以使用 style 标记在文档头部定义内部样式表：

```
<head>
<style>
```

```
p {margin-left:20px; background-image:url(images/image2.jpg)}
</style>
</head>
```

【程序运行效果】 用 style 的方式书写内部样式表，与例 5.3 的运行效果一致。

【例 5.5】 内联样式。

```
<p style="margin-left:20px; background-image:url(images/image2.jpg)">CSS 注释!</p>
<p style="margin-left:20px; background-image:url(images/image2.jpg)">不是在文本中显示出来。</p>
```

由于要将表现和内容混杂在一起，内联样式会损失掉样式表的许多优势，请慎用这种方法。例如，当样式仅在一个元素上应用一次时，要使用内联样式，就需要在相关的标记内使用样式（style）属性。style 属性可以包含任何 CSS3 属性。

【程序运行效果】 在标记中用 style 的方式书写内部样式表，与例 5.3 的运行效果一致。

【例 5.6】 多重样式。

HTML5 设计：

```
<head>
<meta charset="utf-8">
<title></title>
<link rel="stylesheet" type="text/css" href="5.6CSS 多重样式.css">
<style>
h3
{
text-align:right;
font-size:20pt;
}
</style>
</head>
<body>
<h1>CSS 多重样式!</h1>
<h2>颜色选用外部样式。</h2>
<h3>对齐方式和字体大小使用内部样式。</h3>
</body>
```

CSS 设计：

```
h3
{
color:red;
text-align:left;
font-size:8pt;
}
```

如果某些属性在不同的样式表中被同样的选择器定义，那么属性值将从更具体的样式表中被继承过来。例如，外部样式表拥有针对 h3 选择器的 3 个属性：

```
h3
{
color:red;
text-align:left;
font-size:8pt;
}
```

而内部样式表拥有针对 h3 选择器的两个属性：

```
h3
{
text-align:right;
font-size:20pt;
}
```

假如拥有内部样式表的这个页面同时与外部样式表链接，那么 h3 得到的样式是：

```
color:red;
text-align:right;
font-size:20pt;
```

即颜色属性将被继承于外部样式表，而文字排列（text-alignment）和字体尺寸（font-size）会被内部样式表中的规则取代。

【程序运行效果】 如图 5.5 所示，在网页设计中采用一种综合设计样式的方式。经常练习，才能掌握何时、何处使用何种样式设计的技巧。

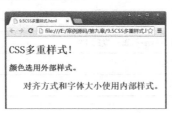

图 5.5 例 5.6 运行效果

样式表允许以多种方式规定样式信息。样式可以规定在单个的 html 元素中、在 HTML5 的头元素中或在一个外部的 CSS3 文件中，甚至可以在同一个 HTML5 文档内部引用多个外部样式表。

当同一个 html 元素被多个样式定义时，会使用哪个样式呢？一般而言，所有的样式都会根据下面的规则层叠于一个新的虚拟样式表中。

> 浏览器默认设置；
> 外部样式表；
> 内部样式表（位于 head 标记内部）；
> 内联样式（在 html 元素内部）。

因此，内联样式（在 html 元素内部）拥有最高的优先权，这意味着它将优先于以下的样式声明：标记中的样式声明、外部样式表中的样式声明、浏览器中的样式声明（默认值）。如果使用的外部文件样式在 head 标记中也定义了，则内部样式表会取代外部文件的样式。

5.4 CSS3 单位和颜色

5.4.1 CSS3 单位

CSS3 有几个不同的单位用于表示长度。一些设置 CSS3 长度的属性有 width、margin、padding、font-size、border-width 等。长度由一个数字和单位组成，如 10px、2em 等。数字与单位之间不能出现空格。如果长度值为 0，则可以省略单位。对于一些 CSS3 属性，长度可以是负数。长度单位有两种类型：相对长度单位和绝对长度单位。

1．相对长度单位

相对长度单位指定了一个长度相对于另一个长度的属性。对于不同的设备，相对长度单位更适用。相对长度单位如表 5.1 所示。

表 5.1　相对长度单位

单 位	描 述
em	用于描述相对于应用在当前元素的字体尺寸，所以它也是相对长度单位。一般浏览器字体大小默认为 16px，则 2em ＝ 32px
ex	依赖于英文字母 x 的高度
ch	数字 0 的宽度
rem	根元素（html）的 font-size
vw	viewpoint width，视窗宽度，1vw=视窗宽度的 1%
vh	viewpoint height，视窗高度，1vh=视窗高度的 1%
vmin	vw 和 vh 中较小的那个
vmax	vw 和 vh 中较大的那个
%	

rem 与 em 的区别：用 rem 为元素设定字体大小时，仍然是相对大小，但相对地只是 HTML5 根元素。

2．绝对长度单位

绝对长度单位是一个固定值，它反映一个真实的物理尺寸。绝对长度单位视输出介质而定，不依赖于环境（显示器、分辨率、操作系统等）。绝对长度单位如表 5.2 所示。

表 5.2　绝对长度单位

单 位	描 述
cm	厘米
mm	毫米
in	英寸（1in ＝ 96px ＝ 2.54cm）
px *	像素（1px ＝ 1/96in）
pt	point，大约 1/72in；（1pt ＝ 1/72in）
pc	pica，大约 6pt，1/6in；（1pc ＝ 12 pt）

这种像素长度和在显示器上看到的文字屏幕像素无关。px 实际上是一个按角度度量的单位。

5.4.2　CSS3 颜色

CSS3 的颜色可以通过以下方法指定：

➢ 十六进制颜色；

➢ RGB 颜色；

> ➤ RGBA 颜色；
> ➤ HSL 颜色；
> ➤ HSLA 颜色；
> ➤ 预定义/跨浏览器的颜色名称。

【例 5.7】 十六进制颜色。

```
p{background-color:#FF0000;}
```

所有主要浏览器都支持十六进制颜色值。一个十六进制颜色值的组成是：#RRGGBB。其中，RR 表示红色，GG 表示绿色，BB 表示蓝色。所有值必须介于 0~FF 之间。例如，#0000FF 呈现蓝色，因为蓝色的组成设置为最高值（FF），而其他设置为 0。

【程序运行效果】 如图 5.6 所示，设置 p 元素的背景颜色为#FF0000（即红色）。

图 5.6　例 5.7 运行效果

【例 5.8】 RGB 颜色。

```
p{background-color:rgb(255,0,0);}
```

所有主要浏览器都支持 RGB 颜色。RGB 颜色指定红色、绿色、蓝色。每个参数（红色、绿色和蓝色）定义颜色的亮度，可在 0~255 之间，或者一个百分比值（0~100%之间的整数）。例如，rgb（0,0,255）呈现蓝色，因为蓝色的参数设置为最高值（255），而其他设置为 0。此外，下面的值定义相同的颜色：rgb（0,0,255）和 rgb（0%,0%,100%）。

【程序运行效果】 与例 5.7 一致，设置 p 元素的背景颜色为 rgb(255,0,0)（即红色）。

【例 5.9】 RGBA 颜色。

```
p{background-color:rgba(255,0,0,0.5);}
```

RGBA 颜色被 IE9、Firefox3+、Chrome、Safari 和 Opera10+支持；RGBA 颜色是 RGB 颜色 Alpha 通道的延伸——指定对象的透明度；RGBA 颜色指定红色、绿色、蓝色、Alpha。Alpha 参数是一个介于 0.0（完全透明）和 1.0（完全不透明）之间的参数。

【程序运行效果】 如图 5.7 所示，设置 p 元素的背景颜色为 rgba(255,0,0,0.5)（即颜色为红色，透明度是例 5.8 的一半）。

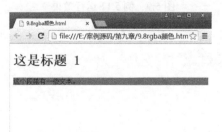

图 5.7　例 5.9 运行效果

【例 5.10】 HSL 颜色。

```
p{background-color:hsl(120,65%,75%);}
```

IE9、Firefox、Chrome、Safari 和 Opera 10+支持 HSL 颜色。HSL 代表色调、饱和度和透明度——使用色彩圆柱坐标表示。HSL 颜色指定色调、饱和度、透明度。色调是指在色轮上的程度（从 0 到 360）。其中，-0（或 360）表示红色，120 表示绿色，240 表示蓝色。饱和度是一个百分比值：0%表示灰色，100%表示全彩。透明度也是一个百分比值：0%表示黑色，100%表示白色。

【程序运行效果】 如图 5.8 所示，设置 p 元素的背景颜色为 hsl(120,65%,75%)，120 表示绿色，饱和度为 65%，透明度为 75%。

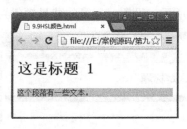

图 5.8 例 5.10 运行效果

【例 5.11】 HSLA 颜色。

```
p{background-color:hsla(120,65%,75%,0.3);}
```

HSLA 颜色被 IE9、Firefox3+、Chrome、Safari 和 Opera10+支持。HSLA 颜色是一个带有 Alpha 通道的 HSL 颜色的延伸——指定对象的透明度。HSLA 颜色指定色调、饱和度、透明度、α。α是 Alpha 参数定义的透明度。Alpha 参数是一个介于 0.0（完全透明）和 1.0（完全不透明）之间的参数。

【程序运行效果】 如图 5.9 所示，设置 p 元素的背景颜色为 hsla(120,65%,75%,0.3)，120 表示绿色，饱和度为 65%，透明度为 75%，透明度为例 5.10 的 0.3 倍。

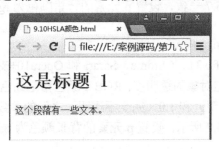

图 5.9 例 5.11 运行效果

第6章

CSS3 选择器

要使用 CSS3 对 HTML5 中的元素实现一对一、一对多或多对一的控制，就要用到 CSS3 选择器。HTML5 中的元素就是通过 CSS3 选择器进行控制的，CSS3 新增了很多选择器。

6.1 基础选择器

选择器（select）又称选择符，所有 HTML5 中的标记都是通过不同的 CSS3 选择器进行控制的，选择器不只是 HTML5 中的元素标记，它还可以是类（class，这不同于面向对象程序设计语言中的类）、id（元素唯一特殊名称，便于在脚本中使用）或是元素的某种状态（如 a:link）。根据 CSS3 选择器的用途可以把选择器分为标记选择器、class 选择器、全局选择器、id 选择器和伪类选择器等。

【例 6.1】 id 选择器。

```
<style>
#para1
{
    text-align:center;
    color:red;
}
</style>
</head>
<body>
<p id="para1">Hello World!</p>
<p>这个段落不受该样式的影响。</p>
</body>
```

id 选择器可以为标有特定 id 的元素指定特定的样式。HTML5 中的元素以 id 属性来设置 id 选择器，CSS3 中的 id 选择器以 "#" 来定义。id 属性不要以数字开头，数字开头的 id 在 Mozilla/Firefox 浏览器中不起作用。

【程序运行效果】 如图 6.1 所示，本例的样式规则应用于元素属性"id="para1""。

图 6.1　例 6.1 运行效果

【例 6.2】 class 选择器。

```
<head>
<style>
.center
{
    text-align:center;
}
</style>
</head>
<body>
<h1 class="center">标题居中</h1>
<p class="center">段落居中。</p>
</body>
```

class 选择器用于描述一组元素的样式。class 选择器有别于 id 选择器，class 选择器可以在多个元素中使用。class 选择器在 HTML5 中以 class 属性表示，在 CSS3 中，类选择器以一个点"."号显示。在以下的例子中，所有拥有 center 类的元素均居中，也可以指定特定的元素使用 class 选择器。

【程序运行效果】 如图 6.2 所示，在该实例中，所有的 p 元素都使用"class="center""，让该元素的文本居中。

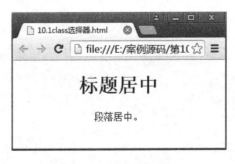

图 6.2　例 6.2 运行效果

【例 6.3】 元素选择器。

```
<style>
p
{
background-color:yellow;
```

```
}
</style>
</head>
<body>
<h1>Welcome to My Homepage</h1>
<div>
<p id="firstname">My name is Donald.</p>
<p id="hometown">I live in Duckburg.</p>
</div>
<p>My best friend is Mickey.</p>
</body>
```

元素选择器选择指定元素名称的所有元素。

【程序运行效果】 如图6.3所示，选择所有p元素。

图6.3 例6.3运行效果

【例6.4】 *选择器。

```
<style>
div *
{
background-color:yellow;
}
</style>
</head>
<body>
<h1>Welcome to My Homepage</h1>
<div class="intro">
<p id="firstname">My name is Donald.</p>
<p id="hometown">I live in Duckburg.</p>
</div>
<p>My best friend is Mickey.</p>
</body>
```
* 选择器选择所有元素。* 选择器也可以选择另一个元素内的所有元素:

【程序运行效果】 如图6.4所示，选择div元素中的所有元素，并设置其背景色。

图 6.4　例 6.4 运行效果

【例 6.5】　element,element 选择器。

```
<style>
h1,p
{
background-color:yellow;
}
</style>
```

几个元素具有相同的样式，用逗号分隔每个元素的名称。

【程序运行效果】　如图 6.5 所示，选择所有 p 元素和 h1 元素。

图 6.5　例 6.5 运行效果

【例 6.6】　element element 选择器。

```
<head>
<style>
div p
{
    background-color:yellow;
}
</style>
</head>
<body>
<div>
<p>段落 1。在 div 元素中。</p>
```

```
<p>段落 2。在 div 元素中。</p>
</div>
<p>段落 3。不在 div 元素中。</p>
<p>段落 4。不在 div 元素中。</p>
</body>
```

element element 选择器用于选择元素内部的元素。

【程序运行效果】　如图 6.6 所示，选择 div 元素内的所有 p 元素。

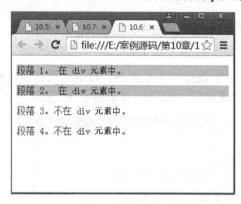

图 6.6　例 6.6 运行效果

【例 6.7】　element>element 选择器。

```
div>p
{
    background-color:yellow;
}
</style>
```

element>element 选择器用于选择特定父元素。注意：元素没有被选中时不能直接指定父级的子元素。

【程序运行效果】　如图 6.7 所示，选择所有父级是 div 元素的 p 元素。

图 6.7　例 6.7 运行效果

【例 6.8】　element+element 选择器。

```
<style>
div+p
{
    background-color:yellow;
}
```

```
</style>
</head>
<body>
<h1>Welcome to My Homepage</h1>
<div>
<h2>My name is Donald</h2>
<p>I live in Duckburg.</p>
</div>
<p>My best friend is Mickey.</p>
<p>I will not be styled.</p>
</body>
```

element+element 选择器用于选择（不是内部）指定的第一个元素之后紧跟的元素。

【程序运行效果】 如图 6.8 所示，选择所有紧接着 div 元素的 p 元素。

图 6.8　例 6.8 运行效果

【例 6.9】　element1~element2 选择器。

```
<head>
<style>
p~ul
{
background:#FF0000;
}
</style>
</head>
<body>

<div>A div element.</div>
<ul>
  <li>Coffee</li>
  <li>Tea</li>
  <li>Milk</li>
</ul>

<p>The first paragraph.</p>
<ul>
  <li>Coffee</li>
  <li>Tea</li>
```

```
    <li>Milk</li>
    </ul>
    <h2>Another list</h2>
    <ul>
        <li>Coffee</li>
        <li>Tea</li>
        <li>Milk</li>
    </ul>
    </body>
```

element1~element2 选择器匹配出现在 element1 后面的 element2。element1 和 element2 这两种元素必须具有相同的父元素，但 element2 不必紧跟在 element1 的后面。

【程序运行效果】如图 6.9 所示，p~ul 设置同一父元素下的 p 元素之后的每一个 ul 元素的背景颜色。

图 6.9　例 6.9 运行效果

6.2　属性选择器

前面在使用 CSS3 样式对 HTML5 标记进行修饰时，都是通过 HTML5 标记名称或自定义名称指向具体 HTML5 元素的，进入控制 HTML5 标记样式。通过标记属性来修饰，直接使用属性控制 HTML5 标记样式的选择器，称为属性选择器。

属性选择器根据某个属性是否存在或属性值来寻找元素，因此能够实现某些非常有趣和强大的效果。属性选择器可以根据元素的属性及属性值来选择元素。CSS3 属性选择器的内容如表 6.1 所示。

表 6.1　CSS3 属性选择器的内容

[attribute]	[target]	选择所有带有 target 属性的元素
[attribute=value]	[target=-blank]	选择所有使用 target="-blank"的元素
[attribute~=value]	[title~=flower]	选择标题属性包含单词"flower"的所有元素
[attribute^=value]	a[src^="https"]	选择每一个 src 属性的值以"https"开头的元素
[attribute$=value]	a[src$=".pdf"]	选择每一个 src 属性的值以".pdf"结尾的元素
[attribute*=value]	a[src*="runoob"]	选择每一个 src 属性的值包含子字符串"runoob"的元素

【例 6.10】 使用属性选择器选择所有带有 target 属性的 a 元素。

```
<style>
a[target]
{
background-color:yellow;
}
</style>
<a href="http://www.baidu.com">baidu.com</a>
<a href="http://www.disney.com" target="_blank">disney.com</a>
<a href="http://www.wikipedia.org" target="_top">wikipedia.org</a>
```

【程序运行效果】 如图 6.10 所示，选择所有带有 target 属性的 a 元素。提示：[attribute] 在 IE8 中运行，必须声明"<!DOCTYPE>"。

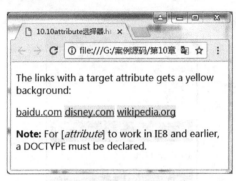

图 6.10　例 6.10 运行效果

【例 6.11】 选择所有使用"target="_blank""的 a 元素。

```
a[target=_blank]
{
background-color:yellow;
}
</style>
```

[attribute=value] 选择器用于选择指定了属性和值的元素。

【程序运行效果】 如图 6.11 所示，选择所有使用"target="_blank""的 a 元素。

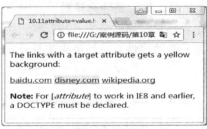

图 6.11　例 6.11 运行效果

【例 6.12】 选择标题属性包含单词"flower"的所有元素。

```
<img src="images/klematis.jpg" title="klematis flower" width="150" height="113" />
<img src="images/img_flwr.gif" title="flowers" width="224" height="162" />
<img src="images/landscape.jpg" title="landscape" width="160" height="120" />
```

```
[title~=flower]
{
    border:5px solid yellow;
}
</style>
```

[attribute~=value] 选择器用于选择属性值包含一个指定单词的元素。

【程序运行效果】 如图 6.12 所示，选择标题属性包含单词"flower"的所有元素。

图 6.12 例 6.12 运行效果

【例 6.13】 设置 class 属性值以"test"开头的所有 div 元素的背景颜色。

```
<div class="first_test">The first div element.</div>
<div class="second">The second div element.</div>
<div class="test">The third div element.</div>
<p class="test">This is some text in a paragraph.</p>
```

[attribute^=value] 选择器用于匹配元素属性值包含指定的值开始的元素。

```
<style>
div[class^="test"]
{
background:#FFFF00;
}
</style>
```

【程序运行效果】 如图 6.13 所示，设置 class 属性值以"test"开头的所有 div 元素的背景颜色。

图 6.13 例 6.13 运行效果

【例 6.14】 设置 class 属性值以"test"结尾的所有 div 元素的背景颜色。

```
div[class$="test"]
{
background:#FFFF00;
}
```

[attribute$=value] 选择器用于匹配元素属性值包含指定的值结尾的元素。

【程序运行效果】 如图 6.14 所示，设置 class 属性值以 "test" 结尾的所有 div 元素的背景颜色。

图 6.14　例 6.14 运行效果

【例 6.15】 设置 class 属性值包含 "test" 的所有 div 元素的背景颜色。

```
div[class*="test"]
{
    background:#FFFF00;
}
```

[attribute*=value] 选择器用于匹配元素属性值包含指定值的元素。

【程序运行效果】 如图 6.15 所示，设置 class 属性值包含 "test" 的所有 div 元素的背景颜色。

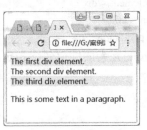

图 6.15　例 6.15 运行效果

6.3　结构伪类选择器

结构伪类选择器是 CSS3 新增的类型选择器，顾名思义，结构伪类就是利用文档结构树（DOM）实现元素过滤，也就是说，通过文档结构的相互关系来匹配特定的元素，从而减少文档内对 class 属性和 id 属性的定义，使得文档更加简洁。结构伪类选择器的内容如表 6.2 所示。

表 6.2　结构伪类选择器的内容

:root	:root	选择文档的根元素，在 HTML 中根元素始终是 HTML 元素
:first-of-type	p:first-of-type	选择每个 p 元素是其父级的第一个 p 元素
:last-of-type	p:last-of-type	选择每个 p 元素是其父级的最后一个 p 元素
:only-of-type	p:only-of-type	选择每个 p 元素是其父级的唯一 p 元素
:only-child	p:only-child	选择每个 p 元素是其父级的唯一子元素

续表

:nth-child(*n*)	p:nth-child(2)	选择每个 p 元素是其父级的第二个子元素
:nth-last-child(*n*)	p:nth-last-child(2)	选择每个 p 元素是其父级的第二个子元素，从最后一个子项计数
:nth-of-type(*n*)	p:nth-of-type(2)	选择每个 p 元素是其父级的第二个 p 元素
:nth-last-of-type(*n*)	p:nth-last-of-type(2)	选择每个 p 元素是其父级的第二个 p 元素，从最后一个子项计数
:last-child	p:last-child	选择每个 p 元素是其父级的最后一个子级
:first-child	p:first-child	指定 p 元素是其父级的第一个子级的样式
:before	p:before	在每个 p 元素之前插入内容
:after	p:after	在每个 p 元素之后插入内容

【例 6.16】 :only-of-type 选择器。

```
<div><p>This is a paragraph.</p></div>
<div><p>This is a paragraph.</p><p>This is a paragraph.</p></div>
<style>
p:only-of-type
{
    background:#FF0000;
}
</style>
```

【程序运行效果】 如图 6.16 所示，选择的 p 元素是其父级的唯一一个 p 元素，并将其背景颜色设置为红色。

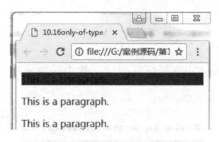

图 6.16 例 6.16 运行效果

【例 6.17】 指定其父级的第一个 p 元素的背景色。

```
<h1>This is a heading</h1>
<p>The first paragraph.</p>
<p>The second paragraph.</p>
<p>The third paragraph.</p>
<p>The fourth paragraph.</p>
p:first-of-type
{
    background:#FF0000;
}
```

:first-of-type 选择器匹配元素是其父级特定类型的第一个子元素。

提示：:first-of-type 和:nth-of-type(1)是一个意思。

【程序运行效果】 如图 6.17 所示，指定其父级的第一个 p 元素的背景色。

图 6.17　例 6.17 运行效果

【例 6.18】　指定每个 p 元素匹配父元素中的第二个子元素的背景色。

```
<h1>This is a heading</h1>
<p>The first paragraph.</p>
<p>The second paragraph.</p>
<p>The third paragraph.</p>
<p>The fourth paragraph.</p>
<p>The fifth paragraph.</p>
<p>The sixth paragraph.</p>
<p>The seventh paragraph.</p>
<p>The eight paragraph.</p>
<p>The ninth paragraph.</p>
<style>
p:nth-child(2)
{
    background:#FF0000;
}
</style>
```

【程序运行效果】　:nth-child(n)选择器匹配父元素中的第 n 个子元素，如图 6.18 所示。

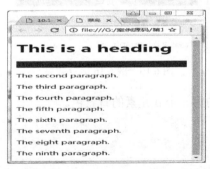

图 6.18　例 6.18-1 运行效果

n 可以是一个数字、一个关键字或一个公式。提示：请参阅选择器表格。该选择器匹配同类型中的第 n 个同级兄弟元素。修改成下列选择器试试效果，如图 6.19 所示。

```
p:nth-child(odd)
{
    background:#FF0000;
}
p:nth-child(even)
{
```

```
        background:#0000ff;
    }
```

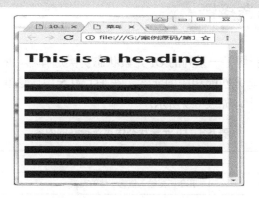

图 6.19　例 6.18-2 运行效果

修改成下列选择器试试效果，如图 6.20 所示。

```
p:nth-child(3n+0)
{
    background:#FF0000;
}
```

图 6.20　例 6.18-3 运行效果

【例 6.19】　每个 p 元素之后插入内容。

```
<p>我的名字是 Donald</p>
<p>我住在 Duckburg</p>
p:after
{
content:"- 注意我";
}
```

:after 选择器向选定的元素之后插入内容。使用 content 属性来指定要插入的内容。

【程序运行效果】　如图 6.21 所示，在每个 p 元素之后插入内容。

图 6.21　例 6.19 运行效果

6.4 元素状态选择器

在 CSS3 选择器中，新增了一系列的 UI 元素状态伪类选择器，所谓的 UI 元素状态伪类选择器，是指利用元素的状态来匹配相关的元素，在 HTML5 中，这些 UI 元素状态伪类选择器通常用于表单的样式设计中，如表 6.3 所示。

表 6.3　UI 元素状态伪类选择器的内容

:valid	:valid	用于匹配输入值为合法的元素
:invalid	:invalid	用于匹配输入值为非法的元素
:link	a:link	选择所有未访问的链接
:visited	a:visited	选择所有访问过的链接
:active	a:active	选择活动链接
:hover	a:hover	选择鼠标在链接上面时的链接
:focus	input:focus	选择具有焦点的输入元素
:enabled	input:enabled	选择每一个已启用的输入元素
:disabled	input:disabled	选择每一个禁用的输入元素
:checked	input:checked	选择每个选中的输入元素
:optional	:optional	用于匹配可选的输入元素
:required	:required	用于匹配设置了"required"属性的元素
::selection	::selection	匹配元素中被用户选中或处于高亮状态的部分

【例 6.20】　如果 input 元素中输入的值为合法的，则设置其为黄色。

```
<h3> :valid 选择器实例演示。</h3>
<input type="email" value="support@example.com" />
<p>请输入非法 E-mail 地址，查看样式变化。</p>
input:valid
{
        background-color: yellow;
}
</style>
```

【程序运行效果】　如图 6.22 所示，如果 input 元素中输入的值为合法的，则设置其为黄色。

图 6.22　例 6.20 运行效果

【例 6.21】　选择访问过的链接样式。

```
<a href="http://www.runoob.com/">runoob.com</a>
<a href="http://www.google.com">Google</a>
<a href="http://www.wikipedia.org">Wikipedia</a>
<style>
a:link {
    COLOR:#60A179;
    background-color:green;
}
a:active
{
    background-color:yellow;
}
a:visited {
    COLOR:#666;
    background-color:red;
}
a:hover {
    COLOR:#3AAD7E;
    background-color:blue;
}
</style>
```

:active 选择器向活动的链接添加特殊的样式，当单击一个链接时，它变成活动链接。:link 选择器设置了未访问过的页面链接样式。:visited 选择器设置访问过的页面链接的样式。:hover 选择器设置有鼠标悬停在其上的链接样式。

【程序运行效果】 如图 6.23 所示，设置链接颜色为绿色，激活状态为黄色，鼠标悬停其上状态为蓝色，访问过后的颜色为红色。

图 6.23 例 6.21 运行效果

【例 6.22】 :disabled、:enabled 和:checked 选择器综合案例。

```
<form id="form1" action="#" method="get">
    <table    width="90%"    height="150px"    align="center"    border="1"    bordercolor="#CCCCCC"
cellpadding="0" cellspacing="0" >
        <tr><td align="right" width="20%">登录名：</td><td><input name="loginname" type="text"
value="Hello" disabled /></tr>
            <tr><td align="right">真实姓名：</td><td><input name="realname" type="text" /></td></tr>
            <tr><td align="right">爱好：</td><td><input name="love1" value="sing" type="checkbox" />唱歌
            <input name="love2" value="sing" type="checkbox" />跳舞
            <input name="love3" value="sing" type="checkbox" />画画
```

```
            </td></tr>
            <tr><td></td><td><input type="button" value="提 交"/></td></tr>
        </table>
</form>
<style>
input[type="text"]:disabled{
    border:2px solid red;
}
input[type="text"]:enabled{
    border:2px solid blue;
}
input[type="checkbox"]:checked{
    outline:3px dotted #0080FF;
}
</style>
```

【程序运行效果】 如图 6.24 所示，设置 input 为 disabled、enabled 和 checked 状态时的显示样式。

图 6.24　例 6.22 运行效果

【例 6.23】 :optional、:required 选择器。

```
<h3>:optional 选择器演示实例。</h3>
<p>可选的 input 元素:<br><input></p>
<p>必填的 input 元素:<br><input required></p>
<p>:optional 选择器用于表单中未设置"required" 属性的元素。</p>
<style>
input:optional
{
background-color: yellow;
}
input:required
{
    background-color: blue;
}
</style>
```

:optional 选择器在表单元素是可选项时设置指定样式。如果表单元素中没有特别设置，则 required 属性即为 optional 属性。注意：:optional 选择器只适用于表单元素 input、select 和 textarea。

:required 选择器在表单元素是必填项时设置指定样式。表单元素可以使用 required 属性来设置必填项。注意：:required 选择器只适用于表单元素 input、select 和 textarea。

【程序运行效果】 如图 6.25 所示，如果 input 元素没有设置 required 属性，则设置其为黄色；如果 input 元素设置了 required 属性，则设置其为蓝色。

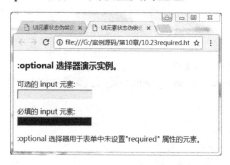

图 6.25 例 6.23 运行效果

【例 6.24】 ::selection 选择器。

```
<h1>尝试选择本页的一些文本</h1>
<p>这是一些文本.</p>
<div>这是 div 元素中的一些文本.</div>
<a href="http://www.w3cschool.cc/" target="_blank">链接 W3Cschool!</a>
::selection 选择器匹配元素中被用户选中或处于高亮状态的部分。
::selection 只可以应用于少数的 CSS 属性：color，background，cursor，和 outline。
::selection
{
color:#FF0000;
}
::-moz-selection
{
color:#FF0000;
}
```

【程序运行效果】 如图 6.26，将用户选定的文本设置为红色。

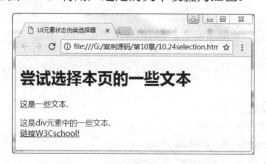

图 6.26 例 6.24 运行效果

6.5 其他选择器

为了方便设计多彩多样的样式，除了定义上面介绍的选择器外，CSS3 还定义了其他各式各样的选择器，这些选择器用途不一，本节只对否定选择器和目标伪类选择器单独说明，还有其他更多选择器读者可以上网查阅资料。

【例 6.25】 否定选择器。

```
<h1>这是一个标题</h1>
<p>这是一个段落.</p>
<p>这是另一个段落.</p>
<div>这是 div 元素的一些文本。</div>
<a href="http://www.runoob.com/" target="_blank">链接到菜鸟教程</a>
<style>
p {
    color: #000000;
}
:not(p) {
    color: #FF0000;
}
</style>
```

否定选择器的内容如表 6.4 所示。

表 6.4　否定选择器的内容

:not(selector)	:not(p)	选择每个并非 p 元素的元素

:not(selector) 选择器匹配每个元素是非指定的元素/选择器。

【程序运行效果】 如图 6.27 所示，过滤掉 p 的元素，将其他的元素都设置为红色。

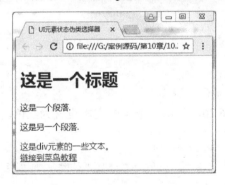

图 6.27　例 6.25 运行效果

【例 6.26】 目标伪类选择器。

```
<h1>This is a heading</h1>
<p><a href="#news1">Jump to New content 1</a></p>
<p><a href="#news2">Jump to New content 2</a></p>
<p>Click on the links above and the :target selector highlight the current active HTML anchor.</p>
<p id="news1"><b>New content 1...</b></p>
<p id="news2"><b>New content 2...</b></p>
:target
{
    border: 2px solid #D4D4D4;
    background-color: #E5EECC;
```

```
}
</style>
```

＃锚点名称是在一个文件中链接到某个元素的 URL，元素可被链接到目标元素。:target 选择器可用于当前活动的 target 元素的样式。

目标伪类选择器的内容如表 6.5 所示。

表 6.5　目标伪类选择器的内容

:target	#news:target	选择当前活动的#news 元素（包含该锚点名称的 URL）

【程序运行效果】　如图 6.28 所示，单击"Jump to New content 1"后，"New content 1..."样式发生了改变。

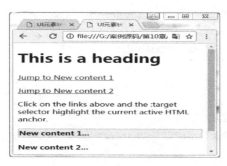

图 6.28　例 6.26 运行效果

6.6　综合案例

【例 6.27】　设计漂亮的表单页面。

1. 需求分析

结合 CSS3 选择器，如属性选择器、UI 伪类选择器、目标伪类选择器和否定选择器等，设计出一个漂亮的表单页面。

2. 设计表单步骤

（1）向页面添加 form 表单元素，该元素包含一个 7 行 2 列的表格，程序代码如下：

```
<form id="myform" action="#" method="post">
    <table width="80%" align="center">
      <tr>
        <td>姓名：</td>
        <td><input type="text" required/></td>
      </tr>
      <tr>
        <td>年龄：</td>
        <td><input type="number" value="18" max="99" /></td>
      </tr>
      <tr>
        <td>户籍所在地：</td>
        <td><input type="text" value="广东_广州" disabled /></td>
```

```
        </tr>
        <tr>
          <td>兴趣：</td>
          <td><input type="checkbox" value="chang" />
            唱歌
            <input type="checkbox" value="playbass" />
            打篮球
            <input type="checkbox" value="pa" />
            爬山</td>
        </tr>
        <tr>
          <td>性别：</td>
          <td><input type="radio" name="sex" value="1" checked />
            男
            <input type="radio" name="sex" value="0" />
            女</td>
        </tr>
        <tr>
        <td>备注说明：</td>
        <td><textarea row="20" cols="20"></textarea></td>
        </tr>
        <tr>
          <td> </td>
          <td><input type="button" value="提交" /></td>
        </tr>
      </table>
    </form>
```

（2）为表单中的元素添加样式，首先为表格的左侧单元格添加样式，指定单元格背景颜色和字体对齐方式，以及单元格内容选中时的背景色，程序代码如下：

```
tr>td:first-of-type{
     width:30%;
     text-align:right;    /* 字体靠右 */
     background-color:#FF7837;  /* 背景颜色 */
}
tr>td:first-of-type::selection{
     background-color:green;
     color:white;
}
```

（3）为表格右侧的单元格添加样式，指定单元格背景颜色，程序代码如下：

```
tr>td:last-child{
     background-color:#FFAD86;
}
```

（4）为表单中 type 类型是 text 的 input 元素指定圆角边框，并且设置元素不可用时的样式，程序代码如下：

```
input[type="text"]{
     border-radius:5px;
}
```

```
input[type="text"]:disabled{
    color:red;
    border:1px solid red;
}
```

（5）为表单中 type 类型是 checkbox 的 input 元素分别为奇数个和偶数个时指定边缘的外围样式，程序代码如下：

```
input[type="checkbox"]:nth-of-type(odd){
    outline:1px dotted blue;
}
input[type="checkbox"]:nth-of-type(even){
    outline:2px dotted blue;
}
```

（6）为表单中 type 类型是 radio 的 input 元素被选中时指定边缘的外围样式，程序代码如下：

```
input[type="radio"]:checked{
    outline:2px outset red;
}
```

（7）通过:before 选择器在表单之前添加"设计表单页面文本"，并且指定该文本的字体大小和粗细程度，程序代码如下：

```
table:before{
    content:"设计表单页面";
    font-size:24px;
    font-weight:bold;
    padding-bottom:55px;
}
```

（8）程序运行效果如图 6.29 所示，选择表单左侧单元格的内容，选中文本的背景颜色发生改变，如图 6.30 所示。

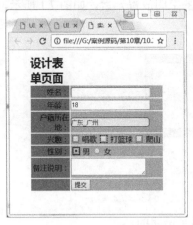

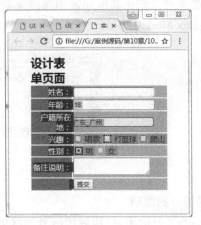

图 6.29　例 6.27 运行效果　　　　　　图 6.30　选定后的左侧单元格内容效果

第7章

CSS3 渲染

在网页制作时采用层叠样式表技术，可以有效地对页面的布局、字体、颜色、背景和其他效果实现更加精确的控制。只要对相应的代码做一些简单的修改，就可以改变同一页面的不同部分，或者页数不同的网页的外观和格式。

7.1 CSS3 盒子模型

所有 HTML5 元素可以看作盒子，在 CSS3 中，"box model"这一术语是在设计和布局时使用的。CSS3 盒子模型本质上是一个盒子，封装周围的 HTML5 元素，它包括边距、边框、填充内容等。

7.1.1 盒子模型描述

盒子模型允许我们在其他元素和周围元素边框之间的空间放置元素。如图 7.1 所示，说明了盒子模型(Box Model)。

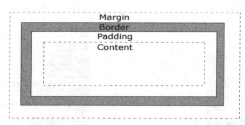

图 7.1　盒子模型

1. 不同部分的说明

（1）Margin（外边距）：清除边框外的区域，外边距是透明的。

（2）Border（边框）：围绕在填充和内容外的边框。

（3）Padding（填充）：清除内容周围的区域，填充是透明的。

（4）Content（内容）：盒子的内容，显示文本和图像。

为了在所有浏览器中将元素的宽度和高度设置正确，你需要知道盒子模型是如何工作的。

2. 元素的宽度和高度

💡**重要：** 当指定一个 CSS3 元素的宽度和高度属性时，只要设置内容区域的宽度和高度即可。要知道，完全大小的元素，还必须添加填充、边框和边距。.

【**例 7.1**】 盒子模型简单案例：元素的宽度为 300px，计算总宽度。

```
<style>
div {
    background-color: lightgrey;
    width: 300px;
    border: 25px solid green;
    padding: 25px;
    margin: 25px;
}
</style>
</head>
<body>
<h2>盒子模型演示</h2>
<p>CSS3 盒子模型本质上是一个盒子，封装周围的 HTML5 元素，它包括边距、边框、填充和实际内容。</p>
<div>这里是盒子内的实际内容，有 25px 内间距、25px 外间距、25px 绿色边框。</div>
</body>
```

【**程序执行效果**】 如图 7.2 所示，总宽度=300px（宽度）+ 50px（左+右填充宽度）+50px（左+右边框宽度）+50px（左+右边距）=450px。

图 7.2　例 7.1 运行效果

【**例 7.2**】 反过来，已知总宽度，例如，只有 250px 的空间，设置总宽度为 250px 的元素。

```
<style>
div.ex
{
width:220px;
padding:10px;
border:5px solid gray;
margin:0px;
}
</style>
</head>
<body>
<img src="images/w3css.gif" width="250" height="250" />
```

```
<div class="ex">上面的图片的宽度是 250 px。这个元素的总宽度也是 250 px。</div>
</body>
```

最终元素的总宽度计算公式是：

总元素的宽度=宽度+左填充宽度+右填充宽度+左边框宽度+右边框宽度
+左边距宽度+右边距

元素的总高度最终计算公式是：

总元素的高度=高度+顶部填充宽度+底部填充宽度+上边框宽度+下边框宽度
+上边距+下边距

【程序运行效果】 如图 7.3 所示，图片的宽度是 250px，这个元素的总宽度也是 250px。

上面图片的宽度是250px。这个元
素的总宽度也是250px。

图 7.3 例 7.2 运行效果

7.1.2 CSS3 边框

在打扫卫生的时候，我们总是疏于对墙角和墙边的打扫，如果继续用房子做比喻，边框就好比两面墙之间的交叉线，CSS3 中的边框属性包括边框样式属性、边框宽度属性和边框颜色属性等，边框虽然不显眼，但是能起到画龙点睛的作用，CSS3 边框属性如表 7.1 所示。

表 7.1 CSS3 边框属性

属　性	描　述
border	简写属性，用于把针对 4 个边的属性设置在一个声明中
border-style	用于设置元素所有边框的样式，或者单独为各边设置边框样式
border-width	简写属性，用于为元素的所有边框设置宽度，或者单独为各边框设置宽度
border-color	简写属性，设置元素的所有边框中可见部分的颜色，或为 4 个边分别设置颜色
border-bottom	简写属性，用于把下边框的所有属性设置在一个声明中
border-bottom-color	设置元素的下边框的颜色
border-bottom-style	设置元素的下边框的样式
border-bottom-width	设置元素的下边框的宽度
border-left	简写属性，用于把左边框的所有属性设置在一个声明中
border-left-color	设置元素的左边框的颜色
border-left-style	设置元素的左边框的样式

续表

属　　性	描　　述
border-left-width	设置元素的左边框的宽度
border-right	简写属性，用于把右边框的所有属性设置在一个声明中
border-right-color	设置元素的右边框的颜色
border-right-style	设置元素的右边框的样式
border-right-width	设置元素的右边框的宽度
border-top	简写属性，用于把上边框的所有属性设置在一个声明中
border-top-color	设置元素的上边框的颜色
border-top-style	设置元素的上边框的样式
border-top-width	设置元素的上边框的宽度

CSS3 边框属性允许指定一个元素边框的样式和颜色。

边框样式属性指定要显示什么样的边界。border-style 属性用来定义边框的样式。

border-style 属性值：

➢ none：默认无边框；

➢ dotted：定义一个点线边框；

➢ dashed：定义一个虚线边框；

➢ solid：定义实线边框；

➢ double：定义两个边框，两个边框的宽度和 border-width 的值相同；

➢ groove：定义 3D 沟槽边框，效果取决于边框的颜色值；

➢ ridge：定义 3D 脊边框，效果取决于边框的颜色值；

➢ inset：定义一个 3D 的嵌入边框，效果取决于边框的颜色值；

➢ outset：定义一个 3D 突出边框，效果取决于边框的颜色值。

【例 7.3】 边框设置。

```
<style>
p.none {border-style:none;}
p.dotted {border-style:dotted;}
p.dashed {border-style:dashed;}
p.solid {border-style:solid;}
p.double {border-style:double;}
p.groove {border-style:groove;}
p.ridge {border-style:ridge;}
p.inset {border-style:inset;}
p.outset {border-style:outset;}
p.hidden {border-style:hidden;}
</style>
</head>
<body>
<p class="none">无边框。</p>
<p class="dotted">虚线边框。</p>
<p class="dashed">虚线边框。</p>
```

```
<p class="solid">实线边框。</p>
<p class="double">双边框。</p>
<p class="groove"> 凹槽边框。</p>
<p class="ridge">垄状边框。</p>
<p class="inset">嵌入边框。</p>
<p class="outset">外凸边框。</p>
<p class="hidden">隐藏边框。</p>
</body>
```

【程序运行效果】 如图 7.4 所示，分别为 p 元素设置不同类型的边框。

图 7.4　例 7.3 运行效果

【例 7.4】 边框宽度样式设计。

```
<style>
p.one
{
        border-style:solid;
        border-width:5px;
}
p.two
{
        border-style:solid;
        border-width:medium;
}
p.three
{
        border-style:solid;
        border-width:1px;
}
</style>
</head>
<body>
<p class="one">一些文本。</p>
<p class="two">一些文本。</p>
<p class="three">一些文本。</p>
<p><b>注意:</b> border-width 属性如果单独使用则不起作用，要先使用 border-style 属性来设置边框。
```

```
</p>
    </body>
```

可以通过 border-width 属性为边框指定宽度。为边框指定宽度有两种方法：可以指定长度值，如 2px 或 0.1em（单位为 px、pt、cm、em 等），或者使用 3 个关键字之一，它们分别是 thick、medium（默认值）和 thin。

注意： CSS3 没有定义 3 个关键字的具体宽度，所以一个用户可能把 thick、medium 和 thin 属性分别设置为 5px、3px 和 2px，而另一个用户则把 thick、medium 和 thin 分别设置为 3px、2px 和 1px。

【程序运行效果】 如图 7.5 所示，设置 3 个边框宽度分别为 5px、medium 和 1px。

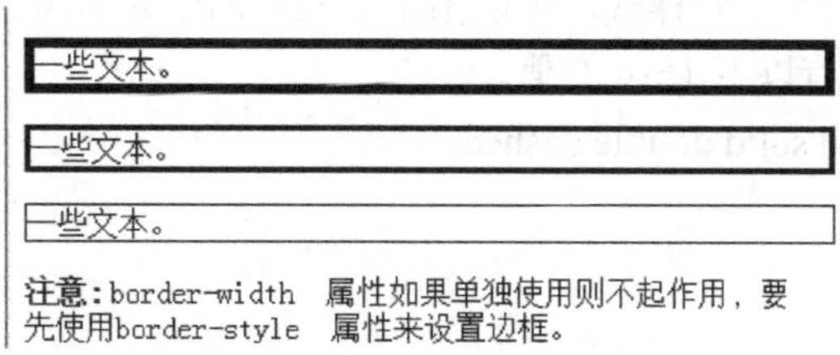

注意：border-width 属性如果单独使用则不起作用，要先使用border-style 属性来设置边框。

图 7.5 例 7.4 运行效果

【例 7.5】 设计边框颜色样式。

```
<style>
p.one
{
    border-style:solid;
    border-color:red;
}
p.two
{
    border-style:solid;
    border-color:#98BF21;
}
</style>
</head>


<body>
<p class="one">实线红色边框</p>
<p class="two">实线绿色边框</p>
<p><b>注意:</b>border-color 属性如果单独使用则不起作用,要先使用 border-style 属性来设置边框。</p>
</body>
```

border-color 属性用于设置边框的颜色。

➤ name：指定颜色的名称，如 red；
➤ RGB：指定 RGB 值，如 rgb(255,0,0)；
➤ Hex：指定十六进制值，如#FF0000。

还可以设置边框的颜色为 transparent。

注意： border-color 属性单独使用是不起作用的，必须先使用 border-style 属性来设置边框样式。

【程序运行结果】 如图 7.6 所示，设定两个边框的颜色值分别为 red 和#98BF21 值。

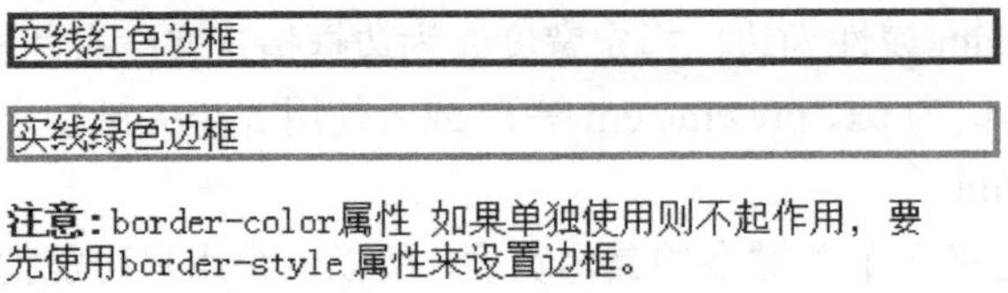

实线红色边框

实线绿色边框

注意：border-color属性 如果单独使用则不起作用，要先使用border-style 属性来设置边框。

图 7.6 例 7.5 运行效果

【例 7.6】 单独设置各边边框。

在 CSS3 中，修改例 7.5 中的样式，可以指定不同的侧面为不同的边框。

border-style 属性可以有以下 1～4 个值。

（1）border-style:dotted solid double dashed;

➢ 上边框是 dotted；

➢ 右边框是 solid；

➢ 底边框是 double；

➢ 左边框是 dashed。

（2）border-style:dotted solid double;

➢ 上边框是 dotted；

➢ 左、右边框是 solid；

➢ 底边框是 double。

（3）border-style:dotted solid;

➢ 上、底边框是 dotted；

➢ 右、左边框是 solid。

（4）border-style:dotted;

➢ 四面边框是 dotted。

上面的例子用了 border-style 属性。然而，它也可以和 border-width、border-color 属性一起使用。

【程序运行效果】 读者可以分别修改后运行，显示的效果不太一样，最后一个设置运行效果如图 7.7 所示。

两个不同的边界样式。

图 7.7 例 7.6 运行效果

【例 7.7】 边框简写属性。

```
<style>
p{border:5px solid red;}
</style>
</head>
<body>
<p>段落中的一些文本。</p>
</body>
```

上面的例子用了很多属性来设置边框，也可以在一个属性中设置边框。

你可以在 border 属性中设置：

border-width
border-style (required)
border-color

【程序运行效果】 如图 7.8 所示，给 p 元素设置 5px、实心的红色边框。

段落中的一些文本。

图 7.8 例 7.7 运行效果

【例 7.8】 设置不同元素的圆角边框属性。

```
<style>
#rcorners1 {
    border-radius: 25px;
    background: #8AC007;
    padding: 20px;
    width: 200px;
    height: 150px;
}
#rcorners2 {
    border-radius: 25px;
    border: 2px solid #8AC007;
    padding: 20px;
    width: 200px;
    height: 150px;
}
#rcorners3 {
    border-radius: 25px;
    background: url(images/klematis_small.jpg);
    background-position: left top;
    background-repeat: repeat;
    padding: 20px;
    width: 200px;
    height: 150px;
}
</style>
</head>
<body>
<p> border-radius 属性允许向元素添加圆角。</p>
<p>指定背景颜色元素的圆角:</p>
<p id="rcorners1">圆角</p>
<p>指定边框元素的圆角:</p>
<p id="rcorners2">圆角</p>
<p>指定背景图片元素的圆角:</p>
<p id="rcorners3">圆角</p>
</body>
```

CSS3 增加了新的边框属性，用 CSS3 可以创建圆角边框，添加阴影框，并作为边界的形象而不使用 Photoshop 等设计软件进行处理，新增的 CSS3 边框有如下属性：

➤ border-radius：用于设置所有 4 个边框圆角半径的属性；

➤ box-shadow：设置一个或多个下拉框的阴影的属性；

➤ border-image：设置边框图像的属性。

在 CSS2 中添加圆角是很棘手的。我们不得不在每个角落使用不同的图像。在 CSS3 中，使用 border-radius 属性很容易创建圆角。

如果想自由设置哪个角的边框，可以选用表 7.2 中的 CSS3 圆角属性。

表 7.2　CSS3 圆角属性

属　　性	描　　述
border-radius	所有 4 个边角，border-*-*-radius 属性的缩写
border-top-left-radius	定义了左上角的弧度
border-top-right-radius	定义了右上角的弧度
border-bottom-right-radius	定义了右下角的弧度
border-bottom-left-radius	定义了左下角的弧度

如果在 border-radius 属性中只指定一个值，那么将生成 4 个圆角。但是，如果你要在 4 个角上一一指定，则可以使用以下规则。

（1）4 个值：第一个值为左上角，第二个值为右上角，第三个值为右下角，第四个值为左下角。

（2）3 个值：第一个值为左上角，第二个值为右上角和左下角，第三个值为右下角。

（3）2 个值：第一个值为左上角与右下角，第二个值为右上角与左下角。

（4）1 个值：4 个圆角值相同。

【程序运行效果】以下为 3 个实例的显示效果。

（1）#rcorners1 设置指定背景颜色的元素圆角，如图 7.9 所示。

图 7.9　例 7.8 元素圆角运行效果

（2）#rcorners2 设置指定边框的元素圆角，如图 7.10 所示。

图 7.10　例 7.8 指定边框的元素圆角运行效果

（3）#rcorners3 设置指定背景图片的元素圆角，如图 7.11 所示。

图 7.11 例 7.8 指定背景图片的元素圆角运行效果

【例 7.9】 CSS3 盒子阴影在 div 元素中添加 box-shadow 属性。

```
<style>
div
{
    width:300px;
    height:100px;
    background-color:yellow;
    box-shadow: 10px 10px 5px #888888;
}
</style>
</head>
<body>
<div></div>
</body>
```

【程序运行效果】 如图 7.12 所示，CSS3 中的 box-shadow 属性被用来添加阴影，本例 "box-shadow: 10px 10px 5px #888888;" 表示在矩形框添加一个横向宽度为 10px、纵向宽度为 10px、深度为 5px、颜色为#888888 的阴影。

图 7.12 例 7.9 运行效果

【例 7.10】 CSS3 边界图片。

```
<style>
div
{
    border:15px solid transparent;
    width:250px;
    padding:10px 20px;
}
#round
{
    -webkit-border-image:url(images/border.png) 30 30 round; /* Safari 5 and older */
    -o-border-image:url(images/border.png) 30 30 round; /* Opera */
    border-image:url(images/border.png) 30 30 round;
}
```

```
#stretch
{
    -webkit-border-image:url(images/border.png) 30 30 stretch; /* Safari 5 and older */
    -o-border-image:url(images/border.png) 30 30 stretch; /* Opera */
    border-image:url(images/border.png) 30 30 stretch;
}
</style>
</head>
<body>
<p><b>注意: </b> Internet Explorer 不支持 border-image 属性。</p>
<p> border-image 属性用于设置图片的边框。</p>
<div id="round">这里，图像平铺（重复）来填充该区域。</div>
<br>
<div id="stretch">这里，图像被拉伸以填充该区域。</div>
<p>这是我们使用的图片素材：</p>
<img src="images/border.png" />
</body>
```

【程序运行效果】 如图 7.13 所示，有了 CSS3 的 border-image 属性，可以使用图像创建一个边框；border-image 属性允许指定一个图片作为边框，用于创建边框的原始图像，本例中 #round 使用图像平铺（重复）来填充元素边框；# stretch 使用图像拉伸来填充元素边框。

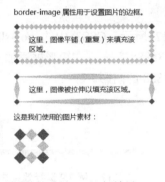

图 7.13　例 7.10 运行效果

7.1.3　CSS3 外边距

CSS3 外边距（margin）属性定义元素周围的空间。margin 清除周围的元素（外边框）的区域。margin 没有背景颜色，是完全透明的。margin 可以单独改变元素的上、下、左、右边距，也可以一次改变所有的属性。

CSS3 边距属性如表 7.3 所示。

表 7.3　CSS3 边距属性

属　　性	描　　述
margin	简写属性，在一个声明中设置所有外边距属性
margin-bottom	设置元素的下外边距

续表

属　　性	描　　述
margin-lcft	设置元素的左外边距
margin-right	设置元素的右外边距
margin-top	设置元素的上外边距

CSS3 边距属性值如表 7.4 所示。

表 7.4　CSS3 边距属性值

值	说　　明
auto	设置浏览器边距，这样做的结果会依赖于浏览器
length	定义一个固定的 margin（使用 px、pt、em 等）
%	定义一个使用百分比的边距

【例 7.11】　单边外边距属性。

```
<style>
p
{
    background-color:yellow;
}
p.margin
{
    margin-top:100px;
    margin-bottom:100px;
    margin-right:50px;
    margin-left:50px;
}
</style>
</head>
<body>
<p>这是一个没有指定边距大小的段落。</p>
<p class="margin">这是一个指定边距大小的段落。</p>
</body>
```

【程序运行效果】　在 CSS3 中，margin-top、margin-bottom、margin-right、margin-left 属性指定不同的侧面有不同的边距：

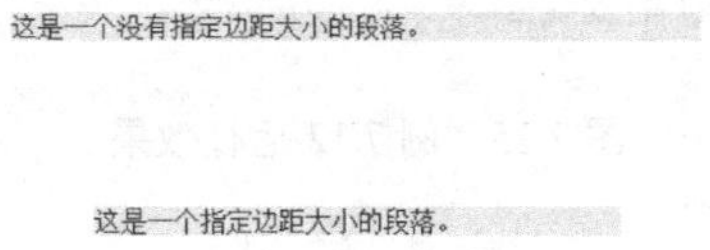

这是一个没有指定边距大小的段落。

这是一个指定边距大小的段落。

图 7.14　例 7.11 运行效果

【例 7.12】　外边距简写属性。

```
<style>
p
{
```

```
            background-color:yellow;
    }
    p.margin
    {
            margin:100px 50px;
    }
    </style>
    </head>
    <body>
    <p>这是一个没有指定边距大小的段落。</p>
    <p class="margin">这是一个指定边距大小的段落。</p>
    </body>
```

为了缩短代码，有可能使用一个属性中 margin 指定的所有边距属性，这就是所谓的缩写属性。所有边距属性的缩写属性是 margin。

margin 属性可以有以下 1～4 个值。

（1）margin:25px 50px 75px 100px;

➢ 上边距为 25px；

➢ 右边距为 50px；

➢ 下边距为 75px；

➢ 左边距为 100px。

（2）margin:25px 50px 75px;

➢ 上边距为 25px；

➢ 左、右边距为 50px；

➢ 下边距为 75px。

（3）margin:25px 50px;

➢ 上、下边距为 25px；

➢ 左、右边距为 50px

（4）margin:25px;

➢ 所有的 4 个边距都是 25px。

【程序运行效果】 如图 7.15 所示，可以设置不同的边框，查看不同的效果。

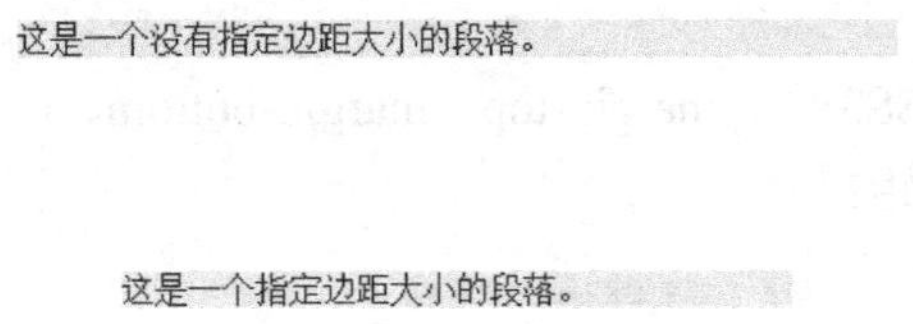

这是一个没有指定边距大小的段落。

这是一个指定边距大小的段落。

图 7.15 例 7.12 运行效果

7.1.4 CSS3 填充

CSS3 填充（Padding）属性定义元素边框与元素内容之间的空间。当元素的填充被清除时，所"释放"的区域将会受到元素背景颜色的填充。单独使用填充属性可以改变上、下、左、右的填充。缩写填充属性也可以使用，一旦改变一切都改变。

CSS3 填充属性如表 7.5 所示

表 7.5　CSS3 填充属性

属　　性	说　　明
padding	使用缩写属性设置在一个声明中的所有填充属性
padding-bottom	设置元素的底部填充
padding-left	设置元素的左部填充
padding-right	设置元素的右部填充
padding-top	设置元素的顶部填充

CSS3 填充属性值如表 7.6 所示。

表 7.6　CSS3 填充属性值

值	说　　明
length	定义一个固定的填充（px、pt、em 等）
%	使用百分比值定义一个填充

【例 7.13】　单边填充属性。

```
<style>
p{    background-color:yellow;}
p.padding
{
    padding-top:25px;
    padding-bottom:25px;
    padding-right:50px;
    padding-left:50px;
}
</style>
</head>
<body>
<p>这是一个没有指定填充边距的段落。</p>
<p class="padding">这是一个指定填充边距的段落。</p>
</body>
```

【程序运行效果】　如图 7.16 所示，在 CSS3 中，它可以指定不同的侧面有不同的填充。

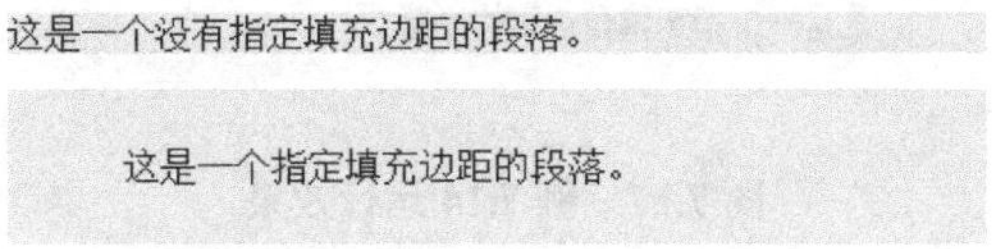

这是一个没有指定填充边距的段落。

这是一个指定填充边距的段落。

图 7.16　案例 7.13 运行效果图

【例 7.14】　简写填充属性。

为了缩短代码，可以在一个属性中指定所有的填充属性，这就是所谓的缩写属性。所有的填充属性的缩写属性是 padding：

```
<style>
```

```
p
{
    background-color:yellow;
}
p.padding
{
    padding:25px 50px;
}
</style>
</head>
<body>
<p>这是一个没有指定填充边距的段落。</p>
<p class="padding">这是一个指定填充边距的段落。</p>
</body>
```

padding 属性可以有以下 1～4 个值。

（1）padding:25px 50px 75px 100px;

➢ 上填充为 25px；

➢ 右填充为 50px；

➢ 下填充为 75px；

➢ 左填充为 100px。

（2）padding:25px 50px 75px;

➢ 上填充为 25px；

➢ 左、右填充为 50px；

➢ 下填充为 75px。

（3）padding:25px 50px;

➢ 上、下填充为 25px；

➢ 左、右填充为 50px。

（4）padding:25px;

➢ 所有的填充都是 25px。

【程序运行效果】 如图 7.17 所示，读者可以使用不同的方式设置 padding 值后查看其显示效果。

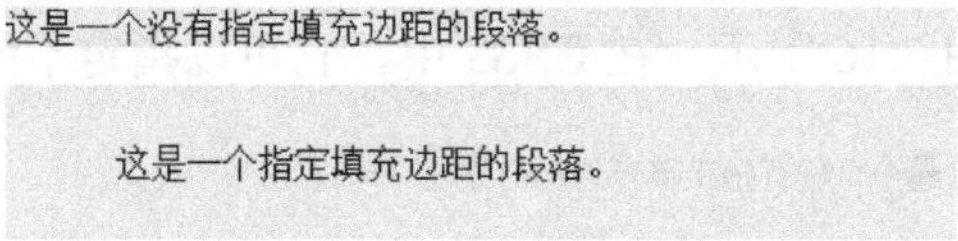

这是一个没有指定填充边距的段落。

这是一个指定填充边距的段落。

图 7.17　例 7.14 运行效果

7.1.5　CSS3 尺寸

CSS3 尺寸（Dimension）属性允许控制元素的高度和宽度，也允许增加行间距。

CSS3 尺寸属性如表 7.7 所示。

表 7.7　CSS3 尺寸属性

属　　　性	描　　　述
height	设置元素的高度
line-height	设置行高
max-height	设置元素的最大高度
max-width	设置元素的最大宽度
min-height	设置元素的最小高度
min-width	设置元素的最小宽度
width	设置元素的宽度

【例 7.15】　使用百分比设置图像的高度。

```
<style>
html {height:100%;}
body {height:100%;}
img.normal {height:auto;}
img.big {height:50%;}
img.small {height:10%;}
</style>
</head>
<body>
<img class="normal" src="images/logocss.gif" width="95" height="84" /><br>
<img class="big" src="images/logocss.gif" width="95" height="84" /><br>
<img class="small" src="images/logocss.gif" width="95" height="84" />
</body>
```

【程序运行效果】　如图 7.18 所示，演示了如何使用百分比值设置元素的高度。

图 7.18　例 7.15 运行效果

【例 7.16】　设置元素的最大高度。

```
<style>
p
{
    max-height:50px;
    background-color:yellow;
}
</style>
</head>

<body>
```

```
<p>本段落的最大高度设置为 50px。（此处省略多个文字）高度设置为 50px。</p>
</body>
```

【程序运行效果】 如图 7.19 所示，本段落的最大高度被设置为 50px。

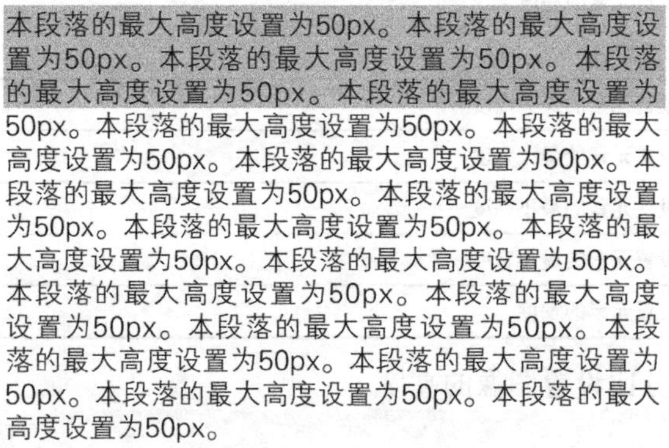

本段落的最大高度设置为50px。

图 7.19　例 7.16 运行效果

7.1.6　CSS3 定位

CSS3 定位（positioning）属性指定了元素的定位类型。position 属性的 4 个值当 static、relative、fixed、absolute。元素可以使用顶部、底部、左侧和右侧属性定位，然而这些属性无法工作，除非先设定 position 属性。它们也有不同的工作方式，这取决于定位方法。

position 属性值如表 7.8 所示。

表 7.8　position 属性值

值	描　　述
absolute	生成绝对定位的元素，相对于 static 定位以外的第一个父元素进行定位。元素的位置通过 left、top、right 及 bottom 属性进行规定
fixed	生成绝对定位的元素，相对于浏览器窗口进行定位。元素的位置通过 left、top、right 及 bottom 属性进行规定
relative	生成相对定位的元素，相对于其正常位置进行定位。因此，"left:20"会向元素的 left 位置添加 20px
static	默认值。没有定位，元素出现在正常的文档流中（忽略 top、bottom、left、right 属性或者 z-index 声明）
inherit	规定应该从父元素继承 position 属性的值

【例 7.17】 static、fixed 定位属性。

```
<style>
p.pos_fixed
{
        position:fixed;
        top:30px;
        right:5px;
}
</style>
</head>
<body>
```

```
<p class="pos_fixed">Some more text</p>
<p><b>注意:</b> IE7 和 IE8 支持只有一个 !DOCTYPE 指定固定值.</p>
<p>Some text</p><p>Some text</p><p>Some text</p><p>Some text</p><p>Some text</p><p>Some
text</p><p>Some text</p><p>Some text</p><p>Some text</p><p>Some text</p><p>Some text</p><p>Some
text</p><p>Some text</p><p>Some text</p><p>Some text</p><p>Some text</p>
</body>
```

1）static 定位

HTML5 元素默认是没有定位的，元素出现在正常的文档流中。静态定位的元素不会受到 top、bottom、left、right 属性的影响。

2）fixed 定位

元素的位置相对于浏览器窗口是固定位置，即使窗口是滚动的，它也不会移动。

注意：fixed 定位在 IE7 和 IE8 下，需要描述!DOCTYPE 才能被支持。fixed 定位使元素的位置与文档流无关，因此不占据空间。fixed 定位的元素和其他元素重叠。

【程序运行效果】 如图 7.20 所示，设置 class 标记为 pos_fixed 的 p 元素，相对于浏览器的定位：顶部为 30px，右边为 5 px。

图 7.20　例 7.17 运行效果

【例 7.18】 relative 定位。

```
<style>
h2.pos_left
{
    position:relative;
    left:-20px;
}
h2.pos_right
{
    position:relative;
    left:20px;
}
</style>
</head>
<body>
<h2>这是位于正常位置的标题</h2>
<h2 class="pos_left">这个标题相对于其正常位置向左移动</h2>
<h2 class="pos_right">这个标题相对于其正常位置向右移动</h2>
<p>相对定位会按照元素的原始位置对该元素进行移动。</p>
<p>样式"left:-20px"从元素的原始左侧位置减去 20 px。</p>
<p>样式"left:20px"向元素的原始左侧位置增加 20 px。</p>
```

```
</body>
```

相对定位元素的定位是相对其正常位置可以移动的相对定位元素的内容和相互重叠的元素，它原本所占的空间不会改变。相对定位元素经常被用来作为绝对定位元素的容器块。

【程序运行效果】 如图 7.21 所示，class 为 pos_left 这个标题样式"left:-20px"从元素的原始左侧位置减去 20px；class 为 pos_right 这个标题样式"left:20px"向元素的原始左侧位置增加 20px。

> 这是位于正常位置的标题
> 这个标题相对于其正常位置向左移动
> 　这个标题相对于其正常位置向右移动
> 相对定位会按照元素的原始位置对该元素进行移动。
> 样式"left:-20px"从元素的原始左侧位置减去 20 px。
> 样式"left:20px"向元素的原始左侧位置增加 20 px。

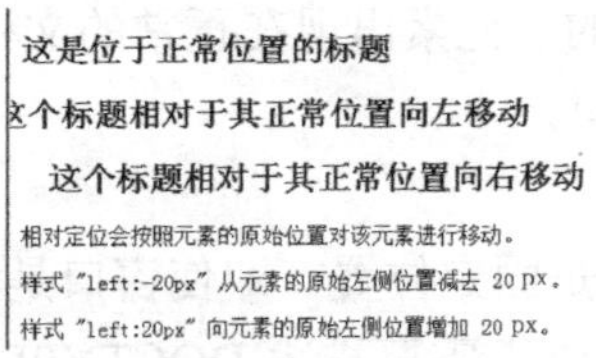

图 7.21　例 7.18 运行效果

【例 7.19】 absolute 定位。

```
<style>
h2
{
        position:absolute;
        left:100px;
        top:150px;
}
</style>
</head>
<body>
<h2>这是一个绝对定位的标题</h2>
<p>用绝对定位，一个元素可以放在页面上的任何位置。标题下面放置距离左边的页面 100 px 和距离页面的顶部 150 px 的元素。.</p>
</body>
```

绝对定位的元素位置是相对于最近的已定位父元素而言的。使用绝对定位，一个元素可以放在页面上的任何位置。如果元素没有已定位的父元素，那么它的位置是相对于标记而言的，绝对定位使元素的位置与文档流无关，因此不占据空间。绝对定位的元素和其他元素重叠。

【程序运行效果】 如图 7.22 所示，因为本例没有特定的父级元素设置定位，所以将 h2 标题放置在 html 标记中距离左边的页面 100px 和距离页面的顶部 150px 的位置上。

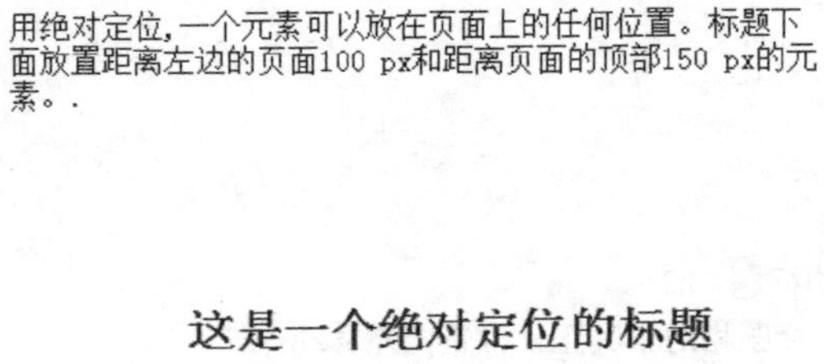

> 用绝对定位，一个元素可以放在页面上的任何位置。标题下面放置距离左边的页面100 px和距离页面的顶部150 px的元素。.

这是一个绝对定位的标题

图 7.22　例 7.19 运行效果

【例 7.20】 z-index 显示重叠的元素的顺序。

```
<style>
img
{
        position:absolute;
        left:0px;
        top:0px;
        z-index:-1;
}
</style>
</head>
<body>
<h1>This is a heading</h1>
<img src="w3css.gif" width="100" height="140" />
<p>因为图像元素设置了 z-index 属性值为 -1，所以它会显示在文字之后。</p>
</body>
```

元素的定位与文档流无关，所以它们可以覆盖页面上的其他元素，z-index 属性指定了一个元素的堆叠顺序（哪个元素应该放在前面或后面），一个元素可以有正数或负数的堆叠顺序。具有更高堆叠顺序的元素总是在较低的堆叠顺序元素的前面。

注意：如果两个定位元素重叠，没有指定 z－index 属性，最后定位在 HTML5 代码中的元素将被显示在最前面。

【程序运行效果】 如图 7.23 所示，本例中 img 设置为 z-index:-1，使得图片显示在文本背后。

图 7.23　例 7.20 运行效果

7.1.7　CSS3 浮动

浮动属性是网页布局中的常用属性之一，什么是 CCS3 浮动（float）呢？CSS3 浮动会使元素向左或向右移动，其周围的元素也会重新排列。通过浮动属性不但可以很好地实现页面布局，而且可以制作导航条等页面元素用于图像。

【例 7.21】 简单案例：用元素右浮动来说明浮动。

```
<style>
img
{
        float:right;
}
</style>
</head>
<body>
<p>在下面的段落中，我们添加了一个<b>float:right</b>的图片。导致图片将会浮动在段落的右边。</p>
<p>
<img src="images/w3css.gif" width="95" height="84" />
```

这是一些文本。这是一些文本。这是一些文本。（这里有很多文本）
```
</p>
</body>
```

元素的水平方向浮动，意味着元素只能左、右移动而不能上、下移动。一个浮动元素会尽量向左或向右移动，直到它的外边缘碰到包含框或另一个浮动框的边框为止。浮动元素之后的元素将围绕它，浮动元素之前的元素将不会受到影响。

【程序运行效果】 如图 7.24 所示，设置图像右浮动，则下面的文本流将环绕在它左边。

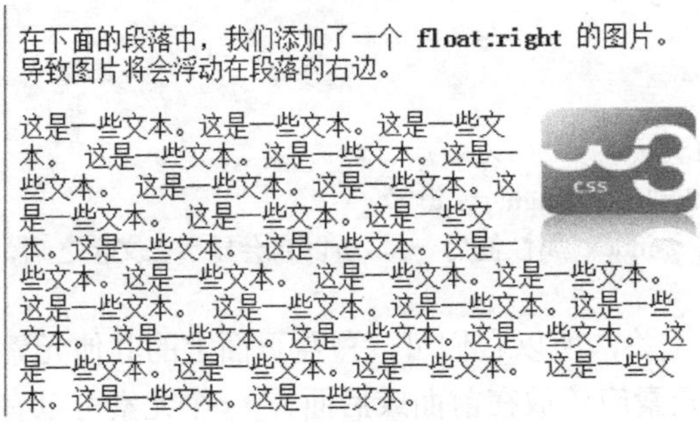

图 7.24　例 7.21 运行效果

【例 7.22】 设置彼此相邻的浮动元素。

```
<style>
.thumbnail
{
     float:left;
     width:110px;
     height:90px;
     margin:5px;
}
</style>
</head>
<body>
<h3>图片库</h3>
<p>试着调整窗口，看看当图片没有足够的空间会发生什么。</p>
<img class="thumbnail" src="images/klematis_small.jpg" width="107" height="90">
<img class="thumbnail" src="images/klematis2_small.jpg" width="107" height="80">
<img class="thumbnail" src="images/klematis3_small.jpg" width="116" height="90">
<img class="thumbnail" src="images/klematis4_small.jpg" width="120" height="90">
<img class="thumbnail" src="images/klematis_small.jpg" width="107" height="90">
<img class="thumbnail" src="images/klematis2_small.jpg" width="107" height="80">
<img class="thumbnail" src="images/klematis3_small.jpg" width="116" height="90">
<img class="thumbnail" src="images/klematis4_small.jpg" width="120" height="90">
</body>
```

把几个浮动的元素放到一起，如果有空间的话，它们将彼此相邻。

【程序运行效果】 本例对图片库使用 float 属性后，显示效果如图 7.25 所示，调整窗口，图片没有足够的空间，不同行上显示的图片个数就不一样。

图片库

试着调整窗口，看看当图片没有足够的空间会发生什么。

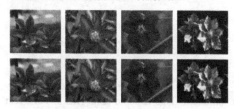

图 7.25　例 7.22 运行效果

调整窗口后显示效果如图 7.26 所示。

图片库

试着调整窗口，看看当图片没有足够的空间会发生什么。

图 7.26　例 7.22 调整窗口后显示效果

【例 7.23】　指定段落的左侧或右侧不允许出现浮动元素。

元素浮动之后，周围的元素会重新排列，为了避免这种情况，使用 clear 属性。clear 属性指定元素两侧不能出现浮动元素。

clear 属性值如表 7.9 所示。

表 7.9　clear 属性值

值	描　　述
left	在左侧不允许出现浮动元素
right	在右侧不允许出现浮动元素
both	在左、右两侧均不允许出现浮动元素
none	默认值。允许浮动元素出现在两侧
inherit	规定应该从父元素继承 clear 属性的值

```
<style>
img
{
    float:left;
}
p.clear
```

```
    {
        clear:both;
    }
</style>
</head>
<body>
<img src="images/logocss.gif" width="95" height="84" />
<p>This is some text. This is some text. This is some text. This is some text. This is some text. This is some
text.</p>
<p class="clear">This is also some text. This is also some text. This is also some text. This is also some text.
This is also some text. This is also some text.</p>
</body>
```

【程序运行效果】 如图 7.27 所示，在 img 元素上设置了左浮动，所以图片显示在左边，第一个 p 元素显示在图片的右边，class 标记为 clear 的 p 元素被清除了浮动之后又重新从最左边开始显示。

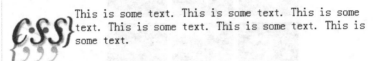

This is some text. This is some text. This is some
text. This is some text. This is some text. This is
some text.

This is also some text. This is also some text. This is also some
text. This is also some text. This is also some text. This is also
some text.

图 7.27　例 7.23 调整窗口后效果

7.1.8　CSS3 对齐

在 CSS3 中，有几个属性用于元素水平对齐。

1. 块元素对齐

块元素是一个元素，占用了全宽，前后都是换行符。

块元素的例子：

➤ <h1>;

➤ <p>;

➤ <div>;

➤ 文本对齐。.

在这一节中，我们学习块元素如何水平对齐的布局。

2. 中心对齐

使用 margin 属性：块元素可以把左、右页边距设置为自动对齐。

注意： 在 IE8 中，使用 margin:auto 属性无法正常工作，除非声明"**!DOCTYPE**"。

【例 7.24】 margin 属性可自动指定左、右页边距，结果都是出现居中元素。

```
<style>
.center
{
    margin:auto;
```

```
        width:70%;
        background-color:#B0E0E6;
    }
    </style>
    </head>
    <body>
    <div class="center">
    <p>In my younger and more vulnerable years my father gave me some advice that I've been turning over in my
mind ever since.</p>
    <p>'Whenever you feel like criticizing anyone,' he told me, 'just remember that all the people in this world
haven't had the advantages that you've had.'</p>
    </div>
    </body>
```

【程序运行效果】 如图7.28所示，设置宽度为70%，margin属性为自动对齐后元素居中对齐。但是设置的宽度是100%，对齐是没有效果的。

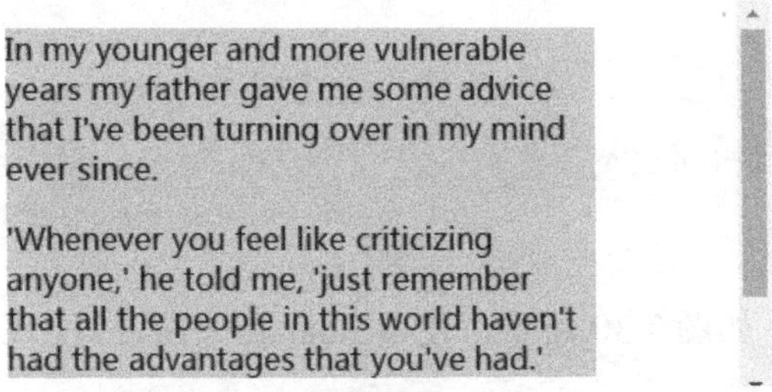

In my younger and more vulnerable
years my father gave me some advice
that I've been turning over in my mind
ever since.

'Whenever you feel like criticizing
anyone,' he told me, 'just remember
that all the people in this world haven't
had the advantages that you've had.'

图7.28 例7.24调整窗口后效果

【例7.25】 使用position属性设置左、右对齐。

```
<style>
.right
{
    position:absolute;
    right:0px;
    width:300px;
    background-color:#B0E0E6;
}
</style>
</head>
<body>
<div class="right">
    <p>In my younger and more vulnerable years my father gave me some advice that I've been turning over in my
mind ever since.</p>
    <p>'Whenever you feel like criticizing anyone,' he told me, 'just remember that all the people in this world
haven't had the advantages that you've had.'</p>
    </div>
    </body>
```

absolute绝对定位与文档流无关，设置属性后可以覆盖页面上的其他元素，实现对齐效果。

【程序运行效果】 如图7.29所示，设置class标记为right元素的对齐的方法，使用绝对定位，再设置其右边为 0px，即实现了靠右对齐。

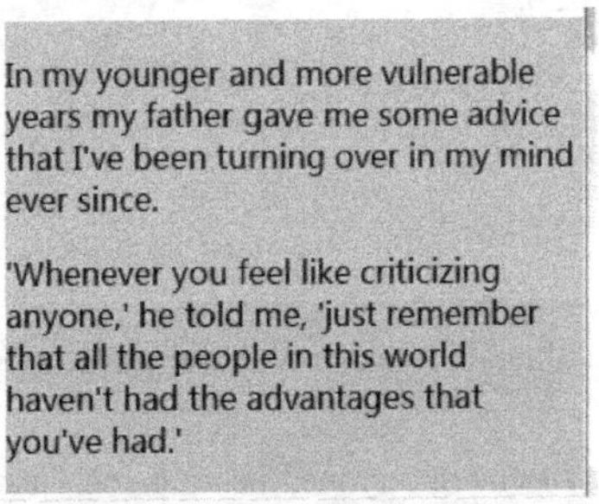

图 7.29　例 7.25 调整窗口后效果

【例 7.26】　使用 float 属性设置左、右对齐。

```
<style>
.right
{
    float:right;
    width:300px;
    background-color:#B0E0E6;
}
</style>
```

【程序运行效果】　如图 7.30 所示，使用 float 属性设置值，设置为 right，实现右对齐。

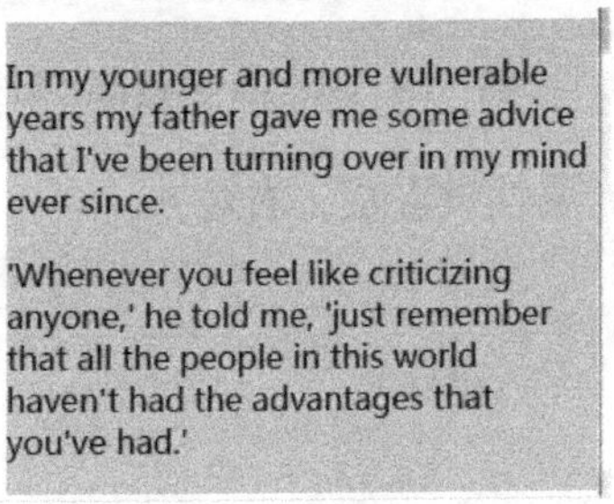

图 7.30　例 7.26 调整窗口后效果

7.2　CSS3 基本样式

通过 CSS3 技术可以设置和修饰页面元素，使页面能够以指定的效果显示出来，本章将介绍设置和修饰 CSS3 元素的方法，并通过具体的实例来介绍其使用流程，为读者步入本书后面知识的学习打下坚实的基础。

7.2.1　CSS3 背景样式

在设置页面的具体内容之前，首先要为整体页面元素定义某种样式，如页面的颜色。就像装修一样，如果喜欢淡雅的田园风格，就选择清淡颜色的装修材料。页面背景即某页面元素的显示效果，它既可以是一种颜色，也可以是一幅图片。

在对网页进行整体定义操作时,首先定义的元素就是背景色,由于页面的具体需求不一样,故页面的背景色也多种多样,CSS3 背景属性用于定义 HTML5 元素的背景。

【例 7.27】 使用 background-color 属性设置 h1、p 和 div 元素的背景颜色。

```
<style>
h1{   background-color:#6495ED;}
p{     background-color:#e0FFFF;}
div{  background-color:#B0C4DE;}
</style>
</head>
<body>
<h1>CSS background-color 实例!</h1>
<div>该文本插入在 div 元素中。<p>该段落有自己的背景颜色。</p>我们仍然在同一个 div 元素中。
</div>
</body>
```

background-color 属性定义了元素的背景颜色。页面的背景颜色使用在 body 选择器中。在 CSS3 中,颜色值通常以以下方式定义:十六进制,如#FF0000;RGB,如 rgb(255,0,0);颜色名称,如 red。

【程序运行效果】 如图 7.31 所示,设置 h1、p 和 div 元素的背景颜色。

图 7.31　例 7.27 运行效果

【例 7.28】 设置多个不同的背景属性。

```
<style>
#example1 {
    background-image: url(images/klematis_small.jpg), url(images/paper.gif);
    background-position: right bottom, left top;
    background-repeat: no-repeat, repeat;
    padding: 15px;
}
</style>
</head>
<body>
<div id="example1">
<h1>Lorem Ipsum Dolor</h1>
<p>Lorem ipsum dolor sit amet, consectetuer adipiscing elit, sed diam nonummy nibh euismod tincidunt ut laoreet dolore magna aliquam erat volutpat.</p>
<p>Ut wisi enim ad minim veniam, quis nostrud exerci tation ullamcorper suscipit lobortis nisl ut aliquip ex ea
```

commodo consequat.</p>
    </div>
    </body>

也可以使用如下的写法，给不同的图片设置多个不同的属性。

```
<style>
#example1 {
    background: url(img_flwr.gif) right bottom no-repeat, url(paper.gif) left top repeat;
    padding: 15px;
}
</style>
```

CSS3 中包含几个新的背景属性，以下的背景属性可以设计更丰富的元素背景样式，本例使用多重背景图像来设置图片背景属性，如 background-image、background-size、background-origin 和 background-clip 属性。在 CSS3 中，可以通过 background-image 属性添加背景图像。CSS3 允许添加多个背景图像，不同的背景图像之间用逗号隔开。在所有的图像中，显示在最顶端的为第一张。

在默认情况下，重复 background-image 属性的垂直和水平方向。设置如何平铺对象的background-image 属性，可以实现页面的水平或者垂直方向平铺。

背景属性值如表 7.10 所示。

表 7.10　背景属性值

值	说　　明
repeat	背景图像将向垂直和水平方向重复（这是默认的）
repeat-x	只有水平位置会重复背景图像
repeat-y	只有垂直位置会重复背景图像
no-repeat	background-image 属性不会重复
inherit	指定 background-repea 属性设置应该从父元素继承

【程序运行效果】　如图 7.32 所示，在 body 元素中设置两个背景图像后的显示效果。

图 7.32　例 7.28 运行效果

【例 7.29】　background-size 属性重置背景图像。

```
<style>
body
{
    background:url(images/klematis_small.jpg);
    background-size:80px 60px;
    background-repeat:no-repeat;
```

```
        padding-top:40px;
    }
    </style>
    </head>
    <body>
    <p>
```
Lorem ipsum，中文又称"乱数假文"，是指一篇常用于排版设计领域的拉丁文文章，主要的目的是测试文章或文字在不同字型、版型下看起来的效果。
```
    </p>
    <p>原始图片: <img src="images/klematis_small.jpg"    alt="Flowers" width="224" height="162"></p>
    </body>
```

CSS3 background-size 属性指定背景图像的大小。在 CSS3 以前，背景图像大小由图像的实际大小决定。而在 CSS3 中，可以指定背景图像，让我们重新在不同的环境中指定背景图像的大小，可以指定像素或百分比大小，指定的大小是相对于父元素的宽度和高度的百分比的大小。

【程序运行效果】 本例的图像经过设置，显示为左上角的小型图像。

图 7.33　例 7.29 运行效果

【例 7.30】 background-origin 属性在 content-box 中定位背景图。

```
<style>
div
{
    border:1px solid black;
    padding:35px;
    background-image:url('images/w3css.gif');
    background-repeat:no-repeat;
    background-position:left;
}
#div1
{
    background-origin:border-box;
}
#div2
{
    background-origin:content-box;
}
</style>
</head>
<body>
```

```
<p>背景图像边界框的相对位置：</p>
<div id="div1">
Lorem（此处省略文字说明）consequat.
</div>
<p>背景图像的相对位置的内容框：</p>
<div id="div2">
Lorem （此处省略文字说明）consequat.
</div>
</body>
```

CSS3 的 background-origin 属性指定了背景图像的位置区域。在 content-box、padding-box 和 border-box 区域内可以放置背景图像，如图 7.34 所示。

【程序运行效果】 本例中 background-origin:border-box 把背景图像设置到 border-box 区域中；background-origin: content-box 把背景图像设置到 content-box 区域中，如图 7.35 所示。

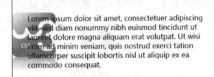

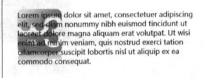

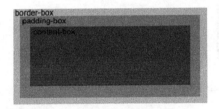

图 7.34 background-origin 属性   图 7.35 例 7.30 运行效果

【例 7.31】 CSS3 background-clip 属性实现图片的切割。

```
<head>
<meta charset="utf-8">
<title></title>
<style>
#example1 {
    border: 10px dotted black;
    padding:35px;
    background: yellow;
}
#example2 {
    border: 10px dotted black;
    padding:35px;
    background: yellow;
    background-clip: padding-box;
}
#example3 {
    border: 10px dotted black;
```

```
    padding:35px;
    background: yellow;
    background-clip: content-box;
}
</style>
</head>
<body>
<p>没有背景剪裁 (border-box 没有定义):</p>
<div id="example1">
<h2>Lorem Ipsum Dolor</h2>
<p>Lorem（此处省略文字说明）volutpat.</p>
</div>
<p>background-clip: padding-box:</p>
<div id="example2">
<h2>Lorem Ipsum Dolor</h2>
<p>Lorem  （此处省略文字说明）volutpat.</p>
</div>
<p>background-clip: content-box:</p>
<div id="example3">
<h2>Lorem Ipsum Dolor</h2>
<p>Lorem  （此处省略文字说明）  volutpat.</p>
</div>
</body>
```

【程序运行效果】 在 CSS3 中，background-clip 背景剪裁属性是从指定位置开始绘制的，本例中 background-clip: padding-box 背景从 padding-box 开始绘制；background-clip: content-box 背景从 content-box 开始绘制，如图 7.36 所示。

图 7.36　例 7.31 运行效果

【例 7.32】 从左到右的线性渐变。

```
<style>
#grad1 {
    height: 200px;
    background: linear-gradient(to right, red , blue);              /*标准的语法（其他的查看源代码）*/
}
</style>
</head>
<body>
<h3>线性渐变—从左到右</h3>
<p>从左边开始的线性渐变。起点是红色，慢慢过渡到蓝色：</p>
<div id="grad1"></div>
</body>
```

CSS3 渐变（Gradients）可以实现在两个或多个指定颜色之间的显示平稳过渡，如图 7.37 所示。

图 7.37　显示平稳过渡

以前，必须使用图像来实现这些效果。但是，通过使用 CSS3 渐变，可以减少下载的事件和宽带的使用。此外，渐变效果的元素在放大时看起来效果更好，因为渐变是由浏览器生成的。CSS3 定义了两种类型的渐变：

➤ 线性渐变（Linear Gradients）——向下/向上/向左/向右/对角方向；

➤ 径向渐变（Radial Gradients）——由它们的中心定义。

为了创建一个线性渐变，必须至少定义两种颜色结点。颜色结点即想要呈现平稳过渡的颜色。同时，也可以设置一个起点和一个方向（或一个角度）。

线性渐变的语法格式如下：

```
background: linear-gradient(direction, color-stop1, color-stop2, ...);
```

【程序运行效果】 如图 7.38 所示，实例演示了从左边开始的线性渐变。起点是红色，慢慢过渡到蓝色。

线性渐变 – 从左到右

从左边开始的线性渐变。起点是红色，慢慢过渡到蓝色。

图 7.38　例 7.32 运行效果

【例 7.33】 带有指定角度的线性渐变。

```
<style>
#grad1 {
    height: 100px;
```

```
        background: linear-gradient(0deg, red, blue);      /*标准的语法（兼容写法查看源代码）*/
    }
    #grad2 {
        height: 100px;
        background: linear-gradient(90deg, red, blue);     /*标准的语法（兼容写法查看源代码）*/
    }
    #grad3 {
        height: 100px;
        background: linear-gradient(180deg, red, blue);    /*标准的语法（兼容写法查看源代码）*/
    }
    #grad4 {
        height: 100px;
        background: linear-gradient(-90deg, red, blue);  /*标准的语法（兼容写法查看源代码）*/
    }
    </style>
    </head>
    <body>
    <h3>线性渐变—使用不同的角度</h3>
    <div id="grad1" style="color:white;text-align:center;">0deg</div><br>
    <div id="grad2" style="color:white;text-align:center;">90deg</div><br>
    <div id="grad3" style="color:white;text-align:center;">180deg</div><br>
    <div id="grad4" style="color:white;text-align:center;">-90deg</div>
    </body>
```

如果想要在渐变的方向上做更多的控制，可以定义一个角度，而不用预定义方向（to bottom、to top、to right、to left、to bottom right 等）。

控制渐变角度的语法格式如下：

```
background: linear-gradient(angle, color-stop1, color-stop2);
```

渐变角度是指水平线和渐变线之间的角度，按逆时针方向计算。换句话说，0deg 将创建一个从下到上的渐变，90deg 将创建一个从左到右的渐变。

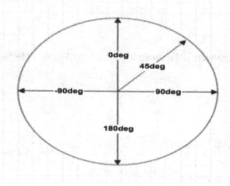

图 7.39　渐变角度

但是，请注意很多浏览器（Chrome、Safari、Firefox 等）使用了旧的标准，即 0deg 将创建一个从左到右的渐变，90deg 将创建一个从下到上的渐变。按新、旧标准的渐变角度换算公式：

$$90-x=y$$

式中，x 为标准角度；y 为非标准角度。

【程序运行效果】 本例设置 0deg、90deg、180deg 和−90deg 的颜色渐变效果，如图 7.40 所示。

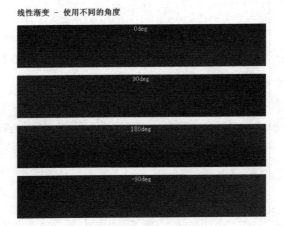

图 7.40 例 7.33 运行效果

【例 7.34】 带有多个颜色结点的从上到下的线性渐变。

```
<style>
#grad1 {
    height: 200px;
    background: linear-gradient(red, green, blue);   /*标准的语法（兼容写法见源代码）*/
}
#grad2 {
    height: 200px;
    background: linear-gradient(red, orange, yellow, green, blue, indigo, violet);   /*标准的语法（兼容写法见源代码）*/
}
#grad3 {
    height: 200px;
    background: linear-gradient(red 10%, green 85%, blue 90%);        /*标准的语法（兼容写法见源代码）*/
}
</style>
</head>
<body>
<h3>3 个颜色结点（均匀分布）</h3>
<div id="grad1"></div>
<h3>7 个颜色结点（均匀分布）</h3>
<div id="grad2"></div>
<h3>3 个颜色结点（不均匀分布）</h3>
<div id="grad3"></div>
</body>
```

【程序运行效果】使用多个颜色结点设置渐变背景，当未指定百分比时，颜色结点不会自动均匀分布，如图 7.41 所示。

3 个颜色结点 (均匀分布)

7 个颜色结点 (均匀分布)

3 个颜色结点 (不均匀分布)

图 7.41 例 7.34 运行效果

【例 7.35】 设置径向渐变效果。

颜色结点均匀分布的径向渐变设置：

```
<style>
#grad1 {
    height: 150px;
    width: 200px;
    background: radial-gradient(red, green, blue);    /*标准的语法（兼容性设置见源码）*/
}
</style>
```

径向渐变由它的中心定义。为了创建一个径向渐变，必须至少定义两种颜色结点。颜色结点即想要呈现平稳过渡的颜色。同时，也可以指定渐变的中心、形状（原型或椭圆形）、大小。在默认情况下，渐变的中心是 center（表示在中心点），渐变的形状是 ellipse（表示椭圆形），渐变的大小是 farthest-corner（表示到最远的角落）。

径向渐变的语法格式：

```
background: radial-gradient(center, shape size, start-color, ..., last-color);
```

shape 参数定义了形状。它可以是 circle 或 ellipse 值。其中，circle 表示圆形，ellipse 表示椭圆形。默认值是 ellipse。

【程序运行效果】 如图 7.42 所示，radial-gradient(red, green, blue)设置从红色到绿色到蓝色的颜色结点均匀分布的径向渐变效果。

颜色结点不均匀分布的径向渐变设置：

```
<style>
#grad1 {
    height: 150px;
    width: 200px;
    background: radial-gradient(red 5%, green 15%, blue 60%);        /*标准的语法（兼容性设置见源码）*/
```

```
}
</style>
```

radial-gradient(red 5%, green 15%, blue 60%)设置从红色（5%处开始）到绿色（15%处开始）到蓝色（60%处开始）的不均匀分布的径向渐变设置，效果如图 7.43 所示。

图 7.42　案例 7.35-1 运行效果图　　　　图 7.43　例 7.35-2 运行效果

7.2.2　CSS3 文字样式

文本是 Web 页面的最重要组成元素之一，浏览用户通过文本可以了解页面和站点的信息，设置文本样式是 CSS3 技术的基本功能，通过 CSS3 文本标记语言，可以设置文本的样式和粗细等。本节将向读者详细讲解设置页面中文本样式的方法，并通过具体实例的实现来讲解其使用流程。

【例 7.36】　文本颜色的设置。

```
<style>
body {color:red;}
h1 {color:#00FF00;}
p.ex {color:rgb(0,0,255);}
</style>
</head>
<body>
<h1>这是标题 1</h1>
<p>这是一个普通的段落。请注意，本文是红色的。页面中定义默认的文本颜色选择器。</p>
<p class="ex">这是一个类为"ex"的段落。这个文本是蓝色的。</p>
</body>
</html>
```

颜色属性被用来设置文字的颜色。颜色是通过 CSS3 指定的：

➢ 十六进制值，如＃FF0000；

➢ 一个 RGB 值，如 rgb (255,0,0)；

➢ 颜色的名称，如 red。

查看完整的颜色值。一个网页的背景颜色是指在主体内的选择：对于 W3C 标准的 CSS3：如果你定义了颜色属性，还必须定义背景色属性。

【程序运行效果】　如图 7.44 所示，使用不同的颜色设置方式设置 body、h1 和 class 为 ex 的 p 元素的颜色，颜色设置实现继承性，所以没有具体定义颜色的 p 元素的字体颜色继承了 body 元素的字体颜色。

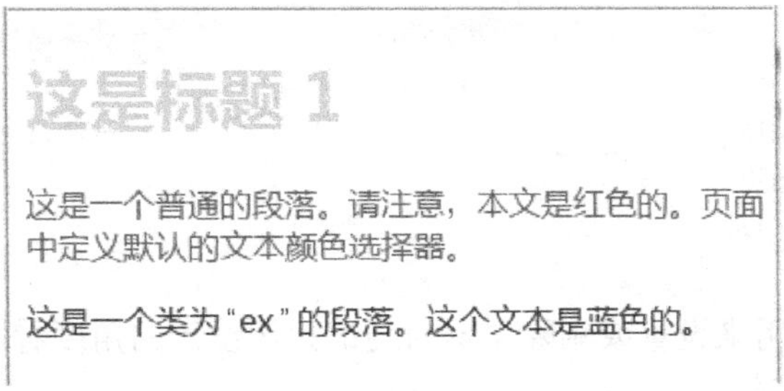

这是标题 1

这是一个普通的段落。请注意，本文是红色的。页面中定义默认的文本颜色选择器。

这是一个类为"ex"的段落。这个文本是蓝色的。

图 7.44 例 7.36 运行效果

【例 7.37】 文本的对齐方式。

```
<style>
h1 {text-align:center;}
p.date {text-align:right;}
p.main {text-align:justify;}
</style>
</head>
<body>
<h1>CSS text-align 实例</h1>
<p class="date">2017 年 3 月 14 号</p>
<p class="main">"当我年轻的时候，（此处省略很多字）世界。"</p>
<p><b>注意：</b>重置浏览器窗口大小查看&quot;justify&quot;是如何工作的。</p>
</body>
```

文本排列属性是用来设置文本的水平对齐方式。文本可居中，或者对齐到左、右及两端对齐。当 text-align 属性设置为"justify"，每一行被展开为宽度相等，左、右外边距是对齐（如杂志和报纸）的。

【程序运行效果】 h1 元素设置为居中对齐；class 为 date 的 p 元素设置为向右对齐；class 为 main 的 p 元素设置为与宽度相等的对象，随着窗口的大小变化而变化，如图 7.45 所示。

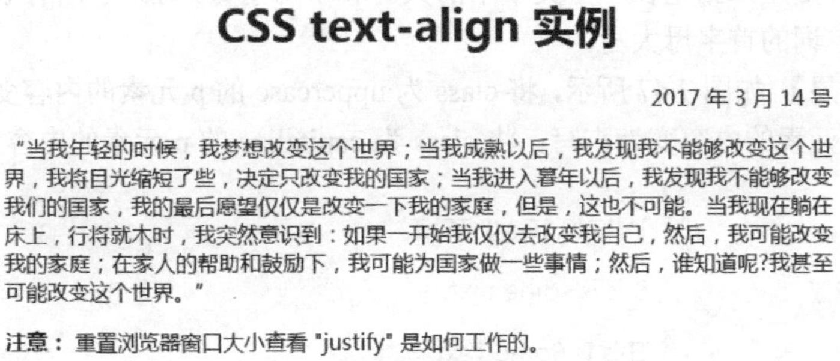

CSS text-align 实例

2017 年 3 月 14 号

"当我年轻的时候，我梦想改变这个世界；当我成熟以后，我发现我不能够改变这个世界，我将目光缩短些，决定只改变我的国家；当我进入暮年以后，我发现我不能够改变我们的国家，我的最后愿望仅仅是改变一下我的家庭，但是，这也不可能。当我现在躺在床上，行将就木时，我突然意识到：如果一开始我仅仅去改变我自己，然后，我可能改变我的家庭；在家人的帮助和鼓励下，我可能为国家做一些事情；然后，谁知道呢?我甚至可能改变这个世界。"

注意：重置浏览器窗口大小查看"justify"是如何工作的。

图 7.45 例 12.37 运行效果

【例 7.38】 文本修饰 text-decoration。

```
<style>
h1 {text-decoration:overline;}
h2 {text-decoration:line-through;}
h3 {text-decoration:underline;}
</style>
```

```
</head>
<body>
<h1>This is heading 1</h1>
<h2>This is heading 2</h2>
<h3>This is heading 3</h3>
</body>
```

text-decoration 属性用来设置或删除文本的装饰。从设计的角度看，text-decoration 属性主要是用来删除链接的下画线。

【程序运行效果】 如图 7.46 所示，h1、h2 和 h3 设置了不同的文本修饰样式。

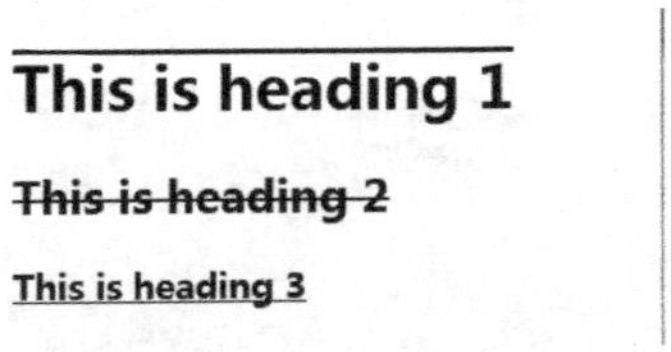

This is heading 1

This is heading 2

This is heading 3

图 7.46　案例 7.38 运行效果图

【例 7.39】 文本转换。

```
<style>
p.uppercase {text-transform:uppercase;}
p.lowercase {text-transform:lowercase;}
p.capitalize {text-transform:capitalize;}
</style>
</head>
<body>
<p class="uppercase">This is some text.</p>
<p class="lowercase">This is some text.</p>
<p class="capitalize">This is some text.</p>
</body>
```

文本转换属性是用来指定在一个文本中的大写和小写字母，可用于所有字句变成大写或小写字母，或每个单词的首字母大写。

【程序运行效果】 如图 7.47 所示，将 class 为 uppercase 的 p 元素的内容变为大写；将 class 为 lowercase 的 p 元素的内容变为小写；将 class 为 capitalize 的 p 元素的内容变为首字大写；

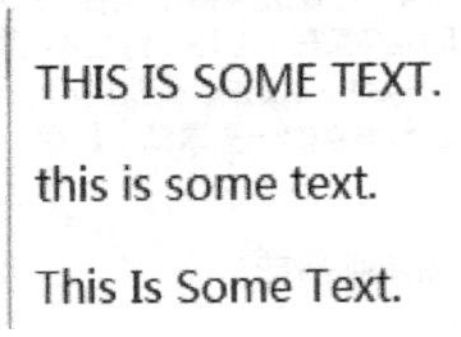

THIS IS SOME TEXT.

this is some text.

This Is Some Text.

图 7.47　例 7.39 运行效果

【例 7.40】 用 text-indent 设置文本缩进。

```
<style>
p {text-indent:50px;}
</style>
</head>
<body>
```

<p>In my younger and more vulnerable years my father gave me some advice that I've been turning over in my mind ever since. 'Whenever you feel like criticizing anyone,' he told me, 'just remember that all the people in this world haven't had the advantages that you've had.'</p>
</body>

文本缩进属性是用来指定文本第一行的缩进。

【程序运行效果】 如图7.48所示，将p元素文本缩进50px。

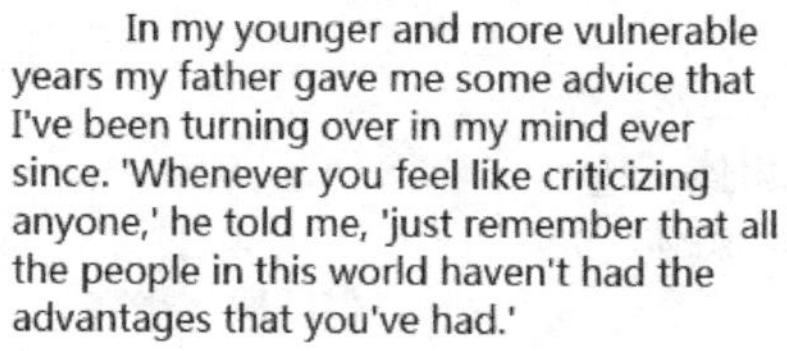

In my younger and more vulnerable
years my father gave me some advice that
I've been turning over in my mind ever
since. 'Whenever you feel like criticizing
anyone,' he told me, 'just remember that all
the people in this world haven't had the
advantages that you've had.'

图7.48 例7.40运行效果

【例7.41】 font-family 设置 CSS3 字体和字型。

```
<style>
p.serif{font-family:"Times New Roman",Times,serif;}
p.sansserif{font-family:Arial,Helvetica,sans-serif;}
</style>
</head>
<body>
<h1>CSS font-family</h1>
<p class="serif">这一段的字体是 Times New Roman </p>
<p class="sansserif">这一段的字体是 Arial.</p>
</body>
```

CSS3 字体属性定义字体、加粗、大小、文字样式。

在 CSS3 中，有以下两种类型的字体系列。

（1）通用字体系列：拥有相似外观的字体系统组合，如 Serif 或 Monospace。

（2）特定字体系列：一个特定的字体系列，如 Times 或 Courier。

字体系列及其说明如表7.11所示。

表7.11 字体系列及其说明

Generic family	字 体 系 列	说 明
Serif	Times New Roman Georgia	Serif 字体中，字符在行的末端拥有额外的装饰
Sans-serif	Arial Verdana	Sans 是指无-这些字体在末端没有额外的装饰
Monospace	Courier New Lucida Console	所有的等宽字符具有相同的宽度

font-family 属性设置文本的字体系列。font-family 属性应该设置几个字体名称作为一种"后备"机制，如果浏览器不支持第一种字体，它将尝试下一种字体。

注意：如果字体系列的名称超过一个字，它必须用引号，如 font-family："宋体"。多个字体系列是用一个逗号分隔指明。

【程序运行效果】 如图7.49所示，为p元素设置不同的字形和字体。

CSS font-family

这一段的字体是 Times New Roman

这一段的字体是 Arial.

图7.49 例7.41运行效果

【**程序 7.42**】 font-style 设置字体样式。

```
<style>
p.normal {font-style:normal;}
p.italic {font-style:italic;}
p.oblique {font-style:oblique;}
</style>
</head>
<body>
<p class="normal">这是一个段落,正常。</p>
<p class="italic">这是一个段落,斜体。</p>
<p class="oblique">这是一个段落,斜体。</p>
</body>
```

字体样式属性主要是用于指定斜体文字的字体样式。这个属性有以下 3 个值。

（1）正常：正常显示文本。

（2）斜体：以斜体字显示的文字。

（3）倾斜的文字：文字向一边倾斜（和斜体非常类似，但不太支持）。

【**程序运行效果**】 如图 7.50 所示，为 p 元素设置不同的字体样式。

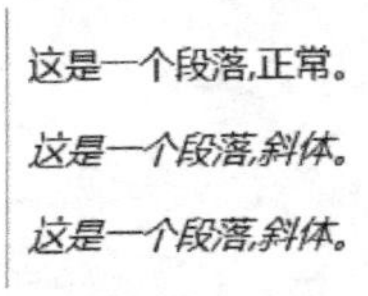

这是一个段落,正常。

这是一个段落,斜体。

这是一个段落,斜体。

图 7.50 例 7.42 运行效果

【**程序 7.43**】 用 font-size 设置字体大小。

```
<style>
h1 {font-size:40px;}
h2 {font-size:30px;}
p {font-size:14px;}
</style>
</head>
<body>
<h1>This is heading 1</h1>
<h2>This is heading 2</h2>
<p>This is a paragraph.</p>
</body>
```

font-size 属性设置文本的大小。能否管理文字的大小，在网页设计中是非常重要的。但是，不能通过调整字体大小使段落看上去像标题，或者使标题看上去像段落。请务必使用正确的 HTML5 标记，如 h1～h6 表示标题和 p 表示段落。字体值的大小可以是绝对或相对的大小。

1）绝对大小

➢ 设置一个指定大小的文本；

➢ 不允许用户在所有浏览器中改变文本大小；

➢ 确定了输出的物理尺寸时，绝对大小很有用。

2）相对大小

➢ 相对于周围的元素来设置大小；

➢ 允许用户在浏览器中改变文字大小。

💡 如果你不指定一个字体的大小，默认大小和普通文本段落一样，是16px（16px=1em）。

【程序运行效果】 本例通过 font-size 设置文字的大小与像素，可完全控制文字大小，如图7.51所示。

This is heading 1

This is heading 2

This is a paragraph.

图7.51 例7.43运行效果

上面的例子可以在 IE9、Firefox、Chrome、Opera 和 Safari 中通过缩放浏览器调整文本大小。虽然可以通过浏览器的缩放工具调整文本大小，但是这种调整是整个页面，而不仅仅是文本。

1）用 em 来设置字体大小

为了避免 IE 中无法调整文本的问题，许多开发者使用 em 代替 px。em 的尺寸单位由 W3C 建议。1em 和当前字体大小相等。在浏览器中，默认的文字大小是 16px。因此，1em 的默认大小是 16px。可以通过下面这个公式将 px 转换为 em：

$$px/16=em$$

```
<style>
h1 {font-size:2.5em;}        /*40px/16=2.5em*/
h2 {font-size:1.875em;}      /*30px/16=1.875em*/
p {font-size:0.875em;}       /*14px/16=0.875em*/
</style>
```

对于上面的例子，em 的文字大小是与前面的例子中像素一样。不过，如果使用 em 单位，则可以在所有浏览器中调整文本大小。不幸的是，仍然是 IE 浏览器的问题。调整文本的大小时，会比正常的尺寸更大或更小。

2）使用百分比和 em 组合

在所有浏览器的解决方案中，设置 body 元素的默认字体大小是用百分比表示的。

```
<style>
body {font-size:100%;}
h1 {font-size:2.5em;}
h2 {font-size:1.875em;}
p {font-size:0.875em;}
</style>
```

我们的代码非常有效。在所有浏览器中，可以显示相同的文本大小，并允许所有浏览器缩放文本的大小。

【例7.44】 用 text-shadow 给标题添加阴影。

```
<style>
h1
{
    text-shadow: 5px 5px 5px #FF0000;
}
```

```
</style>
</head>
<body>
<h1>Text-shadow effect!</h1>
</body>
```

对于 CSS3 文本效果，CSS3 中包含几个新的文本特征。其中，text-shadow 属性适用于文本阴影，它指定了水平阴影、垂直阴影、模糊距离及阴影的颜色。

【程序运行效果】 本例文本设置了水平距离为 5px、垂直距离为 5px、模糊距离为 5px、颜色为红色的阴影，如图 7.52 所示。

图 7.52　例 7.44 运行效果

【例 7.45】 可以在::before 和::after 两个伪元素中添加阴影效果。

```
<style>
#boxshadow {
    position: relative;
    -moz-box-shadow: 1px 2px 4px rgba(0, 0, 0,0.5);        /*浏览器兼容性设置*/
    -webkit-box-shadow: 1px 2px 4px rgba(0, 0, 0, .5);     /*浏览器兼容性设置*/
    box-shadow: 1px 2px 4px rgba(0, 0, 0, .5);             /*设置盒子阴影模式*/
    padding: 10px;
    background: white;
}
/*使图像自适应盒子*/
#boxshadow img {
    width: 100%;
    border: 1px solid #8A4419;
    border-style: inset;
}
#boxshadow::after {
    content: '';
    position: absolute;
    z-index: -1;                                           /*设置显示层次，在图片背后隐藏阴影*/
    -webkit-box-shadow: 0 15px 20px rgba(0, 0, 0, 0.3);    /*浏览器兼容性设置*/
    -moz-box-shadow: 0 15px 20px rgba(0, 0, 0, 0.3);       /*浏览器兼容性设置*/
    box-shadow: 0 15px 20px rgba(0, 0, 0, 0.3);            /*设置盒子阴影模式*/
    width: 70%;
    left: 15%; /*one half of the remaining 30%*/
    height: 100px;
    bottom: 0;
}
</style>
</head>
<body>
<div id="boxshadow">
    <img src="images/rock600x400.jpg" alt="Norway" width="600" height="400">
```

```
</div>
</body>
```

【程序运行效果】　如图 7.53 所示，设置 boxshadow 的盒子两个阴影效果。

图 7.53　例 7.45 运行效果

【例 7.46】　Text Overflow 属性设置文字溢出处理效果。

```
<style>
div.test
{
    white-space:nowrap;
    width:12em;
    overflow:hidden;
    border:1px solid #000000;
}
</style>
</head>
<body>
<div class="test" style="text-overflow:ellipsis;">This is some long text that will not fit in the box</div>
<div class="test" style="text-overflow:clip;">This is some long text that will not fit in the box</div>
<div class="test" style="text-overflow:'>>';">This is some long text that will not fit in the box</div>
</body>
```

【程序运行效果】如图 7.54 所示，CSS3 文本溢出属性指定应向用户如何显示溢出的内容。其中，设置为 ellipsis，表示当文字溢出时截断并用"…"代替多余的部分内容；设置为 clip，表示当文字溢出时截断，不显示多余内容；设置为自定义属性"»"，表示当文字溢出时截断并用"»"代替多余的部分内容，但是该属性只在 Firefox 浏览器下生效。

div 使用 "text-overflow:ellipsis"：

This is some long tex…

div 使用 "text-overflow:clip"：

This is some long text t

div 使用自定义字符串 "text-overflow: »"（只在 Firefox 浏览器下有效）：

This is some long text t

图 7.54　例 7.46 运行效果

【例 7.47】 允许长文本换行。

CSS3 中，自动换行属性允许强制文本换行，即这意味着分裂它中间的一个字，CSS3 代码如下：

```
<style>
p.test
{
    width:11em;
    border:1px solid #000000;
    word-wrap:break-word;
}
</style>
</head>
<body>
<p class="test"> This paragraph contains a very long word: thisisaveryveryveryveryveryverylongword. The long word will break and wrap to the next line.</p>
</body>
```

【程序运行效果】 如图 7.55 所示，超过 p 元素宽度的时候，实现文字的自动换行。

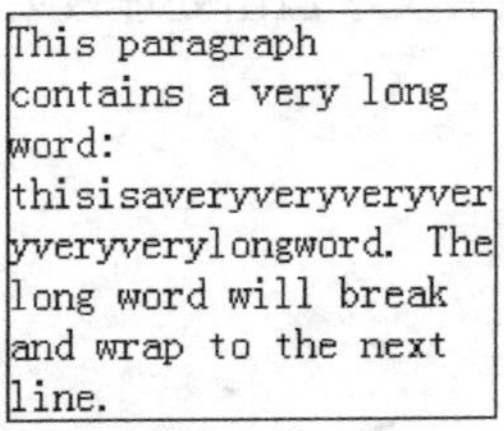

```
This paragraph
contains a very long
word:
thisisaveryveryveryver
yveryverylongword. The
long word will break
and wrap to the next
line.
```

图 7.55　例 7.47 运行效果

【例 7.48】 word-break 设置单词拆分换行。

```
<style>
p.test1
{
    width:9em;
    border:1px solid #000000;
    word-break:keep-all;
}
p.test2
{
    width:9em;
    border:1px solid #000000;
    word-break:break-all;
}
</style>
</head>
<body>
<p class="test1"> This paragraph contains some text. This line will-break-at-hyphenates.</p>
<p class="test2"> This paragraph contains some text: The lines will break at any character.</p>
```

【程序运行效果】 CSS3 单词拆分换行属性指定换行规则：word-break 表示单词在同一行，

换行不能截断单词；break-all 在任意位置换行，不用考虑边界是否正好遇到单词，如图 7.56 所示。

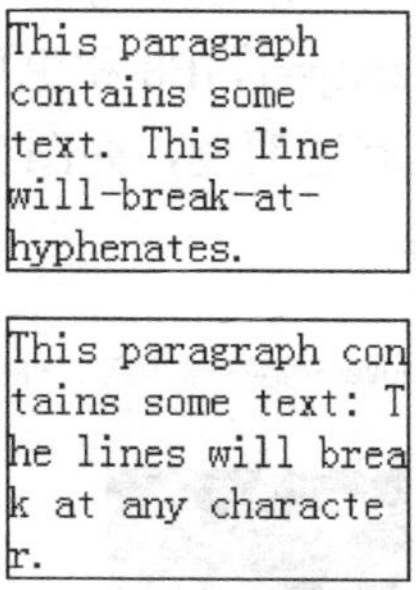

```
This paragraph
contains some
text. This line
will-break-at-
hyphenates.
```

```
This paragraph con
tains some text: T
he lines will brea
k at any characte
r.
```

图 7.56 例 7.48 运行效果

7.2.3 CSS3 图片样式

一个网页如果都是文字，时间长了会给浏览器带来枯燥的感觉，而一张恰如其分的图片，会给网页带来许多生趣，图片是直观、形象的，一张好的图片会给网页带来很高的点击率，在 CSS3 中，定义了很多属性来设置和美化图片。

【例 7.49】 图片的透明度——将鼠标移到图片上具有悬停效果。

```
<style>
img
{
    opacity:0.4;
    filter:alpha(opacity=40);              /*适用 IE8 及其更早版本*/
}
img:hover
{
    opacity:1.0;
    filter:alpha(opacity=100);             /*适用 IE8 及其更早版本*/
}
</style>
</head>
<body>
<h1>图片透明度</h1>
<p>opacity 属性通常与:hover 选择器一起使用，在鼠标移动到图片上后改变图片的透明度：</p>
<img src="images/img_flwr.gif" width="150" height="113" alt="img_flwr">
<img src="images/klematis.jpg" width="150" height="113" alt="klematis">
<p><b>注意:</b>在 IE 中必须声明 &lt;!DOCTYPE&gt; 才能保证 :hover 选择器能够有效。</p>
</body>
```

CSS3 图片透明/不透明：使用 CSS3 很容易创建透明的图片，CSS3 中 opacity 是透明度属性。首先，我们使用如下 CSS3 来创建一个透明图片：

```
img { opacity:0.4; filter:alpha(opacity=40);      /*IE8 及其更早版本*/ }
```

IE9、Firefox、Chrome、Opera 和 Safari 浏览器使用透明度属性可以将图片变得不透明。opacity 属性值从 0.0～1.0，值越小，使得元素更加透明。IE8 和早期版本使用滤镜:alpha（opacity=

x）。x 可以采取的值是从 0～100。较低的值会使得元素更加透明。

【程序运行效果】 本例中第一个 CSS3 块设置图片透明度为原始图片的 40%，因为用户希望当鼠标悬停在图片上时，图片是清晰的，所以使用 CSS3 增加了当用户将鼠标悬停在其中一个图片上时图片的透明度，重新设置 opacity=1，IE8 和更早版本使用"filter:alpha(opacity=100)"，当鼠标指针远离图片时，图片将重新具有透明度，如图 7.57 所示。

图片透明度

opacity 属性通常与 :hover 选择器一起使用，在鼠标移动到图片上后改变图片的透明度：

图 7.57 例 7.49 运行效果

【例 7.50】 CSS3 图片拼合技术。

图片拼合就是单个图片的集合。有许多图片的网页可能需要很长的时间来加载和生成多个服务器的请求。使用图片拼合会降低服务器的请求数量，并节省带宽。

1）图片拼合——简单实例

与其使用 3 个独立的图片，不如我们使用这种单个图片（img_navsprites.gif），如图 7.58 所示。

图 7.58 3 个独立的图片

有了 CSS3，我们可以只显示我们需要的图片的一部分。

在下面的例子中，CSS3 指定显示 img_navsprites.gif 的图像的一部分：

```
<style>
img.home {
    width: 46px;
    height: 44px;
    background: url(images/img_navsprites.gif) 0 0;
}
img.next {
    width: 43px;
    height: 44px;
    background: url(images/img_navsprites.gif) -91px 0;
}
</style>
</head>
<body>
```

```
<img class="home" src="images/img_trans.gif"><br><br>
<img class="next" src="images/img_trans.gif">
</body>
<img class="home" src="img_trans.gif" />
```

2）实例解析

【程序运行效果】 因为不能为空，src 属性只定义了一个小的透明图片，显示的图片将是我们在 CSS3 中指定的背景图片：宽度为 46px、高度为 44px。定义我们使用的那部分图片：background:url(img_navsprites.gif) 0。0 定义背景图片和它的位置（距左框边为 0px，距顶部为 0px），这是使用图片拼合最简单的方法，效果如图 7.59 所示。

图 7.59　例 7.50 运行效果

【例 7.51】 图片拼合——创建一个导航列表并做悬停效果。

```
<style>
#navlist{position:relative;}
#navlist li{margin:0;padding:0;list-style:none;position:absolute;top:0;}
#navlist li, #navlist a{height:44px;display:block;}
#home{left:0px;width:46px;}
#home{background:url('img_navsprites_hover.gif') 0 0;}
#home a:hover{background: url('img_navsprites_hover.gif') 0 -45px;}
#prev{left:63px;width:43px;}
#prev{background:url('img_navsprites_hover.gif') -47px 0;}
#prev a:hover{background: url('img_navsprites_hover.gif') -47px -45px;}
#next{left:129px;width:43px;}
#next{background:url('img_navsprites_hover.gif') -91px 0;}
#next a:hover{background: url('img_navsprites_hover.gif') -91px -45px;}
</style>
</head>
<body>
<ul id="navlist">
    <li id="home"><a href="default.asp"></a></li>
    <li id="prev"><a href="css_intro.asp"></a></li>
    <li id="next"><a href="css_syntax.asp"></a></li>
</ul>
</body>
```

我们想使用拼合图片(img_navsprites.gif)，以创建一个导航列表。使用一个 HTML5 列表，因为它可以链接，同时还支持背景图片。

（1）#navlist{position:relative;}——设置其位置为相对定位，让里面的元素为绝对定位。

（2）#navlist li{margin:0;padding:0;list：style:none;position:absolute;top:0;} —— margin 和

padding 属性设置为 0，列表样式被删除，所有列表项是绝对定位。

（3）#navlist li, #navlist a{height:44px;display:block;}——所有图片的高度是 44px。

（4）#home{left:0px;width:46px;}——定位到页面最左边的方式，以及图片的宽度是 46px。

（5）#home{background:url(img_navsprites.gif) 0 0;}——定义背景图片和它的位置（距页面左边为 0px，距页面顶部为 0px）。

（6）#prev{left:63px;width:43px;}——距页面右边为 63px（＃home 宽度为 46px+项目之间的一些多余的空间），宽度为 43px。

（7）#prev{background:url('img_navsprites.gif') -47px 0;}——定义背景图片距页面右边为 47px（＃home 宽度为 46px+分隔线的 1px）

（8）#next{left:129px;width:43px;}——距页面右边为 129px(#prev 63px + #prev 宽度为 43px + 剩余的空间)，图片的宽度是 43px.

（9）#next{background:url('img_navsprites.gif') no-repeat -91px 0;}——定义背景图片距页面右边为 91px（＃home 宽度为 46px+1px 的分割线+＃prev 宽度为 43px+1px 的分隔线）

现在，在导航列表中添加一个悬停效果。:hover 选择器用于实现鼠标悬停在元素上的显示效果。提示： :hover 选择器可以运用于所有元素。

新图像 img_navsprites_hover.gif 包含 3 个导航图片和 3 幅图片，如图 7.60 所示。

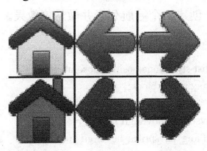

图 7.60　3 个导航图片和 3 幅图片

这是一个单一的图片，而不是 6 个单独的图片文件，当用户停留在图片上不会有延迟加载。我们添加悬停效果只添加三行程序代码：

```
#home a:hover{background: url('img_navsprites_hover.gif') 0 -45px;}
#prev a:hover{background: url('img_navsprites_hover.gif') -47px -45px;}
#next a:hover{background: url('img_navsprites_hover.gif') -91px -45px;}
```

✧ 由于该列表项包含一个链接，我们可以使用：hover 伪类；

✧ #home a:hover{background: transparent url(img_navsprites_hover.gif) 0 -45px;}——对于所有 3 个悬停图片，我们指定相同的背景位置，只是每个图片再向下移动了 45px。

【程序运行效果】本例运行效果如图 7.61 所示，

图 7.61　例 7.51 运行效果

【例 7.52】 综合案例：部署响应式图片相册。

步骤 1：使用 HTML5 标记在 div 元素中设置 4 个图片，包括图片链接和图片标题。

```
<body>
<h2 style="text-align:center">响应式图片相册</h2>
<div class="responsive">
  <div class="img">
    <a target="_blank" href="img_fjords.jpg">
      <img src="images/img_fjords.jpg" alt="Trolltunga Norway" width="300" height="200">
    </a>
    <div class="desc">Add a description of the image here</div>
  </div>
</div>
（此处省略其他 3 个图片部署内容）
</body>
```

步骤 2：使用 CSS3 的 style 标记来设置图片样式，具体查看代码的注释。

```
<style>
div.img {                                /*设置 class 名为 img 的 div 元素样式*/
    border: 1px solid #CCC;              /*设置边框为 1px、实心、颜色为#CCC*/
}
div.img:hover {                          /*设置 class 名为 img 的 div 元素鼠标悬停时候的属性*/
    border: 1px solid #777;              /*边框为 1px、实心、颜色为#777*/
}
div.img img {                            /*设置 class 名为 img 的 div 元素的图片属性*/
    width: 100%;                         /*宽度为 100%*/
    height: auto;                        /*高度为自动*/
}
div.desc {                               /*设置 class 名为 desc 的 div 元素属性*/
    padding: 15px;                       /*填充为 15px*/
    text-align: center;                  /*文字为居中对齐*/
}
* {                                      /*设置所有元素的属性*/
    box-sizing: border-box;              /*盒子模型按边距部署*/
}
.responsive {                            /*设置 class 名为 responsive 的元素的属性*/
    padding: 0 6px;                      /*填充为上、下边距 0，左、右边距为 6px*/
    float: left;                         /*左浮动*/
    width: 24.99999%;                    /*宽度为原有宽度的 24.99999%*/
}
@media only screen and (max-width: 700px){    /*设置当屏幕大小小于 700px 时，设置属性*/
    .responsive {                        /*设置 class 名为 responsive 的元素的属性*/
        width: 49.99999%;                /*宽度为原有宽度的 44.99999%*/
        margin: 6px 0;                   /*边距为上、下 6px，左、右为 0px */
    }
}
@media only screen and (max-width: 500px){    /*设置当屏幕大小小于 500px 时，设置属性*/
    .responsive {                        /*class 名为 responsive 的元素的属性*/
        width: 100%;                     /*宽度为原有宽度的 100%*/
```

```
        }
    }
    </style>
```

【程序运行效果】 如图 7.62 所示，调整页面的大小，可以实现图片的自适应变化。

图 7.62 例 7.52 运行效果

7.2.4 链接元素样式

不同的链接可以有不同的样式。链接的样式，可以用任何 CSS3 属性（如颜色、字体、背景等）来定义。特别的链接，可以有不同的样式，这取决于它们是什么状态。这 4 个链接状态是：

```
a:link {color:#000000;}          /*正常，未访问过的链接*/
a:visited {color:#00FF00;}       /*用户已访问过的链接*/
a:hover {color:#FF00FF;}         /*当用户鼠标放在链接上时*/
a:active {color:#0000FF;}        /*链接被单击的那一刻*/
```

【例 7.53】 链接样式设计。

```
</style>
</head>
<body>
<p><b><a href="/css/" target="_blank">这是一个链接</a></b></p>
<p><b>注意：</b>a:hover 必须在 a:link 和 a:visited 之后，要严格按顺序才能看到效果。</p>
<p><b>注意：</b>a:active 必须在 a:hover 之后。</p>
</body>
```

当设置为若干链路状态的样式，也有一些顺序规则：

➢ a:hover 必须跟在 a:link 和 a:visited 后面；
➢ a:active 必须跟在 a:hover 后面。

【程序运行效果】 如图 7.63 所示的是一个链接，读者通过不同的操作使得链接产生不同的效果。

这是一个链接

注意： a:hover 必须在 a:link 和 a:visited 之后，要严格按顺序才能看到效果。

注意： a:active 必须在 a:hover 之后。

图 7.63 例 7.53 运行效果

7.2.5 列表元素样式

在 HTML5 中，项目列表用来罗列显示一系列相关的文本信息，包括有序、无序和自定义列表，当引入 CSS3 后，就可以使用 CSS3 来美化项目列表了。在 HTML5 中，有两种类型的列表：无序列表——列表项标记用特殊图形（如小黑点、小方框等）；有序列表——列表项的标记有数字或字母。CSS3 列表属性作用是：设置不同的列表项标记为有序列表；设置不同的列表项标记为无序列表；设置列表项标记为图像。使用 CSS3，可以列出进一步的样式，并可用图像作为列表项标记。

CSS3 列表属性如表 7.12 所示。

表 7.12　CSS3 列表属性

属　　性	描　　述
list-style	简写属性。用于把所有用于列表的属性设置于一个声明中
list-style-image	将图像设置为列表项标志
list-style-position	设置列表项标志的位置
list-style-type	设置列表项标志的类型

【例 7.54】 list-style-type 属性指定列表项标记的类型。

```
<style>
ul.a {list-style-type:circle;}
ul.b {list-style-type:square;}
ol.c {list-style-type:upper-roman;}
ol.d {list-style-type:lower-alpha;}
</style>
</head>
<body>
<p>无序列表实例:</p>
<ul class="a">
  <li>Coffee</li>
  <li>Tea</li>
  <li>Coca Cola</li>
</ul>
<ul class="b">
  <li>Coffee</li>
  <li>Tea</li>
  <li>Coca Cola</li>
</ul>
<p>有序列表实例:</p>
<ol class="c">
  <li>Coffee</li>
  <li>Tea</li>
  <li>Coca Cola</li>
</ol>
<ol class="d">
  <li>Coffee</li>
  <li>Tea</li>
  <li>Coca Cola</li>
</ol>
</body>
```

一些值是无序列表，而有些值是有序列表。

【程序运行效果】 如图 7.64 所示，设置有序和无序列表后的样式效果。

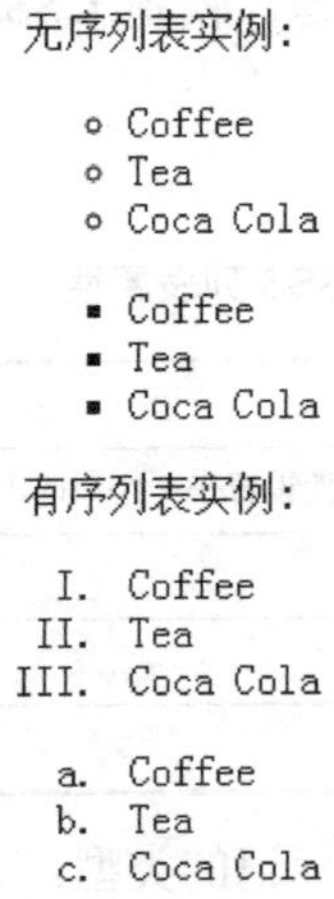

无序列表实例：

- Coffee
- Tea
- Coca Cola

- Coffee
- Tea
- Coca Cola

有序列表实例：

  I. Coffee
  II. Tea
III. Coca Cola

  a. Coffee
  b. Tea
  c. Coca Cola

图 7.64　例 7.54 运行效果

【例 7.55】 作为列表项标记的图像。

```
<style>
ul
{
    list-style-image:url('images/sqpurple.gif');
}
</style>
</head>
<body>
<ul>
<li>Coffee</li>
<li>Tea</li>
<li>Coca Cola</li>
</ul>
</body>属性
```

【程序运行效果】 如图 7.65 所示，指定列表项标记的图像要使用列表样式图像属性 list-style-image:url()。

- Coffee
- Tea
- Coca Cola

属性：

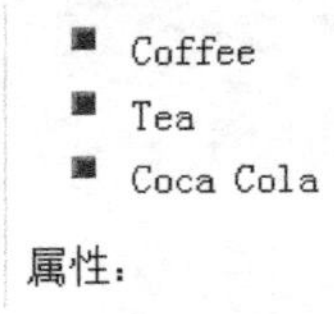

图 7.65　例 7.55 运行效果

上面的例子在所有浏览器中显示并不相同，IE 和 Opera 显示图像标记比 Firefox、Chrome 和 Safari 更高一点点。如果想在所有的浏览器放置同样的形象标志，就应使用浏览器兼容性解决方案。

同样在所有的浏览器，下面的例子会显示图像标记。

```
<style>
ul
{
    list-style-type:none;
    padding:0px;
    margin:0px;
}
ul li
{
    background-image:url(images/sqpurple.gif);
    background-repeat:no-repeat;
    background-position:0px 5px;
    padding-left:14px;
}
</style>
```

代码解释：

➢ ul：设置列表样式类型为没有删除列表项标记，设置填充宽度和边距均为 0px（浏览器兼容性）。

➢ ul 中所有 li：设置图像的 URL，并设置它只显示一次（无重复）。所需的定位图像位置（左边距为 0px 和上、下边距为 5px）要用 padding-left 属性把文本置于列表中。

【例 7.56】 列表缩写属性 list-style。

在单个属性中可以指定所有的列表属性。这就是所谓的缩写属性。

为列表使用缩写属性，列表样式属性设置如下：

```
<style>
ul {   list-style:square url("images/sqpurple.gif");}
</style>
```

使用缩写属性值的顺序是：list-style-type→list-style-position (有关说明请参见 CSS 属性表)→list-style-image，如果上述值丢失一个，其余仍按指定的顺序。

【程序运行效果】 本例把无序列表中的列表项标记设置为方块，并采用 images/sqpurple.gif 中的图片设置方块实心内容，如图 7.66 所示。

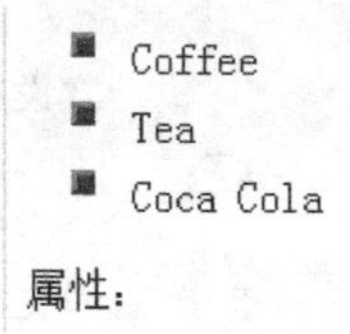

■ Coffee
■ Tea
■ Coca Cola

属性：

图 7.66　例 7.56 运行效果

7.2.6　表格元素样式

在传统的网页设计中，表格一直占有比较重要的地位，使用表格排版网页，可以使网页更美观、条理更清晰，更易于维护和更新表格。

【例 7.57】 综合案例：制作一个个性表格。

步骤 1：使用 HTML5 进行表格元素的部署：table 的 id 设置为 customers，在该表格中设计 Company、Contact 和 Country 的表头；再设置 10 条表格记录，隔行用 class 为 alt 来标记这个行记录。

```html
<table id="customers">
<tr>
  <th>Company</th>
  <th>Contact</th>
  <th>Country</th>
</tr>
<tr>
<td>Alfreds Futterkiste</td>
<td>Maria Anders</td>
<td>Germany</td>
</tr>
<tr class="alt">
<td>Berglunds snabbköp</td>
<td>Christina Berglund</td>
<td>Sweden</td>
</tr>
（其他行设置查看源代码）
</table>
```

步骤 2：设置表格的 CSS3 样式，具体说明查看代码中的注释。

```css
#customers                                              /*设置 id 为 customers 的 table 的样式*/
{
    font-family:"Trebuchet MS", Arial, Helvetica, sans-serif;   /*设置字体、字型*/
    width:100%;                                         /*设置宽度为 100%*/
    border-collapse:collapse;                           /*设置边距为折叠样式*/
}
#customers td, #customers th              /*设置 id 为 customers 的 table 下的 td 元素和 th 元素的样式*/
{
    font-size:1em;                                      /*设置字体大小*/
    border:1px solid #98BF21;                           /*设置边距为 1px、实心，颜色为#98BF21*/
    padding:3px 7px 2px 7px;                            /*设置填充上、右、下、左边距为 3px 7px 2px 7px*/
}
#customers th                                           /*设置 id 为 customers 的 table 下的 th 样式*/
{
    font-size:1.1em;                                    /*字体大小*/
    text-align:left;                                    /*文字为左对齐*/
    padding-top:5px;                                    /*顶部填充为 5px*/
    padding-bottom:4px;                                 /*底部对齐为 4px*/
    background-color:#A7C942;                           /*背景颜色为#A7C942*/
    color:#FFFFFF;                                      /*字体颜色为#FFFFFF*/
}
#customers tr.alt td        /*设置 id 为 customers 的 table 下子节点的 class 名为 alt 的 tr 元素，设置这些
                              tr 元素下 td 元素的样式*/
{
    color:#000000;                                      /*设置字体颜色为#000000*/
```

```
        background-color:#EAF2D3;                              /*设置背景颜色为#EAF2D3*/
}
```

【程序运行效果】 HTML5 与 CSS3 配合使用实现隔行显示的效果，如图 7.67 所示。

【例 7.58】 表格综合操作——制作课表。

结合表格和单元格的知识，创建一个课表，具体步骤如下。

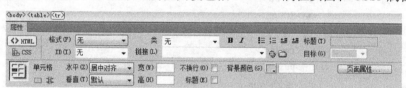

图 7.67 例 7.57 运行效果

1. 需求分析

首先建立一个表格，表格的一部分使用行间样式，另一部分使用 CSS3 设置表格样式。

2. 创建 HTML5 网页，实现 table 表格

表格绘制过程可以直接输入代码，也可以使用 Dreamweaver 的表格快捷操作，类似于在 Word 中编辑表格，在 Dreamweaver 菜单中选择"插入"→"表格"，在出现的对话框中指定表格的行数、列数、宽度和边框，即可在光标处创建一个空白表格。选择表格后，属性面板提供了表格的常用操作，如图 7.68 所示，属性面板包括 HTML5 属性页面和 CSS3 属性页面。

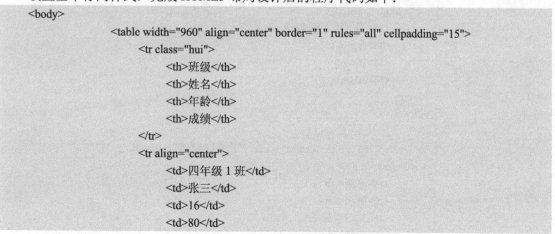

图 7.68 Dreamweaver 中设置属性值

设置基本行间样式，完成 HTML5 布局设计后的程序代码如下：

```
<body>
                <table width="960" align="center" border="1" rules="all" cellpadding="15">
                        <tr class="hui">
                                <th>班级</th>
                                <th>姓名</th>
                                <th>年龄</th>
                                <th>成绩</th>
                        </tr>
                        <tr align="center">
                                <td>四年级 1 班</td>
                                <td>张三</td>
                                <td>16</td>
                                <td>80</td>
```

```
        </tr>
        <tr bgcolor="#ccc" align="center">
            <td>四年级 1 班</td>
            <td>李四</td>
            <td>13</td>
            <td>90</td>
        </tr>
        <tr align="center">
            <td>四年级 1 班</td>
            <td>张三</td>
            <td>16</td>
            <td>80</td>
        </tr>
    </table>
    <br/>
    <table width="960" align="center" border="1" rules="all" cellpadding="15">
        <tr class="hui">
            <th>班级</th>
            <th>姓名</th>
            <th>年龄</th>
            <th>成绩</th>
        </tr>
        <tr align="center">
            <td>四年级 1 班</td>
            <td>张三</td>
            <td>16</td>
            <td>80</td>
        </tr>
        <tr align="center">
            <td>四年级 1 班</td>
            <td>李四</td>
            <td>13</td>
            <td bgcolor="#ccc"></td>
        </tr>
        <tr align="center">
            <td>四年级 1 班</td>
            <td>张三</td>
            <td>16</td>
            <td>80</td>
        </tr>
    </table>
    <br/>
    <table width="960" align="center" border="1" rules="all" cellpadding="15">
        <tr class="hui" >
            <th>班级</th>
            <th>姓名</th>
            <th>年龄</th>
            <th>成绩</th>
```

```
            </tr>
            <tr align="center">
                <td>四年级 1 班</td>
                <td>张三</td>
                <td>16</td>
                <td>80</td>
            </tr>
            <tr align="center">
                <td>四年级 1 班</td>
                <td>李四</td>
                <td>13</td>
                <td bgcolor="red"><font color="white">53</font></td>
            </tr>
            <tr align="center">
                <td>四年级 1 班</td>
                <td>张三</td>
                <td>16</td>
                <td>80</td>
            </tr>
        </table>
    </body>
```

【程序运行效果】　设置基本行间样式后运行效果如图 7.69 所示。

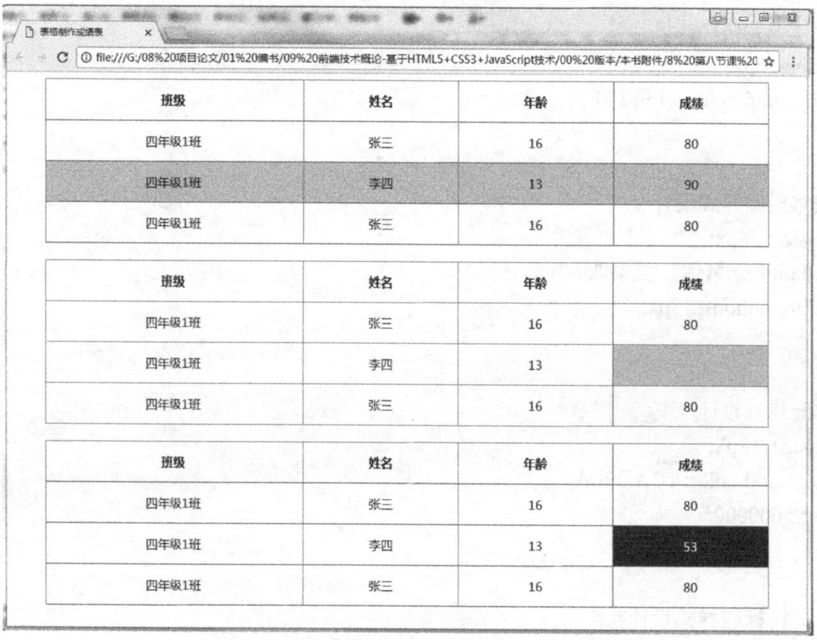

图 7.69　设置基本行间样式后运行效果

3. 设置表格和单元格的 CSS3 属性

选择表格后，可以使用 CSS3 代码或者选择属性面板 CSS3 属性页面进行样式设计，如图 7.70 所示。

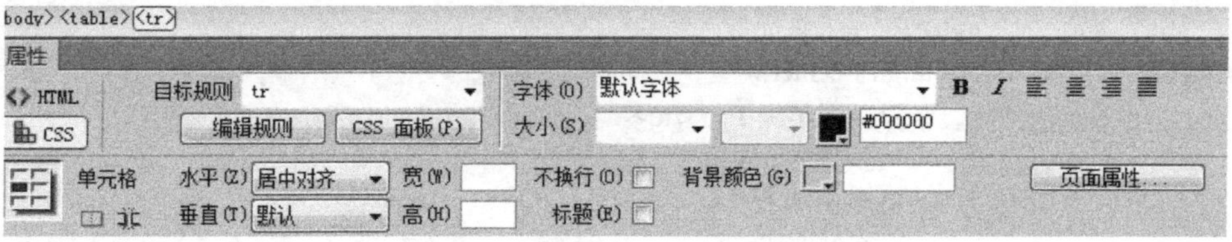

图 7.70　Dreamweaver 中设置 CSS3 属性

设置 CSS3 样式，完成 CSS3 样式设计的程序代码如下：

```
<style type="text/css">
<!--
table {
        /*表格样式设计*/
        width: 600px;
        margin-top: 0px;
        margin-right: auto;
        margin-bottom: 0px;
        margin-left: auto;
        text-align: center;
        background-color: #000000;
        font-size: 9pt;
}
td {
        /*主体单元格样式设计*/
        padding: 5px;
        background-color: #FFFFFF;
}
caption{
        /*表格标题样式设计*/
        font-size: 36px;
        font-family: "黑体", "宋体";
        padding-bottom: 15px;
}
tr{
        /*单元格行设计*/
        font-size: 13px;
        background-color: #CAD9EA;
        color: #000000;
}
th{
        /*单元格标题样式设计*/
        padding: 5px;
}
.hui td {
        /*设计有 class 为"hui"的 td 样式，即<tr class="hui">*/
        background-color: #f5fafe;
}
</style>
```

4. 通过 CSS3 代码设置鼠标悬浮变色的动态效果

```
tr:hover td {
    /*设计有 class 为 hui 的 td 鼠标悬浮样式，即<tr class="hui">*/
    background-color: #FF9900;
}
```

5. 在 chrome 浏览器中预览

【程序运行效果】如图 7.71 所示，当鼠标放到不同的行上面时，显示不同的颜色。

图 7.71　设置 CSS 属性后运行效果

7.3　CSS3 动画样式

通过前面的知识学习，相信读者已经体会到了 CSS3 的强大，除了前面介绍的功能外，CSS3 还可以实现元素的颜色渐变、过渡、平移及动画等功能。在 HTML5 中，新增加的绘图 canvas 元素时，会介绍如何使用上、下文对象绘制出渐变图形和进行图形变换（如平移、缩放和旋转图形）。实际上，CSS3 中新增加了一些属性，通过设置这些属性，也可以实现渐变、平移、缩放和旋转等效果。

7.3.1　2D 转换

转换是使元素改变形状、尺寸和位置的一种效果。通过 CSS3 转换，我们可以移动、比例化、翻转、旋转和拉伸元素效果，如图 7.72 所示。

图 7.72　转换效果

转换的效果是让某个元素改变形状、大小和位置。可以转换所使用的 2D 或 3D 元素。10、Firefox 和 Opera 支持 transform 属性。Chrome 和 Safari 要求是前缀 webkit-版本。

注意： IE9 要求是前缀 ms-版本。在本节将了解 2D 转换方法，如表 7.13 所示。为了节省篇幅，本例只写标准写法，浏览器兼容写法请查看源代码。

表 7.13　2D 转换方法

函　　数	描　　述
matrix(n,n,n,n,n,n)	定义 2D 转换，使用 6 个值的矩阵
translate(x,y)	定义 2D 转换，沿着 x 和 y 轴移动元素
translateX(n)	定义 2D 转换，沿着 x 轴移动元素
translateY(n)	定义 2D 转换，沿着 y 轴移动元素
scale(x,y)	定义 2D 缩放转换，改变元素的宽度和高度
scaleX(n)	定义 2D 缩放转换，改变元素的宽度
scaleY(n)	定义 2D 缩放转换，改变元素的高度
rotate($angle$)	定义 2D 旋转，在参数中规定角度
skew(x-angle,y-angle)	定义 2D 倾斜转换，沿着 x 和 y 轴
skewX($angle$)	定义 2D 倾斜转换，沿着 x 轴
skewY($angle$)	定义 2D 倾斜转换，沿着 y 轴

【例 7.59】 translate()方法

```
<style>
div
{
    width:100px;
    height:75px;
    background-color:red;
    border:1px solid black;
}
div#div2
{
    transform:translate(50px,100px);
    -ms-transform:translate(50px,100px); /* IE 9 */
    -webkit-transform:translate(50px,100px); /* Safari and Chrome */
}
</style>
</head>
<body>
<div>Hello. This is a DIV element.</div>
<div id="div2">Hello. This is a DIV element.</div>
</body>
```

translate()方法，根据 x 轴和 y 轴位置给定的参数，实现当前元素位置沿 x 轴和 y 轴方向的移动。

【程序运行效果】 本例中，translate 值（50px，100px）是从左边元素移动 50px，并从顶部移动 100px，如图 7.73 所示。

图 7.73　例 7.59 运行效果

【例 7.60】　rotate()方法。

```
<style>
div
{
    width:100px;
    height:75px;
    background-color:red;
    border:1px solid black;
}
div#div2
{
    transform:rotate(30deg);
}
</style>
</head>
<body>
<div>你好。这是一个 DIV　元素。</div>
<div id="div2">你好。这是一个 DIV　元素。</div>
```

rotate()方法可以使元素顺时针旋转一个给定度数。负值是允许的，这样表示元素是逆时针旋转。

【程序运行效果】　本例实现 rotate 值（30deg）元素顺时针旋转 30°，如图 7.74 所示。

图 7.74　例 7.60 运行效果

【例 7.61】 scale()方法。

```
<style>
div {
    margin: 150px;
    width: 200px;
    height: 100px;
    background-color: yellow;
    border: 1px solid black;
    border: 1px solid black;
    -ms-transform: scale(2,3); /* IE 9 */
    -webkit-transform: scale(2,3); /* Safari */
    transform: scale(2,3); /* 标准语法  */
}
</style>
</head>
<body>
<p>scale() 方法用于增加或缩小元素的大小。</p>
<div>
div 元素的宽度是原始大小的 2 倍，高度是原始大小的 3 倍。
</div>
</body>
```

scale()方法，该元素增加或减少的大小，取决于宽度（x 轴）和高度（y 轴）的参数。

【程序运行效果】 本例中，scale（2,3）转变宽度为原来大小的 2 倍，高度为原始大小的 3 倍。

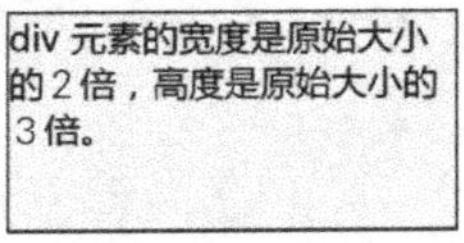

图 7.75 例 7.61 运行效果

【例 7.62】 skew()方法。

```
<style>
div
{
    width:100px;
    height:75px;
    background-color:red;
    border:1px solid black;
}
div#div2
{
    transform:skew(30deg,20deg);
}
</style>
</head>
<body>
<div>Hello. This is a DIV element.</div>
```

```
<div id="div2">Hello. This is a DIV element.</div>
</body>
```

skew()语法格式:

```
transform:skew(<angle> [,<angle>]);
```

它包含两个参数值,分别表示 x 轴和 y 轴倾斜的角度,如果第二个参数为空,则默认为 0,参数为负表示向相反方向倾斜。

"skewX(<angle>);" 表示只在 x 轴(水平方向)倾斜。

"skewY(<angle>);" 表示只在 y 轴(垂直方向)倾斜。

【程序运行效果】 本例中,skew(30deg,20deg)元素在 x 轴和 y 轴上分别倾斜 20°、30°。

图 7.76 例 7.62 运行效果

【例 7.63】 matrix()方法。

```
<style>
div
{
    width:100px;
    height:75px;
    background-color:red;
    border:1px solid black;
}
div#div2
{
    transform:matrix(0.866,0.5,-0.5,0.866,0,0);}
</style>
```

matrix()方法和 2D 转换方法可以合并。matrix()方法有 6 个参数,包含旋转、缩放、移动(平移)和倾斜功能。为了便于描述,我们把它写成"transform: matrix(a,b,c,d,e,f);"。它以下面描述的数学矩阵来操作当前的变换矩阵,如图 7.77 所示。

a	c	e
b	d	f
0	0	1

图 7.77 数学矩阵

transform 参数如表 7.14 所示。

表 7.14　transform 参数

参　　数	描　　述
a	水平缩放绘图
b	水平倾斜绘图
c	垂直倾斜绘图
d	垂直缩放绘图
e	水平移动绘图
f	垂直移动绘图

相比于平移和缩放，旋转相对来说要复杂点了，当然搞清楚了就没什么难的了。对于 transform：matrix（cosθ，-sinθ,sinθ,cosθ,0,0); 请看实例，原来的图像是个小方块，如图 7.78 所示。

图 7.78　小方块的原图

现在我们要让这个元素往顺时针方向旋转 45°（sin45°=0.707，cos45°=0.707），那么我们给 div 元素加样式如下：transform: matrix(0.707,0.707,–0.707,0.707,0,0);看下我们 div 元素现在的样子，如图 7.79 所示。

图 7.79　小方块旋转之后的图像

这个 div 元素是不是就按我们预期往顺时针方向转了 45°。接下来，把这个旋转放到数学里来看一下，我们把它写成数学里矩阵的形式：

$$\begin{bmatrix} \cos\theta & -\sin\theta & 0 \\ \sin\theta & \cos\theta & 0 \\ 0 & 0 & 1 \end{bmatrix} \cdot \begin{bmatrix} x \\ y \\ 1 \end{bmatrix} = \begin{bmatrix} x\cos\theta - y\sin\theta \\ x\sin\theta + y\cos\theta \\ 1 \end{bmatrix}$$

根据矩阵的计算公式，我们可以得到公式：

$$x'=x\cos\theta - y\sin\theta; \quad y'=x\sin\theta + y\cos\theta$$

现在，我们先把公式放在这里，我们来看一下图 7.80 中的这个正方形，我们可以知道 a、b、c、d 的坐标分别为 $A(0,1)$、$B(1,1)$、$C(1,0)$、$D(0,0)$，当我们让它旋转 45°之后，那此时的 cos45°和 sin45°都为 0.707，分别把 A、B、C、D 里的 x、y 代入上面的公式后，我们可以得到：

$A'(-0.707，0.707)$　　$B'(0，1.414)$　　$C'(0.707，0.707)$　　$D'(0，0)$

现在这个正方形就变成了图 7.80 中的样子，和我们写代码达到的效果是一样的。

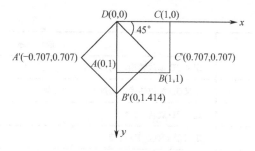

图 7.80　旋转角度示意图

结论： 我们要记住初始写法是这样的：transform：matrix（cosθ，-sinθ,sinθ,cosθ,0,0);然后要旋转多少度就计算出这个度数的 cosθ、sinθ 就可以达到我们想要的效果了。

【程序运行效果】　本例中，利用 matrix()方法旋转 div 元素 30°后的显示效果如图 7.81 所示。

图 7.81　例 7.63 运行效果

7.3.2　3D 转换

3D 是 3Dimensions 的简写，中文可称为三维、三个维度或者三个坐标，即有长、宽和高，CSS3 中新增了实现 3D 转换的属性和方法，允许读者使用 3D 转换来对元素进行格式化，在本节中，将学到其中的一些 3D 转换方法，如表 7.15 所示。

表 7.15　3D 转换方法

函　　数	描　　述
matrix3d($n,n,n,n,n,n,n,n,n,n,n,n,n,n,n,n$)	定义 3D 转换，使用 16 个值的 4×4 矩阵
translate3d(x,y,z)	定义 3D 转化
translateX(x)	定义 3D 转化，仅使用用于 x 轴的值
translateY(y)	定义 3D 转化，仅使用用于 y 轴的值
translateZ(z)	定义 3D 转化，仅使用用于 z 轴的值
scale3d(x,y,z)	定义 3D 缩放转换
scaleX(x)	定义 3D 缩放转换，通过给定一个 x 轴的值

函　　数	描　　述
scaleY(*y*)	定义 3D 缩放转换，通过给定一个 *y* 轴的值
scaleZ(*z*)	定义 3D 缩放转换，通过给定一个 *z* 轴的值
rotate3d(*x,y,z,angle*)	定义 3D 旋转
rotateX(*angle*)	定义沿 *x* 轴的 3D 旋转
rotateY(*angle*)	定义沿 *y* 轴的 3D 旋转
rotateZ(*angle*)	定义沿 *z* 轴的 3D 旋转
perspective(*n*)	定义 3D 转换元素的透视视图

【例 7.64】 rotateX() 方法。

```
<style>
div
{
    width:100px;
    height:75px;
    background-color:red;
    border:1px solid black;
}
div#div2
{
    transform:rotateX(120deg);
    -webkit-transform:rotateX(120deg); /* Safari and Chrome */
}
</style>
</head>
<body>
<div>Hello. This is a DIV element.</div>
<div id="div2">Hello. This is a DIV element.</div>
</body>
```

rotateX()方法可以使元素围绕在 *x* 轴旋转一个给定度数。

【程序运行效果】 如图 7.82 所示，rotateX(120deg)实现 div2 元素的 *x* 轴 120°的 3D 旋转。

图 7.82　例 7.64 运行效果

【例 7.65】 rotateY()方法。

```
<style>
div
{
    width:100px;
    height:75px;
    background-color:red;
    border:1px solid black;
}
div#div2
{
    transform:rotateY(130deg);
    -webkit-transform:rotateY(130deg); /* Safari and Chrome */
}
</style>
```

rotateY()方法可以使元素围绕 y 轴旋转一个给定度数。

【程序运行效果】 如图 7.83 所示，rotateY(130deg)实现 div2 元素的 y 轴 130°的 3D 旋转。

图 7.83　例 7.65 运行效果图

7.3.3　过渡

CSS3 中新增了过渡属性，使用这些属性可以在不使用 Flash 动画或者 JavaScript 脚本的情况下，当元素从一种样式转换为另一种样式时为元素添加效果。简单地说，过渡指元素从一种样式逐渐改变为另一种样式的效果，要实现这一点，必须指定两项内容：指定把效果添加到哪个 CSS3 属性上；指定效果的时长。例如，div{transition:width 2s; }应用于宽度属性的过渡效果，时长为 2s。如果未指定的期限，transition 将没有任何效果，因为默认值是 0。

【例 7.66】当鼠标指针悬浮(:hover)于 div 元素上时的过渡效果

```
<style>
div
{
    width:100px;
    height:100px;
    background:red;
    transition:width 2s;
}
div:hover
{
```

```
        width:300px;
    }
    </style>
    </head>
    <body>
    <div></div>
    <p>鼠标移动到 div 元素上，查看过渡效果。</p>
    </body>
```

【程序运行效果】 当鼠标光标移动到该元素上时，它逐渐改变它原有样式：宽度从原来的 100px 逐渐变为 300px，用时 2s，如图 7.84 所示。

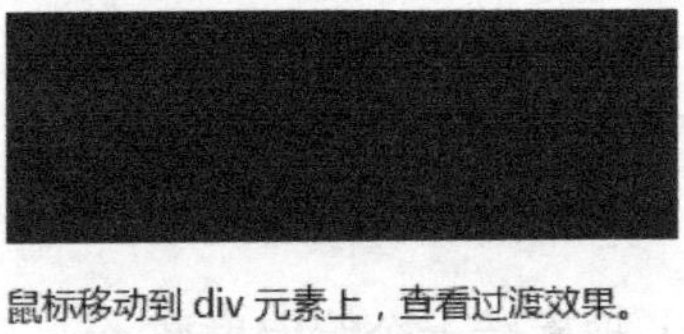

鼠标移动到 div 元素上，查看过渡效果。

图 7.84　例 7.66 运行效果

【例 7.67】 用 transition 添加了宽度、高度和转换效果。

```
<style>
div {
    width: 100px;
    height: 100px;
    background: red;
    transition: width 2s, height 2s, transform 2s;
}
div:hover {
    width: 200px;
    height: 200px;
    transform: rotate(180deg);
}
</style>
```

要添加多个样式的变换效果，添加的属性由逗号分隔。

【程序运行效果】 当鼠标光标移动到该元素上时，它逐渐改变它原有样式：宽度从原来的 100px 逐渐变为 200px；角度旋转 180°；分别用时 2s，如图 7.85 所示。

注意：该实例无法在 I

图 7.85　例 7.67 运行效果

【例 7.68】 使用所有过渡属性。

```
<style>
div
```

```
{
    width:100px;
    height:100px;
    background:red;
    transition-property:width;
    transition-duration:1s;
    transition-timing-function:linear;
    transition-delay:2s;
}
div:hover
{
    width:200px;
}
</style>
```

表 7.16 列出了所有的过渡属性：

表 7.16 过渡属性

属　　性	描　　述
transition	简写属性，用于在一个属性中设置 4 个过渡属性
transition-property	规定应用过渡的 CSS 属性的名称
transition-duration	定义过渡效果花费的时间，默认是 0
transition-timing-function	规定过渡效果的时间曲线，默认是 ease
transition-delay	规定过渡效果何时开始，默认是 0

【程序运行效果】 如图 7.86 所示，本例设置的过渡属性：宽度为 100px；过渡持续时间为 1s；过渡效果为线性时间效果；过渡延迟为 2s。

图 7.86 例 7.68 运行效果

【例 7.69】 使用了简写的 transition 属性。

```
<style>
div
{
    width:100px;
    height:100px;
    background:red;
    transition:width 1s linear 2s;
    /* Safari */
    -webkit-transition:width 1s linear 2s;
}
div:hover
{
    width:200px;
```

```
}
</style>
```

【程序运行效果】　如图 7.87 所示，与例 7.83 有相同的过渡效果，设置的过渡属性：宽度为 100px；过渡持续时间为 1s；过渡效果为线性时间效果；过渡延迟为 2s。

图 7.87　例 7.69 运行效果

7.3.4　动画

CSS3 中除了支持渐变、过渡和转换特效外，还可以实现动画效果，动画是让元素从一个样式逐渐转变到另外一个样式，CSS3 可以帮助我们创建动画，它可以取代许多网页动画图像、Flash 动画和 JavaScript 脚本实现的动画，本节使用案例的方式实现 CSS3 的动画效果。

【例 7.70】　把 myfirst 动画捆绑到 div 元素，时长为 5s。

```
<style>
div
{
    width:100px;
    height:100px;
    background:red;
    animation:myfirst 5s;
}

@keyframes myfirst
{
    from {background:red;}
    to {background:yellow;}
}

</style>
</head>
<body>
<p><b>注意：</b>该实例无法在 IE9 及更早 IE 版本上工作。</p>
<div>DIV 动画</div>
</body>
```

要创建 CSS3 动画，将不得不了解@keyframes 规则。@keyframes 规则是用来创建动画的。@keyframes 规则内指定一个 CSS3 样式和动画从目前的样式逐步更改为新的样式。

@keyframes myfirst { from {background: red;} to {background: yellow;} } @-webkit-keyframes myfirst /* Safari 与 Chrome */ { from {background: red;} to {background: yellow;} }

因为篇幅关系，本节只写一般浏览器的样式定义，其他浏览器方法请查看源代码。

当在@keyframes 创建动画，要把它绑定到一个选择器，否则动画不会有任何效果。指定至少这两个 CSS3 的动画属性绑定在一个选择器：规定动画的名称和规定动画的时长。

注意：必须定义动画的名称和动画的持续时间。如果省略持续时间，动画将无法运行，因为默认值是 0。

【程序运行效果】 如图 7.88 所示，本例使用@keyframes 定义名字为 myfirst 的动画，实现背景色从红色到黄色的改变，在 div 元素中设置 animation:myfirst 5s 使用 myfirst 的动画样式，延续时间为 5s。

图 7.88 例 7.70 运行效果

【例 7.71】 当动画为 25%及 50%时改变背景色，然后当动画为 100%完成时再次改变。

```
div
{
        width:100px;
        height:100px;
        background:red;
        animation:myfirst 5s;
}
@keyframes myfirst
{
        0%    {background:red;}
        25%   {background:yellow;}
        50%   {background:blue;}
        100% {background:green;}
}
```

动画是使元素从一种样式逐渐变化为另一种样式的效果。可以改变任意多的样式和任意多的次数。请用百分比来规定变化发生的时间，或用关键词"from"和"to"，等同于 0%和 100%。0%是动画的开始，100%是动画的完成。为了得到最佳的浏览器支持，应该始终定义 0%和 100%选择器。当动画完成时，会变回初始的样式。

【程序运行效果】 本例设置了 0%、25%、50%和 100%的动画样式，如图 7.89 所示。

图 7.89　例 7.71 运行效果

【例 7.72】　运行 myfirst 动画，设置所有的属性。

表 7.17 列出了所有动画属性。

表 7.17　动画属性

属　　　性	描　　　述
@keyframes	规定动画
animation	所有动画属性的简写属性，除了 animation-play-state 属性
animation-name	规定@keyframes 动画的名称
animation-duration	规定动画完成一个周期所花费的时间(单位为 s 或 ms)，默认是 0
animation-timing-function	规定动画的速度曲线，默认是 ease
animation-delay	规定动画何时开始，默认是 0
animation-iteration-count	规定动画被播放的次数，默认是 1
animation-direction	规定动画是否在下一周期逆向地播放，默认是 normal
animation-play-state	规定动画是否正在运行或暂停，默认是 running

```
div
{
    width:100px;
    height:100px;
    background:red;
    position:relative;
    animation-name:myfirst;
    animation-duration:5s;
    animation-timing-function:linear;
    animation-delay:2s;
    animation-iteration-count:infinite;
    animation-direction:alternate;
    animation-play-state:running;
}
```

```
@keyframes myfirst
{
    0%     {background:red; left:0px; top:0px;}
    25%    {background:yellow; left:200px; top:0px;}
    50%    {background:blue; left:200px; top:200px;}
    75%    {background:green; left:0px; top:200px;}
    100% {background:red; left:0px; top:0px;}
}
```

【程序运行效果】 如图 7.90 所示，本例设置动画名称为 myfirst；动画延续时间为 5s；动画为时间线性；动画播放次数为无限次；动画方向为周期逆向播放；动画处于正在运行的状态。

图 7.90　例 7.72 运行效果

【例 7.73】 简写的动画 animation 属性实现动画效果。

```
<style>
div
{
    width:100px;
    height:100px;
    background:red;
    position:relative;
    animation:myfirst 5s linear 2s infinite alternate;
}

@keyframes myfirst
{
    0%     {background:red; left:0px; top:0px;}
    25%    {background:yellow; left:200px; top:0px;}
    50%    {background:blue; left:200px; top:200px;}
    75%    {background:green; left:0px; top:200px;}
    100% {background:red; left:0px; top:0px;}
}
```

【程序运行效果】 如图 7.91 所示，本例与例 7.72 的动画效果相同，但是使用了简写的动画 animation 属性，设置动画名称为 myfirst；动画延续时间为 5s；动画为时间线性；动画播放次数为无限次；动画方向为周期逆向播放；动画处于正在运行的状态。

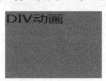

图 7.91　例 7.74 运行效果

技术提高篇

　　网页技术中的 HTML5 和 CSS3 共同实现了页面设计，但若要使页面呈现动态效果，则离不开脚本语言。脚本是批处理文件的延伸，是一种以纯文本方式保存的程序。JavaScript 是一种基于对象和事件驱动并具有相对安全性的客户端脚本语言，同时也是一种广泛应用于客户端 Web 开发的脚本语言，常用来给 HTML5 网页添加动态功能，如响应用户的各种操作。

　　本篇详细介绍 JavaScript 的基础知识、特点、应用和 HTML5 中新元素的交互作用，使用 JavaScript 可使网页变得生动起来。

第8章

JavaScript 知识

计算机脚本程序通常是确定的一系列控制计算机进行运算操作动作的组合，它可以实现一定的逻辑分支。JavaScript 是世界上最流行的脚本语言，本章主要详细介绍 JavaScript 的基础知识、优点及其应用。

8.1 认识 JavaScript

JavaScript 是客户端脚本语言，不同于服务器端脚本语言的是，JavaScript 是在用户的浏览器上运行的，不需要服务器支持就可以独立运行，所以在早期，程序员比较青睐于 JavaScript，因为它可以减少服务器的负担。

8.1.1 JavaScript 的特点

由于 JavaScript 是运行在客户端的，因此其安全性是程序员最担忧的问题，尽管如此，JavaScript 仍然以其跨平台、容易上手等优势大行其道。

JavaScript 的优点：

（1）JavaScript 属于 Web 语言，它适用于服务器、PC、笔记本电脑、平板电脑和智能手机等设备。

（2）JavaScript 是一种轻量级的编程语言。

（3）JavaScript 是可插入 HTML5 页面的编程代码。

（4）JavaScript 插入 HTML5 页面后，可由所有的现代浏览器执行。

（5）JavaScript 容易学习，几乎每个人都能将小的 JavaScript 片段添加到网页中。

（6）客户端脚本在客户端执行，减轻了服务器的负担。

JavaScript 是一种脚本语言，其源代码在发往客户端运行之前无须经过编译，而是将文本格式的字符代码发送给浏览器，由浏览器解释执行。这样的语言称为解释语言。解释语言也有着它们的弱点，其表现如下。

（1）安全性较差。

（2）如果一条 JavaScript 语句运行不了，那么其后续的语句也无法执行。

（3）每次重新加载都会重新解释，速度较慢。

8.1.2　JavaScript 的构成

一个完整的 JavaScript 实现由 3 个不同部分组成：核心（ECMAScript）、文档对象模型（Document Object Mode，DOM）、浏览器对象（Browser Object Modal，BOM）。

JavaScript 是一种程序语言，有着自己的变量、数据类型、语句、函数和对象，JavaScript 程序是由若干语句组成的，语句是编写程序的指令。

JavaScript 提供完整的基本编程语句，它们是赋值语句、switch 选择语句、while 循环语句、for 循环语句、foreach 循环语句、do-while 循环语句、break 循环终止语句、continue 循环中断语句、with 语句、try-catch 语句、if 语句（if-else、if-else-if）。

JavaScript 虽然是弱类型的程序设计语句，但其内置的对象能够处理不同类型的数据，其常见的数据类型有对象、数组、数、布尔逻辑、空值；而 JavaScript 可使用的数据处理有字符串处理、日期处理、数组处理、逻辑处理、算术处理等。

程序设计语言中通常都有运算符的使用，JavaScript 中的运算符与其他程序设计语言一样，有算术运算符、比较运算符、字符串连接符、逻辑运算符和三目运算符。

8.2　引入 JavaScript 方法

JavaScript 语句运行在客户端，要嵌入在 HTML5 中借助浏览器来执行。JavaScript 可以以语句的形式直接嵌入 HTML5 内容，也可以在 HTML5 中引用外部的 JavaScript 文件。HTML5 中的脚本必须位于"<script>"与"</script>"之间。脚本可被放置在 HTML5 页面的 body 和 head 标记部分中。

如要在 HTML5 中插入 JavaScript，请使用 script 标记。"<script>"和"</script>"分别表示 JavaScript 在何处开始和结束。"<script>"和"</script>"之间的程序代码行包含了 JavaScript，如下所示：

```
<script>
alert("我的第一个 JavaScript");
</script>
```

当前无须理解上面的代码，只要知道浏览器会解释并执行位于"<script>"和"</script>"之间的 JavaScript 代码即可。由于 HTML5 中的脚本语言不止一种，因此在 HTML5 以前的版本中的 script 使用"type="text/javascript""。该属性表示该 script 标记是 JavaScript 脚本语言。因为 JavaScript 是当前所有浏览器及 HTML5 中默认的脚本语言，所以当前该 type 属性可以省略。

【例 8.1】　body 标记中的 JavaScript。

```
<body>
<p>
```

JavaScript 能够直接写入 HTML 输出流中：
```
</p>
<script>
document.write("<h1>这是一个标题</h1>");
document.write("<p>这是一个段落。</p>");
</script>
<p>
您只能在 HTML 输出流中使用 <strong>document.write</strong>。
如果您在文档已加载后使用它（如在函数中），会覆盖整个文档。
</p>
</body>
```

【程序运行效果】 在本例中，JavaScript 会在页面加载时向 HTML5 的 body 标记写文本，如图 8.1 所示。

JavaScript 能够直接写入 HTML 输出流中：

这是一个标题

这是一个段落。

您只能在 HTML 输出流中使用 **document.write**。 如果您在文档已加载后使用它（如在函数中），会覆盖整个文档。

图 8.1　例 8.1 运行效果

上面例子中的 JavaScript 语句，会在页面加载时执行。通常，我们需要在某个事件发生时执行代码。例如，当用户单击按钮时，那么如果我们把 JavaScript 代码放入函数中，就可以在事件发生时调用该函数。

在通常情况下，可以在 HTML5 文档中放入不限数量的脚本。脚本可位于 body 或 head 标记部分中，或者同时存在于两个部分中。通常的做法是把函数放入 head 标记部分中，或者放在页面底部。这样就可以把它们安置到同一处位置，不会干扰页面的内容。

【例 8.2】 head 标记中的 JavaScript 函数。

```
<script>
function myFunction(){
        document.getElementById("demo").innerHTML="我的第一个 JavaScript 函数";
}
</script>
</head>
<body>
<h1>我的 Web 页面</h1>
<p id="demo">一个段落。</p>
<button type="button" onclick="myFunction()">单击这里</button>
</body>
或者在<body>中添加 JavaScript 函数
<body>
<h1>我的 Web 页面</h1>
<p id="demo">一个段落。</p>
<button type="button" onclick="myFunction()">单击这里</button>
<script>
function myFunction(){
document.getElementById("demo").innerHTML="我的第一个 JavaScript 函数";
```

```
}
</script>
</body>
```

【程序运行效果】 如图 8.2 所示，在本例中，我们把一个 JavaScript 函数放置到 HTML5 页面的 body 标记部分。该函数会在单击按钮时被调用。

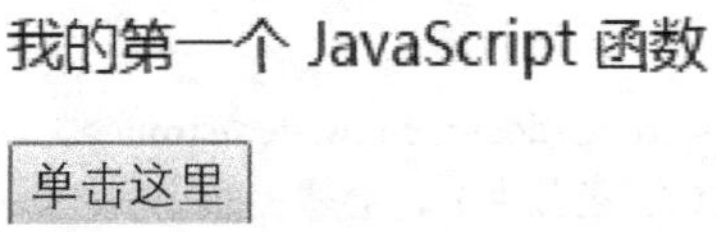

我的第一个 JavaScript 函数

单击这里

图 8.2 例 8.2 运行效果

【例 8.3】 外部的 JavaScript。

```
<body>
<h1>我的 Web 页面</h1>
<p id="demo">一个段落。</p>
<button type="button" onclick="myFunction()">单击这里</button>
<p><b>注释：</b>myFunction 保存在名为"myScript.js"的外部文件中。</p>
<script src="myScript.js"></script>
</body>
```

可以把脚本保存到外部文件中。外部文件通常包含被多个网页使用的代码。外部 JavaScript 文件的文件扩展名是.js。如要使用外部文件，请在 script 标记的 src 属性中设置该.js 文件，myScript.js 文件代码如下：

```
function myFunction(){
document.getElementById("demo").innerHTML="我的第一个 JavaScript 函数";
}
```

【程序运行效果】 如图 8.3 所示，与案例 8.2 的效果一致。

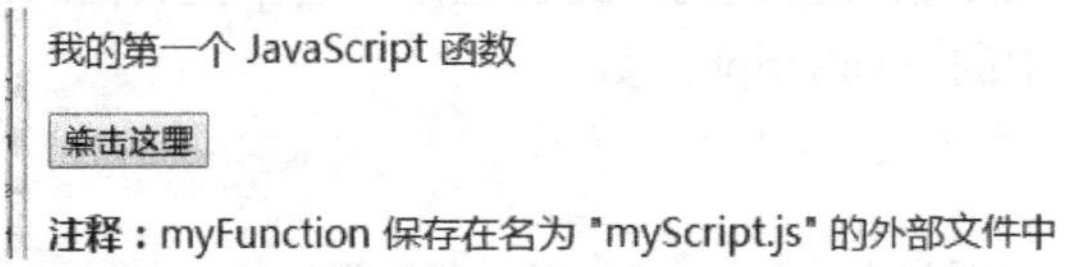

我的第一个 JavaScript 函数

单击这里

注释：myFunction 保存在名为 "myScript.js" 的外部文件中

图 8.3 例 8.3 运行效果

8.3 JavaScript 语句

程序都是由语句构成的，JavaScript 也一样，JavaScript 语句是发给浏览器的命令，这些命令的作用是告诉浏览器要做的事情。例如，"document.getElementById("demo").innerHTML = "你好 Dolly";"是一个输出方法，该语句是一条 JavaScript 输出语句，向"id="demo""的 HTML5 元素输出文本"你好 Dolly"。除了 8.1 节介绍的基本语句外，JavaScript 中有着可直接调用的对象和函数，用来实现特定的功能。

8.3.1 JavaScript 语句规则

JavaScript 语句有着自己的规则，有分号、大/小写字母、空格和换行等符号的使用规则，具体如下。

1. 分号

分号用于分隔 JavaScript 语句，通常我们在每条可执行的语句结尾添加分号，在 JavaScript 中，用分号来结束语句是可选的，也可能看到不带有分号的案例。使用分号的另一个用处是在一行中编写多条语句。因此分号和换行都可以作为 JavaScript 语句的结束。

```
a = 5;
b = 6;
c = a + b;
```

以上实例也可以这么写：

```
a = 5; b = 6; c = a + b;
```

2. JavaScript 对大/小写敏感

JavaScript 对大/小写是敏感的，因此在编写 JavaScript 语句时，应留意是否关闭了大/小写切换键。例如，getElementById()与 getElementbyID()是不同的；变量 myVariable 和 MyVariable 也是不同的。

3. 空格

JavaScript 会忽略多余的空格，通常可以向脚本中添加空格来提高其可读性。下面的两行代码是等效的：

```
var person="Hege";
var person = "Hege";
```

4. 对代码行进行折行

可以在文本字符串中使用反斜杠对代码行进行换行。下面的例子会正确地显示：

```
document.write("你好 \
世界!");
```

不过，您不能像这样拆行：

```
document.write \
("你好世界!");
```

5. JavaScript 代码块

JavaScript 可以分批地组合起来。代码块以左花括号开始，以右花括号结束。代码块的作用是一并地执行语句序列。改变 id 为"demo"和"myDIV"的元素值的程序代码如下：

```
function myFunction()
{ document.getElementById("demo").innerHTML="你好 Dolly";
document.getElementById("myDIV").innerHTML="你最近怎么样?"; }
```

6. 单引号和双引号

在 JavaScript 中，单引号和双引号没有特殊的区别，都可以用来创建字符串，但是一般情况下 JavaScript 使用单引号。在 JavaScript 中，单引号里面可以有双引号，双引号里面也可以有单引号。在特殊情况下，JavaScript 要使用转义符号"\"，例如，用（\'）表示（"），用（\'）表示（'），而在 HTML5 中则是用&quot。

7. JavaScript 语句标识符

JavaScript 语句通常以一个语句标识符开始，并执行该语句。语句标识符是保留关键字，不能作为变量名使用。

表 8.1 列出了 JavaScript 的语句标识符（关键字）。

表 8.1　Java Script 语句标识符（关键字）

语　句	描　述
break	用于跳出循环
catch	语句块，在 try 语句块执行出错时，执行 catch 语句块
continue	跳过循环中的一个迭代
do ... while	执行一个语句块，在条件语句为 true 时，继续执行该语句块
for	在条件语句为 true 时，可以将代码块执行指定的次数
for ... in	用于遍历数组或者对象的属性（对数组或者对象的属性进行循环操作）
function	定义一个函数
if ... else	用于基于不同的条件来执行不同的动作
return	退出函数
switch	用于基于不同的条件来执行不同的动作
throw	抛出（生成）错误
try	实现错误处理，与 catch 一同使用
var	声明一个变量
while	当条件语句为 true 时，执行语句块

提示： JavaScript 是脚本语言。浏览器会在读取代码时，逐行地执行脚本代码。而对于传统编程来说，会在执行前对所有代码进行编译。

8.3.2　JavaScript 输出

JavaScript 没有任何打印或者输出的函数。JavaScript 可以通过不同的方式来输出数据：

➢ 使用 window.alert()方法弹出警告框；

➢ 使用 document.write()方法将内容写到 HTML5 文档中；

➢ 使用 innerHTML 写入 HTML5 元素；

➢ 使用 console.log()方法写入浏览器的控制台。

【例 8.4】　使用 window.alert()方法弹出警告框来显示数据。

```
<script>
window.alert(5 + 6);
</script>
```

【程序运行效果】　在网页弹出窗显示的效果如图 8.4 所示。

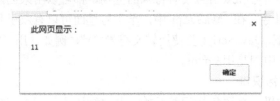

图 8.4　例 8.4 运行效果

【例 8.5】　操作 HTML5 元素。

如果从 JavaScript 访问某个 HTML5 元素，可以使用 document.getElementById(id)方法。请

使用 id 属性来标识元素，并用 innerHTML 来获取或插入元素内容，以上 JavaScript 语句（在 script 标记中）可以在 Web 浏览器中执行：document.getElementById("demo")是使用 id 属性来查找元素的 JavaScript 代码。"innerHTML="段落已修改。""是用于修改元素的内容（innerHTML）的 JavaScript 代码。

```
<body>
<h1>我的第一个 Web 页面</h1>
<p id="demo">我的第一个段落。</p>
<script>
document.getElementById("demo").innerHTML="段落已修改。";
</script>
</body>
```

【程序运行效果】 本例直接把 "id="demo"" 的 p 元素写到 HTML5 文档中，如图 8.5 所示。

段落已修改。

图 8.5 例 8.5 运行效果

【例 8.6】 document.write()方法。

```
<script>
document.write(Date());
</script>
```

【程序运行效果】 document.write()方法可以将 JavaScript 代码直接写到 HTML5 文档中，如图 8.6 所示。

我的第一个段落。

Thu Jun 22 2017 11:29:45 GMT+0800 (中国标准时间)

图 8.6 例 8.6 运行效果

【例 8.7】 覆盖整个 HTML5 页面。

```
<button onclick="myFunction()">点我</button>
<script>
function myFunction()
{
    document.write(Date());
}
</script>
```

使用 document.write() 方法向文档输出写内容。如果在文档已完成加载后执行 document.write()函数，整个 HTML5 页面将被覆盖。

【程序运行效果】 单击按钮，整个 HTML5 页面的内容只剩下了时间，如图 8.7 所示。

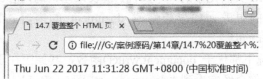

图 8.7 例 8.7 运行效果

【例 8.8】 写到控制台。

```
<script>
a = 5;
b = 6;
c = a + b;
console.log(c);
</script>
```

如果浏览器支持调试，可以使用 console.log()方法在浏览器中显示 JavaScript 值。浏览器中使用"F12"来启用调试模式，在调试窗口中单击"Console"菜单，可以查看控制台 console.log()函数的输出，控制台也可以直接使用 JavaScript 语法进行编程。

【程序运行效果】 本例运行效果如图 8.8 所示。

图 8.8 例 8.8 运行效果

console.log()函数主要会方便调试 JavaScript 语句，并可以看到你在页面中输出的内容。

consde.log() 函数相比 window.alert() 函数的优点是能看到结构化的东西。如果是 window.alert()函数，会弹出一个[object object]对象类型，但是 consde.log()函数能看到对象的内容。consde.log()函数不会打断你对页面的操作，如果用 window.alert()函数弹出内容，那么页面就死了，但是 consde.log()函数输出内容后，你的页面还可以正常操作。

consde.log()函数里面的内容非常丰富，你可以在控制台输入"console"，然后就可看到如图 8.9 所示的内容。

```
> console
< ▶ Object {debug: function, error: function, info: function, log: function, warn:
    function…}
> console.log("runoob")
  runoob
```

图 8.9 输入"console"后的内容

document.write()函数是直接写入页面的内容流，如果在写之前没有调用 document.open()函数，浏览器会自动调用 document.open()函数。每次写完关闭之后，重新调用 document.write()函数，会导致页面被重写。

innerHTML 则是 DOM 页面元素的一个属性，代表该元素的内容。innerHTML 可以实现精确到某一个具体的元素的更改。如果想修改 document 的内容，则需要修改"document.documentElement.innerElement"。

innerHTML 很多情况下都优于 document.write()函数，其原因在于其允许更精确地控制要刷新页面的哪一个部分。你会经常看到"document.getElementById("some id")"，这个方法是在 HTML DOM 中定义的。DOM(Document Object Model)（文档对象模型）是用于访问元素的正式 W3C 标准。

8.3.3　JavaScript 注释

JavaScript 注释可用于提高代码的可读性。JavaScript 不会执行注释。我们可以添加注释来对 JavaScript 语句进行解释，或者提高代码的可读性。

【例 8.9】　本例用单行和多行注释来解释代码。

```
<body>
<h1 id="myH1"></h1>
<p id="myP"></p>
<script>
/*
下面的这些代码会输出
一个标题和一个段落
并将代表主页的开始
*/
//输出标题：
document.getElementById("myH1").innerHTML="Welcome to my Homepage";
//输出段落：
document.getElementById("myP").innerHTML="This is my first paragraph.";
</script>
<p><b>注释：</b>注释块不会被执行。</p>
</body>
```

不是所有的 JavaScript 语句都是"命令"。单行注释以//开头。多行注释以/*开始，以*/结尾。这些注释的内容将会被浏览器忽略。

【程序运行效果】　如图 8.10 所示，只显示了没有注释的部分内容。

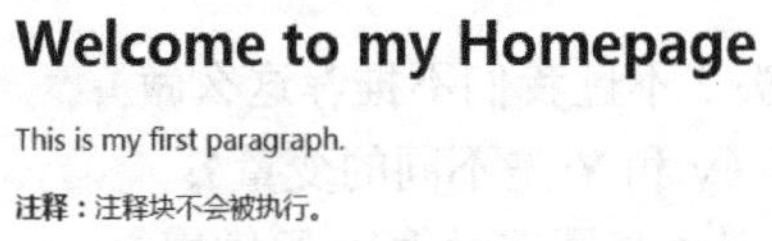

Welcome to my Homepage

This is my first paragraph.

注释：注释块不会被执行。

图 8.10　例 8.9 运行效果

注释的使用场合：

（1）使用注释来阻止执行。

在下面的代码段中，注释用于阻止其中一条代码行的执行（可用于调试）：

```
//document.getElementById("myH1").innerHTML="欢迎来到我的主页";
document.getElementById("myP").innerHTML="这是我的第一个段落。";
在下面的代码段中，注释用于阻止代码块的执行（可用于调试）：
/*
document.getElementById("myH1").innerHTML="欢迎来到我的主页";
document.getElementById("myP").innerHTML="这是我的第一个段落。";
*/
```

（2）在行末使用注释。

在下面的代码中，我们把注释放到代码行的结尾处：

```
var x=5;              //声明 x 并把 5 赋值给它
var y=x+2;            //声明 y 并把 x+2 赋值给它
```

8.4 JavaScript 变量

程序开发通常都有变量的使用，变量取代程序中的数据值，参与程序的执行，在程序开发的过程中，变量的使用使程序有了重用性和可移植性，几乎每一个函数都要有变量的参与。变量是用于存储信息的"容器"。

8.4.1 变量类型

【例 8.10】 简单变量。

```
<script>
var x=5;
var y=6;
var z=x+y;
document.write(x + "<br>");
document.write(y + "<br>");
document.write(z + "<br>");
</script>
```

就像代数那样，在"x=5; y=6; z=x+y"中，我们使用字母（如 x）来保存值（如 5）。通过上面的表达式 z=x+y，我们能够计算出 z 的值为 11。在 JavaScript 中，这些字母称为变量。可以把变量看成存储数据的"容器"。与代数一样，JavaScript 变量可用于存放值（如 x=5）和表达式（如 z=x+y）。变量可以使用短名称（如 x 和 y），也可以使用描述性更好的名称（如 age、sum、totalvolume）。

➤ 变量必须以字母开头；

➤ 变量也能以$和_符号开头（不过我们不推荐这么做）；

➤ 变量名称对大/小写敏感（y 和 Y 是不同的变量）；

➤ JavaScript 语句和 JavaScript 变量都对大/小写敏感。

【程序运行效果】 如图 8.11 所示，在页面显示 x/y/z 的取值。

```
5
6
11
```

图 8.11 案例 8.10 运行效果图

【例 8.11】 JavaScript 数据类型。

```
<script>
var pi=3.14;
var name="Bill Gates";
var answer='Yes I am!';
document.write(pi + "<br>");
document.write(name + "<br>");
document.write(answer + "<br>");
</script>
```

JavaScript 变量还能保存其他数据类型，如文本值(name="Bill Gates")。在 JavaScript 中，类似"Bill Gates"这样一条文本被称为字符串。JavaScript 变量有很多种类型，但是现在，我们只关注数字和字符串。当向变量分配文本值时，应该用双引号或单引号包围这个值。当向变量赋的值是数值时，不要使用引号。如果用引号包围数值，该值会被作为文本来处理。

【程序运行效果】 如图 8.12 所示，页面输出 pi、name 和 answer 的值。

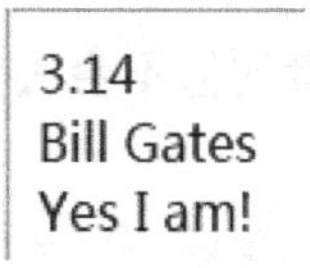

```
3.14
Bill Gates
Yes I am!
```

图 8.12　例 8.11 运行效果

【例 8.12】 声明（创建）JavaScript 变量。

```
<body>
<p>点击这里来创建变量，并显示结果。</p>
<button onclick="myFunction()">点击这里</button>
<p id="demo"></p>
<script>
function myFunction(){
    var carname="Volvo";
    document.getElementById("demo").innerHTML=carname;
}
</script>
</body>
```

在 JavaScript 中创建变量通常称为声明变量。我们使用 var 关键词来声明变量，即"var carname;"。变量声明之后，该变量是空的（它没有值）。如果向变量赋值，请使用等号"carname="Volvo";"。不过，也可以在声明变量时对其赋值，即"var carname="Volvo"; "。一个好的编程习惯是，在代码开始处，统一对需要的变量进行声明。

【程序运行效果】 本例中，我们创建了名为 carname 的变量，并向其赋值"Volvo"，然后把它放入 id="demo"的 HTML5 段落中，如图 8.13 所示。

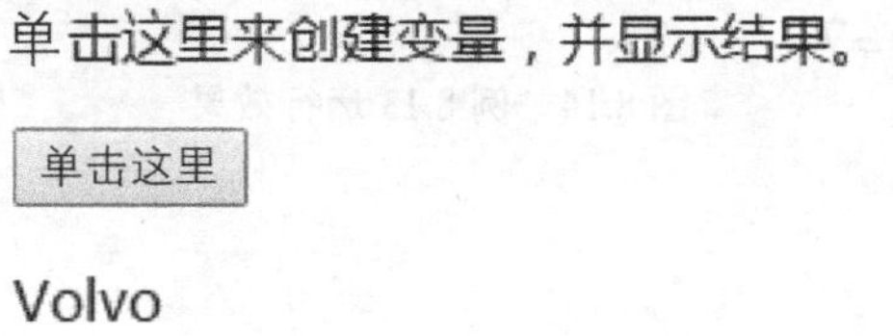

单击这里来创建变量，并显示结果。

单击这里

Volvo

图 8.13　案例 8.12 运行效果图

1）一条语句，多个变量

可以在一条语句中声明很多变量。该语句以 var 开头，并使用逗号分隔变量即可，其语法格式如下：

```
var lastname="Doe", age=30, job="carpenter";
```

声明也可横跨多行，其语法格式如下：

```
var lastname="Doe",
age=30,
```

```
job="carpenter";
```

2）Value = undefined

在计算机程序中，经常会声明无值的变量。未使用值来声明的变量，其值实际上是 undefined。在执行过以下语句后，变量 carname 的值将是 undefined。

```
var carname;
```

3）重新声明 JavaScript 变量

如果重新声明 JavaScript 变量，该变量的值不会丢失，在以下两条语句执行后，变量 carname 的值依然是"Volvo"。

```
var carname="Volvo";

var carname;
```

【例 8.13】 JavaScript 计算。

```
<body>
<p>假设 y=5，计算 x=y+2，并显示结果。</p>
<button onclick="myFunction()">单击这里</button>
<p id="demo"></p>
<script>
function myFunction(){
    var y=5;
    var x=y+2;
    var demoP=document.getElementById("demo")
    demoP.innerHTML="x=" + x;
}
</script>
</body>
```

可以通过 JavaScript 变量来做计算，使用的是"="和"+"这类运算符。

【程序运行效果】 如图 8.14 所示，计算后的结果 x=7。

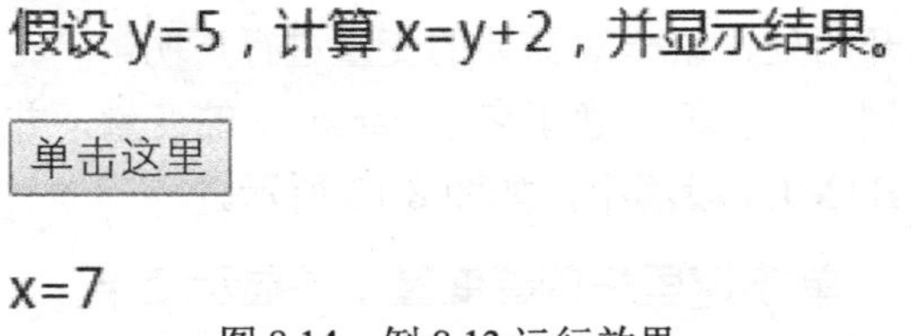

假设 y=5，计算 x=y+2，并显示结果。

单击这里

x=7

图 8.14　例 8.13 运行效果

8.4.2　变量作用域

1. 局部 JavaScript 变量

在 JavaScript 函数内部声明的变量（使用 var）是局部变量，所以只能在函数内部访问它（该变量的作用域是局部的）。

```
//此处不能调用 carname 变量 function myFunction() { var carname = "Volvo"; //函数内可调用 carname //变量 }
```

可以在不同的函数中使用名称相同的局部变量，因为只有声明过该变量的函数才能识别出该变量。只要函数运行完毕，本地变量就会被删除。

2. 全局 JavaScript 变量

```
var carname = " Volvo"; //此处可调用 carname 变量 function myFunction() { //函数内可调用 carname 变
```

//量 }

在函数外声明的变量是全局变量，网页上的所有脚本和函数都能访问它。如果变量在函数内没有声明（没有使用 var 关键字），则该变量为全局变量。以下实例中 carname 在函数内，但是为全局变量。

```
//此处可调用 carname 变量 function myFunction() { carname = "Volvo"; //此处可调用 carname 变量 }
```

3. JavaScript 变量的生存期

JavaScript 变量的生存期从它们被声明的时间开始。局部变量会在函数运行以后被删除。全局变量会在页面关闭后被删除。如果把值赋给尚未声明的变量，该变量将被自动作为全局变量声明，语句格式如下：

```
carname="Volvo";
```

这条语句将声明一个 carname 变量为全局变量，即使它在函数内执行。

8.5 JavaScript 数据类型

JavaScript 中有如下数据类型：字符串（String）、数字（Number）、布尔逻辑（Boolean）、数组（Array）、对象（Object）、空（Null）、未定义（Undefined）。JavaScript 拥有动态类型。这意味着相同的变量可用作不同的类型，例如：

```
var x;                        //x 为 undefined
var x = 5;                    //现在 x 为数字
var x = "John";               //现在 x 为字符串
```

当声明新变量时，可以使用关键词"new"来声明其类型：

```
var carname=new String;
var x=      new Number;
var y=      new Boolean;
var cars=   new Array;
var person= new Object;
```

JavaScript 变量均为对象。当声明一个变量时，就创建了一个新的对象。

【例 8.14】 JavaScript 字符串。

```
<script>
var carname1="Volvo XC60";
var carname2='Volvo XC60';
var answer1='It\'s alright';
var answer2="He is called \"Johnny\"";
var answer3='He is called "Johnny"';
document.write(carname1 + "<br>")
document.write(carname2 + "<br>")
document.write(answer1 + "<br>")
document.write(answer2 + "<br>")
document.write(answer3 + "<br>")
</script>
```

字符串是存储字符（如"Bill Gates"）的变量。字符串可以是引号中的任意文本，可以使用单引号或双引号，例如：

```
var carname="Volvo XC60";
```

```
var carname='Volvo XC60';
```

可以在字符串中使用引号，只要不匹配包围字符串的引号即可。

【程序运行效果】 输出引号内的字符类型，将特殊字符"\'"和"\""转换后输出，如图 8.15 所示。

```
Volvo XC60
Volvo XC60
It's alright
He is called "Johnny"
He is called "Johnny"
```

图 8.15　例 8.14 运行效果

【例 8.15】 JavaScript 数字。

```
<script>
var x1=34.00;
var x2=34;
var y=123e5;
var z=123e-5;
document.write(x1 + "<br>")
document.write(x2 + "<br>")
document.write(y + "<br>")
document.write(z + "<br>")
</script>
```

【程序运行效果】 JavaScript 只有一种数字类型。数字可以带小数点，也可以不带小数点，极大或极小的数字可以通过科学（指数）记数法来书写，如图 8.16 所示。

```
34
34
12300000
0.00123
```

图 8.16　例 8.15 运行效果

【例 8.16】 JavaScript 布尔逻辑。

```
<script>
var x=true;
var y=false;
document.write(x + "<br>")
document.write(y + "<br>")
</script>
```

布尔（逻辑）只能有两个值：true 或 false，布尔逻辑常用在条件测试中。

【程序运行效果】 输出布尔值显示效果，如图 8.17 所示。

```
true
false
```

图 8.17　例 8.16 运行效果

【例 8.17】 JavaScript 数组。

下面的代码创建名为 cars 的数组：

```
var cars=new Array();
cars[0]="Saab";
cars[1]="Volvo";
cars[2]="BMW";
```

或者直接使用如下语句创建数组：

```
var cars=new Array("Saab","Volvo","BMW");
```

数组下标是基于零的，所以第一个项目是 [0]，第二个是 [1]，以此类推。用 for 循环去除数组里的所有值：

```
for (i=0;i<cars.length;i++)
{
document.write(cars[i] + "<br>");
}
```

【程序运行效果】　本例运行效果如图 8.18 所示。

```
Saab
Volvo
BMW
```

图 8.18　例 8.17 运行效果

【例 8.18】　JavaScript 对象。

对象由花括号分隔。在括号内部，对象的属性以名称和值对的形式（name : value）来定义，属性由逗号分隔：

```
var person={firstname:"John", lastname:"Doe", id:5566};
```

上面例子中的对象（person）有 3 个属性：firstname、lastname 及 id。

空格和折行无关紧要，声明可横跨多行：

```
var person={
firstname : "John",
lastname   : "Doe",
id      : 5566
};
```

对象属性有两种寻址方式：

```
document.write(person.lastname + "<br>");
document.write(person["lastname"] + "<br>");
```

【程序运行效果】　两种方式获取对象的值结果显示，如图 8.19 所示。

```
Doe
Doe
```

图 8.19　例 8.18 运行效果

【例 8.19】　undefined 和 null。

```
<script>
var person;
var car="Volvo";
document.write(person + "<br>");
document.write(car + "<br>");
var car=null
```

```
document.write(car + "<br>");
</script>
```

在 JavaScript 中有两个特殊类型的值：null 和 undefined，说明如下。

null 是 uull 类型的值，uull 类型的值只有一个（null），它表示空值。当对象为空，或者变量没有引用任何值时，其返回值为 null；如果一个变量的值为 null，则表明它的值不是有效的对象、数组、数值、字符串和布尔型等。如果使用 typeof 运算符检测 null 值的类型，则返回 object，说明它是一种特殊的对象。

undefined 表示未定义的值，当变量未初始化时，会默认其值为 undefined。它区别于任何对象、数组、数值、字符串和布尔型等。使用 typeof 运算符检测 undefined 的类型，其返回值为 undefined。

【程序运行效果】 输出效果显示：undefined 这个值表示变量不含有值。可通过将变量的值设置为 null 来清空变量，如图 8.20 所示。

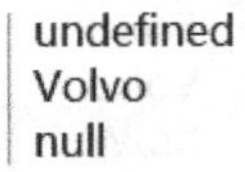

```
undefined
Volvo
null
```

图 8.20　例 8.19 运行效果

8.6　JavaScript 运算符

在 JavaScript 程序中，要完成各种各样的运算是离不开运算符的，它用于将一个或几个值进行运算，而得出所需要的结果值。JavaScript 提供了丰富的运算类型，包括算术运算符、关系运算符、逻辑运算符和连接运算等。

【例 8.20】 指定变量值，并将值相加。

```
<body>
function myFunction()
{
    y=5;
    z=2;
    x=y+z;
    document.getElementById("demo").innerHTML=x;
}
</script>
</body>
```

运算符"="用于给 JavaScript 变量赋值。算术运算符"+"用于把值加起来。

【程序运行效果】 在以上语句执行后，x 的值是 5+2，即为 7，如图 8.21 所示。

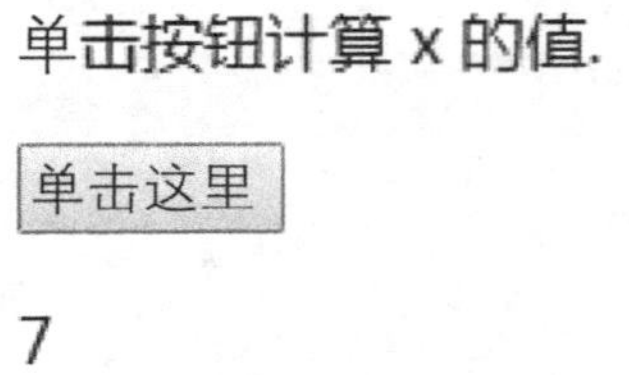

单击按钮计算 x 的值.

单击这里

7

图 8.21　例 8.20 运行效果

给定 x、y，表 8.2 解释了这些算术运算符。

表 8.2　算术运算符

运　算　符	描　　　述	例　　子	x 运算结果	y 运算结果
+	加法	x=y+2	7	5
−	减法	x=y−2	3	5
*	乘法	x=y*2	10	5
/	除法	x=y/2	2.5	5
%	取模（余数）	x=y%2	1	5
++	自增	x=++y	6	6
		x=y++	5	6
--	自减	x=--y	4	4
		x=y--	5	4

赋值运算符用于给 JavaScript 变量赋值。

给定 x=10 和 y=5，表 8.3 解释了赋值运算符。

表 8.3　赋值运算符

运　算　符	例　　子	等　同　于	运　算　结　果
=	x=y		x=5
+=	x+=y	x=x+y	x=15
−=	x−=y	x=x−y	x=5
*=	x*=y	x=x*y	x=50
/=	x/=y	x=x/y	x=2
%=	x%=y	x=x%y	x=0

【例 8.21】　如果把两个或多个字符串变量连接起来，可使用"+"运算符。

```
function myFunction()
{
    txt1="What a very ";
    txt2="nice day";
    txt3=txt1+txt2;
    document.getElementById("demo").innerHTML=txt3;
}
</script>
```

"+"运算符用于把文本值或字符串变量加起来（连接起来）。如果把两个或多个字符串变量连接起来，可使用"+"运算符。要想在两个字符串之间增加空格，就要把空格插入一个字符串之中，或者把空格插入表达式中：

```
txt3=txt1+" "+txt2;
```

【程序运行效果】　可以不断修改源代码得出想要的字符链接效果，如图 8.22 所示。

单击按钮创建及增加字符串变量。

单击这里

What a very nice day

图 8.22　例 8.21 运行效果

【例 8.22】 对字符串和数字进行加法运算。

```
function myFunction()
{
    var x=5+5;
    var y="5"+5;
    var z="Hello"+5;
    var demoP=document.getElementById("demo");
    demoP.innerHTML=x + "<br>" + y + "<br>" + z;
}
```

两个数字相加，返回数字相加的和；如果数字与字符串相加，则返回字符串。

【程序运行效果】 本例把数字与字符串相加，结果将成为字符串，如图 8.23 所示。

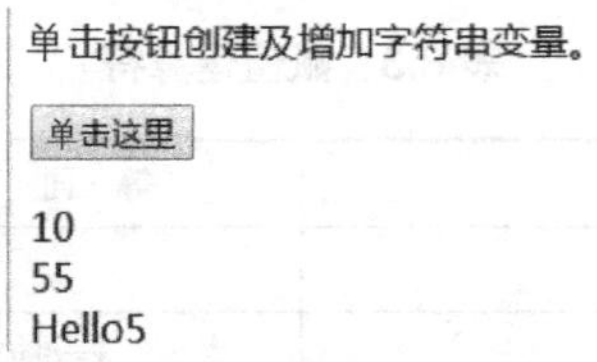

单击按钮创建及增加字符串变量。

单击这里

10
55
Hello5

图 8.23　例 8.22 运行效果

【例 8.23】 比较、逻辑和条件运算符。

比较和逻辑运算符用于测试 true 或者 false。

比较运算符在逻辑语句中使用，以测定变量或值是否相等。

给定 x=5，表 8.4 解释了比较运算符。

表 8.4　比较运算符

运　算　符	描　　　述	比　　　较	返　回　值
==	等于	x==8	false
		x==5	true
===	绝对等于（值和类型均相等）	x==="5"	false
		x===5	true
!=	不等于	x!=8	true
!==	不绝对等于（值和类型有一个不相等，或两个都不相等）	x!=="5"	true
		x!==5	false
>	大于	x>8	false
<	小于	x<8	true
>=	大于或等于	x>=8	false
<=	小于或等于	x<=8	true

可以在条件语句中使用比较运算符对值进行比较，然后根据结果来采取行动：

```
if (age<18) x="Too young";
```

逻辑运算符用于测定变量或值之间的逻辑。

给定 x=6 和 y=3，表 8.5 解释了逻辑运算符。

表 8.5　逻辑运算符

运　算　符	描　　述	例　　子
&&	and	(x < 10 && y > 1)为 true
||	or	(x==5 || y==5)为 false
!	not	!(x==y)为 true

JavaScript 还包含了基于某些条件对变量进行赋值的条件运算符。

条件运算符语法格式：

```
variablename=(condition)?value1:value2
```

（1）设置检测年龄的页面显示布局结构，当单击按钮时，触发 myFunction()函数：

```
<body>
<p>单击按钮检测年龄。</p>
年龄:<input id="age" value="18" />
<p>是否达到投票年龄?</p>
<button onclick="myFunction()">单击按钮</button>
<p id="demo"></p>
<script>
```

（2）myFunction()函数实现年龄输入框值，得出逻辑判断：

```
function myFunction()
{
    var age,voteable;
    age=document.getElementById("age").value;
    voteable=(age<18)?"年龄太小":"年龄已达到";
    document.getElementById("demo").innerHTML=voteable;
}
</script>
</body>
```

【程序运行效果】 如果变量 age 中的值小于 18，则向变量 voteable 赋值"年龄太小"，否则赋值"年龄已达到"，如图 8.24 所示。

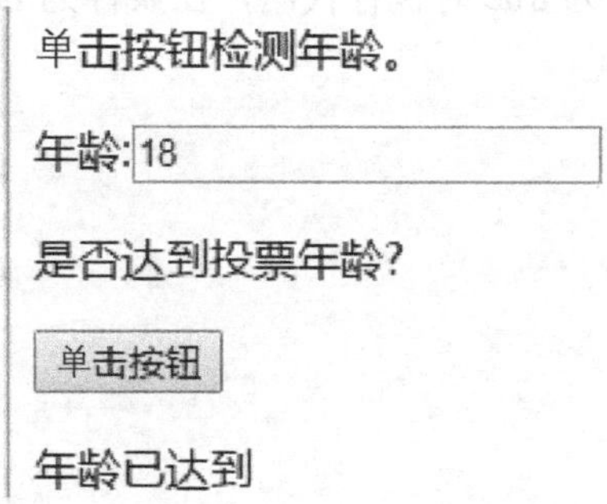

单击按钮检测年龄。

年龄:18

是否达到投票年龄?

单击按钮

年龄已达到

图 8.24　例 8.23 运行效果

8.7 JavaScript 语句类型

JavaScript 编程中，对程序流程的控制主要是通过条件判断、循环控制语句及 continue、break 来完成的，其中条件判断按预先设定的条件执行程序，包括 if 语句和 switch 语句；而循环控制语句则可以重复完成任务，包括 while 语句、do-while 语句及 for 语句。

8.7.1 条件判断语句

条件判断语句就是对语句中不同条件的值进行判断，根据不同的条件来执行不同的动作。通常在写代码时，总是需要为不同的决定来执行不同的动作，这时可以在代码中使用条件语句来完成该任务。在 JavaScript 中，我们可使用以下条件语句。

（1）if 语句：只有当指定条件为 true 时，使用该语句来执行代码。

（2）if-else 语句：当条件为 true 时执行代码，当条件为 false 时执行其他代码。

（3）if-else if-else 语句：使用该语句来选择多个代码块之一来执行。

（4）switch 语句：使用该语句来选择多个代码块之一来执行。

1. if 语句

【例 8.24】 当时间小于 20:00 时，生成问候语"Good day"。

```
if (time<20) { x="Good day"; }
```

只有当指定条件为 true 时，if 语句才会执行代码。

if 语句的语法格式：

```
if (condition)
{
    当条件为 true 时执行的代码
}
```

注意：在这个语法格式中没有 else，这是因为已经告诉浏览器只有在指定条件为 true 时才执行代码。请使用小写的 if，使用大写字母（IF）会生成 JavaScript 错误！

程序运行的结果是：

```
Good day
```

【例 8.25】 当时间小于 20:00 时，生成问候语"Good day"，否则生成问候语"Good evening"。

```
if (time<20) { x="Good day"; } else { x="Good evening"; }
```

请使用 if-else 语句，在条件为 true 时执行代码，在条件为 false 时执行其他代码。

if-else 语句的语法格式：

```
if (condition)
{
    当条件为 true 时执行的代码
}
else
{
    当条件不为 true 时执行的代码
}
```

程序运行的结果是：

Good day

【例 8.26】 如果时间小于 10:00，则生成问候语"早上好"，如果时间大于 10:00 且小于 20:00，则生成问候语"今天好"，否则生成问候语"晚上好"。

```
if (time<10) { document.write("<b>早上好</b>"); } else if (time>=10 && time<16) { document.write("<b>今天好</b>"); } else { document.write("<b>晚上好!</b>"); }
```

使用 if-else if-else 语句来选择多个代码块之一来执行。

if-else if-else 语句的语法格式：

```
if (condition1)
{
    当条件 1 为 true 时执行的代码
}
else if (condition2)
{
    当条件 2 为 true 时执行的代码
}
else
{
    当条件 1 和条件 2 都不为 true 时执行的代码
}
```

程序运行的结果是：

早上好

2. switch 语句

switch 语句用于基于不同的条件来执行不同的动作。可使用 switch 语句来选择要执行的多个代码块之一。

switch 语句的语法格式：

```
switch(n) { case 1: 执行代码块 1 break; case 2: 执行代码块 2 break; default: 与 case 1 和 case 2 不同时执行的代码 }
```

工作原理：首先设置表达式 n（通常是一个变量）。随后表达式的值会与结构中的每个 case 的值做比较。如果存在匹配，则与该 case 关联的代码块会被执行。请使用 break 来阻止代码自动地向下一个 case 运行。

【例 8.27】 显示今天的星期名称。

```
var d=new Date().getDay(); switch (d) { case 0:x="今天是星期日"; break; case 1:x="今天是星期一"; break; case 2:x="今天是星期二"; break; case 3:x="今天是星期三"; break; case 4:x="今天是星期四"; break; case 5:x="今天是星期五"; break; case 6:x="今天是星期六"; break; }
```

请注意 Sunday=0, Monday=1, Tuesday=2，等，如果今天是星期二，则程序的运行结果是：

今天是星期二

【例 8.28】 如果今天不是星期六或星期日，则会输出默认的消息。

```
var d=new Date().getDay(); switch (d) { case 6:x="今天是星期六"; break; case 0:x="今天是星期日"; break; default: x="期待周末"; } document.getElementById("demo").innerHTML=x;
```

请使用 default 关键词来规定匹配不存在时做的事情。

如果今天不是星期六或星期日，程序的运行结果为：

期待周末

8.7.2　循环语句

循环语句可以指定代码块执行的次数。如果希望一遍又一遍地运行相同的代码，并且每次的值都不同，那么使用循环语句是很方便的。循环语句主要包括 while 循环语句、do-while 循环语句和 for 循环语句。

1. for 循环语句

for 循环语句是在希望创建循环时常会用到的语句。

for 循环语句的语法格式如下：

```
for (语句 1; 语句 2; 语句 3)
{
    被执行的代码块
}
语句 1 （代码块）开始前执行
语句 2 定义运行循环（代码块）的条件
语句 3 在循环（代码块）已被执行之后执行
```

【例 8.29】 用 for 循环语句计算数值。

```
for (var i=0; i<5; i++) { x=x + "该数字为 " + i + "<br>"; }
```

从上面的例子中，可以看到：

Statement 1 在循环开始之前设置变量（var i=0）。

Statement 2 定义循环运行的条件（i 必须小于 5）。

Statement 3 在每次代码块已被执行后增加 1（i++）。

【程序运行效果】 数值部分逐条加 1，如图 8.25 所示。

```
该数字为 0
该数字为 1
该数字为 2
该数字为 3
该数字为 4
```

图 8.25　例 8.29 运行效果

【例 8.30】 使用 for 循环语句输出数组的值。

一般写法如下：

```
document.write(cars[0] + "<br>"); document.write(cars[1] + "<br>");
document.write(cars[2] + "<br>"); document.write(cars[3] + "<br>");
document.write(cars[4] + "<br>"); document.write(cars[5] + "<br>");
```

使用 for 循环语句：

```
for (var i=0;i<cars.length;i++) { document.write(cars[i] + "<br>"); }
```

【程序运行效果】 用 for 循环语句的方式和用一般写法获得的效果是一样的，但是代码简洁多了，如图 8.26 所示。

```
BMW
Volvo
Saab
Ford
```

图 8.26　例 8.30 运行效果

同时，还可以省略语句 1（如在循环开始前已经设置了值时）：

```
var i=2,len=cars.length; for (; i<len; i++) { document.write(cars[i] + "<br>"); }
```

通常语句 2 用于评估初始变量的条件。语句 2 同样是可选的。如果语句 2 返回 true，则循环再次开始；如果返回 false，则循环将结束。

如果省略了语句 2，那么必须在循环内提供 break。否则循环就无法停下来。这样有可能令浏览器崩溃。

通常语句 3 会增加初始变量的值。语句 3 也是可选的，并有多种用法。增量可以是负数(i--)，或者更大(i=i+15)。

语句 3 也可以省略（如当循环内部有相应的代码时）：

```
var i=0,len=cars.length; for (; i<len; ) { document.write(cars[i] + "<br>"); i++; }
```

【例 8.31】 for/in 循环语句。

```
var person={fname:"John",lname:"Doe",age:25}; for (x in person) //x 为属性名 { txt=txt + person[x]; }
```

JavaScript 中的 for/in 循环语句遍历对象的属性。

【程序运行效果】 本例运行效果如图 8.27 所示。

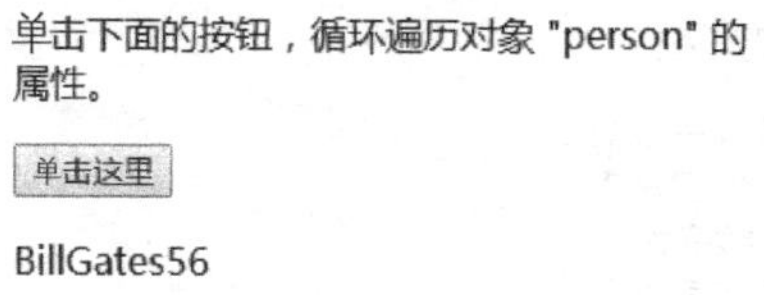

图 8.27　例 8.31 运行效果

2. while 循环语句

只要指定条件为 true，while 循环语句就可以一直执行代码块。while 循环语句会在指定条件为真时循环执行代码块。

while 循环语句的语法格式如下：

```
while (条件)
{
    需要执行的代码
}
```

【例 8.32】 只要变量 i 小于 5，循环将继续运行。

```
while (i<5) { x=x + "The number is " + i + "<br>"; i++; }
```

【程序运行效果】 本例运行效果如图 8.28 所示。注意，如果忘记增加条件中所用变量的值，该循环永远不会结束，这可能导致浏览器崩溃。

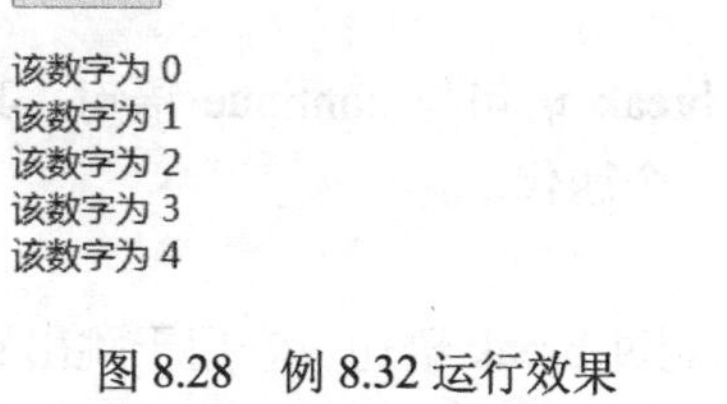

图 8.28　例 8.32 运行效果

【例 8.33】 本例使用 do-while 循环语句。该循环至少会执行一次，即使条件为 false 它也会执行一次，因为代码块会在条件被测试前执行。

```
do { x=x + "The number is " + i + "<br>"; i++; } while (i<5);
```

do-while 循环语句是 while 循环语句的变体。该循环语句会在检查条件是否为真之前执行一次代码块，然后如果条件为真的话，就会重复这个循环。

do-while 循环语句的语法格式如下：

```
do
{
    需要执行的代码
}
while (条件);
```

别忘记增加条件中所用变量的值，否则循环永远不会结束！

【程序运行效果】 本例运行效果如图 8.29 所示。

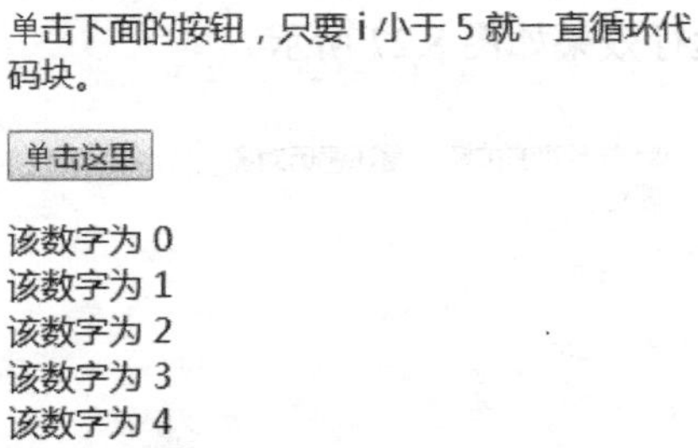

单击下面的按钮，只要 i 小于 5 就一直循环代码块。

单击这里

该数字为 0
该数字为 1
该数字为 2
该数字为 3
该数字为 4

图 8.29 例 8.33 运行效果

【例 8.34】 for 循环语句和 while 循环语句转换。

```
cars=["BMW","Volvo","Saab","Ford"]; var i=0; for (;cars[i];) { document.write(cars[i] + "<br>"); i++; }
```

如果已经学会了前面关于 for 循环语句的内容，就会发现 while 循环语句与 for 循环语句很像。本例中的循环使用 for 循环语句来显示 cars 数组中的所有值：

```
cars=["BMW","Volvo","Saab","Ford"]; var i=0; while (cars[i]) { document.write(cars[i] + "<br>"); i++; }
```

【程序运行效果】 本例运行效果如图 8.30 所示。

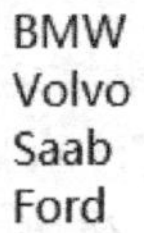

BMW
Volvo
Saab
Ford

图 8.30 例 8.34 运行效果

8.7.3 跳转语句

JavaScript 中的跳转语句有 break 语句与 continue 语句，其中 break 语句用于跳出循环；continue 语句用于跳过循环中的一个迭代。

【例 8.35】 break 语句。

我们已经在之前的章节中见到过 break 语句。它用于跳出 switch()语句。break 语句可用于跳出循环。而 continue 语句跳出循环后，会继续执行该循环之后的代码（如果有的话）：

```
or (i=0;i<10;i++) { if (i==3) { break; } x=x + "The number is " + i + "<br>"; }
```

由于这个 if 语句只有一行代码，所以可以省略花括号：

```
for (i=0;i<10;i++) { if (i==3) break; x=x + "The number is " + i + "<br>"; }
```

【程序运行效果】语句一直执行到 i 等于 3 后就退出循环，所以程序运行效果显示只有 0~3 的数值，如图 8.31 所示。

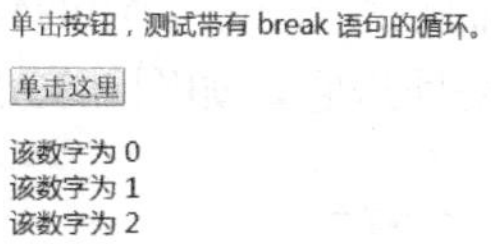

单击按钮，测试带有 break 语句的循环。

单击这里

该数字为 0
该数字为 1
该数字为 2

图 8.31　例 8.35 运行效果

【例 8.36】 continue 语句。

continue 语句中断循环中的迭代，如果出现了指定的条件，会继续执行循环中的下一个迭代：

```
for (i=0;i<=10;i++) { if (i==3) continue; x=x + "The number is " + i + "<br>"; }
```

【程序运行效果】 语句一直执行到 i 等于 3 后就跳过了值 3，然后继续执行，所以效果显示除了 3 的所有数值，如图 8.32 所示。

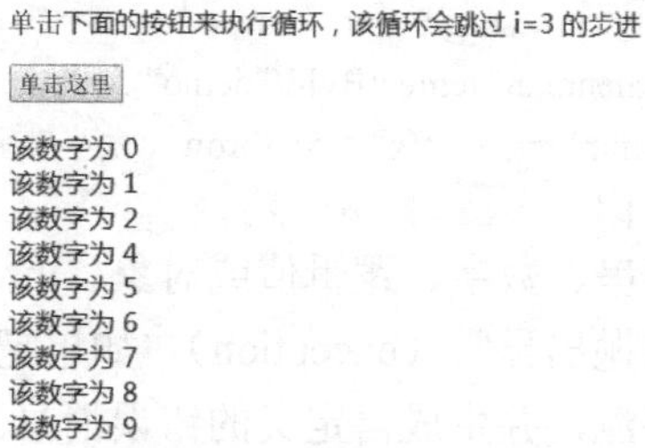

单击下面的按钮来执行循环，该循环会跳过 i=3 的步进

单击这里

该数字为 0
该数字为 1
该数字为 2
该数字为 4
该数字为 5
该数字为 6
该数字为 7
该数字为 8
该数字为 9

图 8.32　例 8.36 运行效果

8.7.4　异常处理

当 JavaScript 引擎执行 JavaScript 代码时，程序中不可避免地存在无法预知的反常情况，这种反常称为异常，可能是语法错误，通常是程序员造成的编码错误或错别字，也可能是拼写错误或语言中缺少的功能（可能由于浏览器的差异）。可能是由于来自服务器或用户的错误输出而导致的错误。当然，也可能是由于许多其他不可预知的因素。JavaScript 为处理在程序执行期间可能出现的异常提供了内置支持，由正常控制流之外的代码处理，JavaScript 异常处理语句包括 throw、try 和 catch。

➢ try 语句测试代码块的错误；

➢ catch 语句处理错误；

➢ throw 语句创建自定义错误。

当错误发生、事情出问题时，JavaScript 引擎通常会停止，并生成一个错误消息。描述这种情况的技术术语是：JavaScript 抛出一个错误。

try 语句允许我们定义在执行时进行错误测试的代码块；catch 语句允许我们定义当 try 代码块发生错误时所执行的代码块。try 语句和 catch 语句是成对出现的。

try 语句和 catch 语句的语法格式：

try { //在这里运行代码 } catch(err) { //在这里处理错误 }

【例 8.37】 try-catch 语句实例。

var txt=""; function message() { try { adddlert("Welcome guest!"); } catch(err) { txt="本页有一个错误。\n\n"; txt+="错误描述：" + err.message + "\n\n"; txt+="单击确定继续。\n\n"; alert(txt); } }

【程序运行效果】 在本例中，我们故意在 try 语句的代码中写了一个错字。catch 语句会捕捉到 try 语句中的错误，并执行代码来处理它，如图 8.33 所示。

图 8.33　例 8.37 运行效果

【例 8.38】 throw 语句实例。

function myFunction() { var message, x; message = document.getElementById("message"); message.innerHTML = ""; x = document.getElementById("demo").value; try { if(x == "") throw "值为空"; if(isNaN(x)) throw "不是数字"; x = Number(x); if(x < 5) throw "太小"; if(x > 10) throw "太大"; } catch(err) { message.innerHTML = "错误: " + err; } }

异常可以是 JavaScript 字符串、数字、逻辑值或对象。throw 语句允许我们创建自定义错误。正确的技术术语是：创建或抛出异常（exception）。如果把 throw 语句与 try 语句和 catch 语句一起使用，就能够控制程序流，并生成自定义的错误消息。

throw 语句的语法格式如下：

throw exception

【程序运行效果】 本例检测输入变量的值。如果值是错误的，会抛出一个异常（错误），如图 8.34 所示。catch 语句会捕捉到这个错误，并显示一段自定义的错误消息，请注意，如果 getElementById 函数出错，上面的例子也会抛出一个错误。

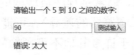

图 8.34　例 8.38 运行效果

8.8　JavaScript 对象概述

JavaScript 中的所有事物都是对象，如字符串、数值、数组、函数等。此外，JavaScript 允许自定义对象。JavaScript 提供多个内建对象，如 String、Date、Array 等。 对象只是带有属性和方法的特殊数据类型。

➢ 布尔型可以是一个对象；

➢ 数字型可以是一个对象；

- 字符串也可以是一个对象；
- 日期是一个对象；
- 数学和正则表达式也是对象；
- 数组是一个对象；
- 甚至函数也可以是对象。

JavaScript 对象只是一种特殊的数据。对象拥有属性和方法。属性是与对象相关的值。

访问对象属性的语法格式如下：

objectName.propertyName

这个例子使用了 String 对象的 length 属性来获得字符串的长度：

var message="Hello World!";
var x=message.length;

在以上代码执行后，x 的值将是：

12

方法是能够在对象上执行的动作。

访问对象方法的语法格式如下：

objectName.methodName()

这个例子使用了 String 对象的 toUpperCase()方法来将文本转换为大写：

var message="Hello world!";
var x=message.toUpperCase();

在以上代码执行后，x 的值将是：

HELLO WORLD!

通过 JavaScript，能够定义并创建自己的对象。

创建新对象有两种不同的方法：

- 定义并创建对象的实例；
- 使用函数来定义对象，然后创建新的对象实例。

【例 8.39】 创建对象的实例。

```
person=new Object();
person.firstname="John";
person.lastname="Doe";
person.age=50;
person.eyecolor="blue";
```

这个例子创建了对象的一个新实例，并向其添加了 4 个属性。

可以用如下脚本替代（使用对象列举的方法）：

```
<script>
person={firstname:"John",lastname:"Doe",age:50,eyecolor:"blue"}
document.write(person.firstname + " is " + person.age + " years old.");
</script>
```

【程序运行效果】 本例运行效果如图 8.35 所示。

John is 50 years old.

图 8.35 例 8.39 运行效果

8.8.1　使用对象构造器

在 JavaScript 中可以使用函数的形式来构造对象，程序代码如下：

```
function person(firstname,lastname,age,eyecolor) { this.firstname=firstname;
this.lastname=lastname; this.age=age; this.eyecolor=eyecolor; }
```

使用函数来构造对象：在 JavaScript 中，this 通常指向我们正在执行的函数本身，或者指向该函数所属的对象（运行时）。

8.8.2　创建 JavaScript 对象实例

一旦有了对象构造器，就可以创建新的对象实例，就像这样：

```
var myFather=new person("John","Doe",50,"blue");
var myMother=new person("Sally","Rally",48,"green");
```

8.8.3　把属性添加到 JavaScript 对象

可以通过为对象赋值，给已有对象添加新属性。

【例 8.40】假设 person 的 object 已存在，可以为其添加这些新属性：firstname、lastname、age 及 eyecolor。

```
person.firstname="John";
person.lastname="Doe";
person.age=50;
person.eyecolor="blue";
x=person.firstname;
```

在以上代码执行后，x 的值将是：

```
John
```

【程序运行效果】　使用对象构造器生成 person 对象，输出后的结果如图 8.36 所示（具体代码查看源代码）。

John is 50 years old.

图 8.36　例 8.40 运行效果

【例 8.41】　把方法添加到 JavaScript 对象。

```
function person(firstname,lastname,age,eyecolor)
{
    this.firstname=firstname;
    this.lastname=lastname;
    this.age=age;
    this.eyecolor=eyecolor;

    this.changeName=changeName;
    function changeName(name)
    {
        this.lastname=name;
    }
}
```

方法只不过是附加在对象上的函数。在构造器函数内部定义对象的方法 changeName()函数，其 name 的值赋给 person 的 lastname 属性"myMother.changeName("Doe");"。

程序运行的结果：

```
Doe
```

【例 8.42】 循环语句遍历对象的属性。

```
var person={fname:"John",lname:"Doe",age:25}; for (x in person) { txt=txt + person[x]; }
```

JavaScript 是面向对象的语言，但 JavaScript 不使用类。在 JavaScript 中，不会创建类，也不会通过类来创建对象（就像在其他面向对象的语言中那样）。JavaScript 基于 prototype，而不是基于类的。

for...in 循环语句遍历对象的属性。for...in 循环语句中的代码块将针对每个属性执行一次。

【程序运行效果】 本例运行效果如图 8.37 所示。

BillGates56

图 8.37 例 8.42 运行效果

8.9 JavaScript 函数

函数在多种程序开发语言中都会使用，而且函数的定义和使用方法相似，函数是由事件驱动的或者说是当它被调用时执行的可重复使用的代码块，在 JavaScript 中的函数就是包裹在花括号中的代码块，前面使用了关键词 function。在 JavaScript 中，使用 typeof 操作符判断函数类型将返回"function"，但是 JavaScript 函数描述为一个对象更加准确。

```
function functionname()
{
执行代码
}
```

当调用该函数时，会执行函数内的代码。可以在某事件发生时直接调用函数（如当用户单击按钮时），并且可由 JavaScript 在任何位置进行调用。JavaScript 对大/小写敏感。关键词 function 必须是小写的，并且必须以与函数名称相同的大/小写字母来调用函数，JavaScript 函数有属性和方法。

在调用函数时，可以向其传递值，这些值称为参数。这些参数可以在函数中使用。你可以发送任意多的参数，其间由逗号(,)分隔：

```
myFunction(argument1,argument2)
```

当声明函数时，请把参数作为变量来声明：

```
function myFunction(var1,var2)
{
代码
}
```

变量和参数必须以一致的顺序出现。第一个变量就是第一个被传递的参数的给定值，以此类推。

【例 8.43】 调用带参数的函数简单案例。

```
<p>单击这个按钮，来调用带参数的函数。</p> <button onclick="myFunction('Harry Potter','Wizard')">单击这里</button> <script> function myFunction(name,job){ alert("Welcome " + name + ", the " + job); } </script>
```

【程序运行效果】上面的函数在按钮被单击时会提示 "Welcome Harry Potter, the Wizard"。

函数很灵活，可以使用不同的参数来调用该函数，这样就会给出不同的消息：

```
<button onclick="myFunction('Harry Potter','Wizard')">点击这里</button>
<button onclick="myFunction('Bob','Builder')">点击这里</button>
```

根据单击的不同按钮，上面的例子会提示"Welcome Harry Potter, the Wizard"或"Welcome Bob, the Builder"。

【例 8.44】 带有返回值的函数：计算两个数字的乘积，并返回结果。

```
function myFunction(a,b) { return a*b; } document.getElementById("demo").innerHTML=myFunction(4,3);
```

有时，我们会希望函数将值返回调用它的地方，通过使用 return 语句就可以实现。在使用 return 语句时，函数会停止执行，并返回指定的值。

return 语句的语法格式如下：

```
function myFunction()
{
    var x=5;
    return x;
}
```

上面的函数会返回值 5。

注意：整个 JavaScript 并不会停止执行，仅仅是函数停止执行。JavaScript 将继续从调用函数的地方执行代码。函数调用将被返回值取代：

```
var myVar=myFunction();
```

myVar 变量的值是 5，也就是函数 myFunction()所返回的值。即使不把它保存为变量，也可以使用返回值：

```
document.getElementById("demo").innerHTML=myFunction();
```

demo 元素的 innerHTML 将成为 5，也就是函数 myFunction()所返回的值。

仅希望退出函数时，也可使用 return 语句。返回值是可选的：

```
function myFunction(a,b) { if (a>b) { return; } x=a+b }
```

如果 a 大于 b，则上面的代码将退出函数，并不会计算 a 和 b 的总和。

8.10 JavaScript 常用对象

JavaScript 提供了内置的对象以实现特定的功能，其常用对象有数组对象、DOM 和 window 对象等，本节介绍部分 JavaScript 常用对象的使用，更多的对象可查看参考手册。

8.10.1 数组对象

数组对象的作用是：使用单独的变量名来存储一系列的值，即创建数组，为其赋值。例如，有一组数据（如车名字）存在单独变量，如下所示：

```
var car1="Saab";
var car2="Volvo";
var car3="BMW";
```

然而，如果想从中找出某一辆车，并且这组车不是 3 辆，而是 300 辆，这将不是一件容易的事！最好的方法就是用数组。数组可以用一个变量名存储所有的值，并且可以用变量名访问任何一个值。数组中的每个元素都有自己的 id，以便它可以很容易地被访问到。

创建一个数组有 3 种方法。下面的代码定义了一个名为 myCars 的数组对象。

1．常规方式

```
var myCars=new Array();
myCars[0]="Saab";
myCars[1]="Volvo";
myCars[2]="BMW";
```

2．简洁方式

```
var myCars=new Array("Saab","Volvo","BMW");
```

3．字面方式

```
var myCars=["Saab","Volvo","BMW"];
```

通过指定数组名及索引号码，可以访问某个特定的元素。以下实例可以访问 myCars 数组的第一个值，[0]是数组的第一个元素，[1]是数组的第二个元素。

```
var name=myCars[0];
```

以下实例修改了数组 myCars 的第一个元素：

```
myCars[0]="Opel";
```

所有的 JavaScript 变量都是对象。数组元素是对象，函数是对象。因此，你可以在数组中有不同的变量类型。你可以在一个数组中包含对象元素、函数、数组：

```
myArray[0]=Date.now;    myArray[1]=myFunction;    myArray[2]=myCars;
```

Array 对象属性如表 8.6 所示。

表 8.6　Array 对象属性

方　法	描　述
concat()	连接两个或更多的数组，并返回结果
copyWithin()	从数组的指定位置复制元素到数组的另一个指定位置中
every()	检测数值元素的每个元素是否都符合条件
fill()	使用一个固定值来填充数组
filter()	检测数值元素，并返回符合条件的所有元素的数组
find()	返回符合传入测试（函数）条件的数组元素
findIndex()	返回符合传入测试（函数）条件的数组元素索引
forEach()	数组每个元素都执行一次回调函数
includes()	判断一个数组是否包含一个指定的值
indexOf()	搜索数组中的元素，并返回它所在的位置
join()	把数组的所有元素放入一个字符串
lastIndexOf()	返回一个指定的字符串值最后出现的位置，在一个字符串中的指定位置从后向前搜索
map()	通过指定函数处理数组的每个元素，并返回处理后的数组
pop()	删除数组的最后一个元素并返回删除的元素
push()	向数组的末尾添加一个或更多元素，并返回新的长度
reduce()	将数组元素计算为一个值（从左到右）
reduceRight()	将数组元素计算为一个值（从右到左）

续表

方　法	描　述
reverse()	反转数组的元素顺序
shift()	删除并返回数组的第一个元素
slice()	选取数组的一部分，并返回一个新数组
some()	检测数组元素中是否有元素符合指定条件
sort()	对数组的元素进行排序
splice()	从数组中添加或删除元素
toString()	把数组转换为字符串，并返回结果
unshift()	向数组的开头添加一个或更多元素，并返回新的长度
valueOf()	返回数组对象的原始值

使用数组对象预定义属性和方法：

```
var x=myCars.length                    //myCars 中元素的数量
var y=myCars.indexOf("Volvo")          //"Volvo"的索引值
```

原型是 JavaScript 全局构造函数。它可以构建新 Javascript 对象的属性和方法。

【例 8.45】 创建一个新的方法。

```
Array.prototype.myUcase=function(){
    for (i=0;i<this.length;i++){
        this[i]=this[i].toUpperCase();
    }
}
```

【程序运行效果】本例创建了新的数组方法用于将数组的小写字符转为大写字符。

BANANA,ORANGE,APPLE,MANGO

图 8.38　例 8.45 运行效果

8.10.2　文档对象模型（DOM）

document 对象使设计人员可以从脚本中对 HTML5 的元素进行访问。document 对象　是 window 对象的一部分，通过 window.document 属性对其进行访问。

HTML DOM 接口对 document 对象接口进行了扩展，定义 HTML5 专用的属性和可访问 HTML5 文档的所有元素。当网页被加载时，浏览器会创建页面的文档对象模型（Document Object Model）。

HTML DOM 模型被构造为对象的树，如图 8.39 所示。

通过可编程的对象模型，JavaScript 能够创建动态的 HTML5 元素。

➢ JavaScript 能够改变页面中的所有 HTML5 元素；

➢ JavaScript 能够改变页面中的所有 HTML5 元素属性；

➢ JavaScript 能够改变页面中的所有 CSS3 样式；

➢ JavaScript 能够对页面中的所有事件做出反应。

通常在 JavaScript 中要操作 HTML5 元素。为此必须首先找到该元素。有 3 种方法来做这件事：

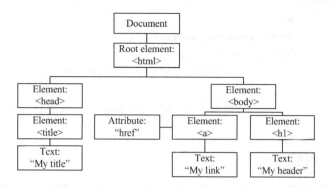

图 8.39　HTML DOM 树

➢ 通过 id 找到 HTML5 元素；
➢ 通过标记名找到 HTML5 元素；
➢ 通过类名找到 HTML5 元素。

【例 8.46】　通过 id 查找 HTML5 元素。

```
var x=document.getElementById("intro");
```

在 DOM 中查找 HTML5 元素的最简单的方法是通过使用元素的 id。如果找到该元素，则该方法将以对象（在 x 中）的形式返回该元素。如果未找到该元素，则 x 将包含 null。

【程序运行效果】　本例查找 id="intro"元素，如图 8.40 所示。

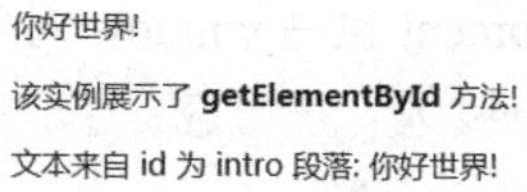

你好世界!

该实例展示了 **getElementById** 方法!

文本来自 id 为 intro 段落: 你好世界!

图 8.40　例 8.46 运行效果

【例 8.47】　通过标记名查找 HTML5 元素。

```
var x=document.getElementById("main");
var y=x.getElementsByTagName("p");
```

【程序运行效果】　本例查找 id="main"的元素，然后查找 id="main"元素中的所有 p 元素，如图 8.41 所示。

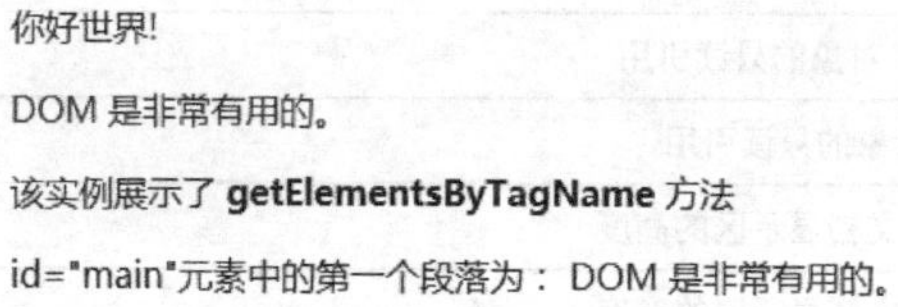

你好世界!

DOM 是非常有用的。

该实例展示了 **getElementsByTagName** 方法

id="main"元素中的第一个段落为：DOM 是非常有用的。

图 8.41　例 8.47 运行效果

【例 8.48】　通过类名找到 HTML5 元素。

```
var x=document.getElementsByClassName("intro");
```

【程序运行效果】本例通过 getElementsByClassName 函数来查找 class="intro"的元素，如图 8.42 所示。

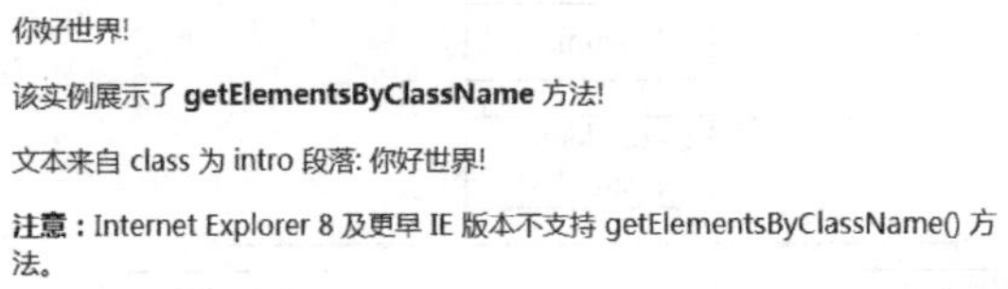

你好世界!

该实例展示了 **getElementsByClassName** 方法!

文本来自 class 为 intro 段落: 你好世界!

注意：Internet Explorer 8 及更早 IE 版本不支持 getElementsByClassName() 方法。

图 8.42　例 8.48 运行效果

8.10.3　window 对象

浏览器对象模型使 JavaScript 有能力与浏览器"对话"。浏览器对象模型（Browser Object Model，BOM）尚无正式标准。由于现代浏览器已经（几乎）实现了 JavaScript 交互性方面的相同方法和属性，因此常被认为是 BOM 的方法和属性。

window 对象表示一个浏览器窗口或一个框架，在客户端 JavaScript 中，window 对象是全局对象，所有的表达式都在当前的环境中计算，也就是说，要引用当前窗口，根本不需要特殊的语法，可以把那个窗口的属性作为全局变量来使用。例如，可以只写 document，而不必写 window.document，同样，可以把当前窗口对象的方法当成函数来使用，如只写 alert()而不必写 window.alert()。

所有浏览器都支持 window 对象，它表示浏览器窗口，所有 JavaScript 全局对象、函数及变量均自动成为 window 对象的成员。全局变量是 window 对象的属性；全局函数是 window 对象的方法；甚至 HTML DOM 的 document 也是 window 对象的属性之一。

```
window.document.getElementById("header");
```

与此相同，有：

```
document.getElementById("header");
```

window 对象属性如表 8.7 所示。

表 8.7　window 对象属性

属　　性	描　　述
closed	返回窗口是否已被关闭
defaultStatus	设置或返回窗口状态栏中的默认文本
document	对 document 对象的只读引用
history	对 history 对象的只读引用
innerheight	返回窗口的文档显示区的高度
innerwidth	返回窗口的文档显示区的宽度
length	设置或返回窗口中的框架数量
location	用于窗口或框架的 location 对象
name	设置或返回窗口的名称
navigator	对 navigator 对象的只读引用
opener	返回对创建此窗口的窗口的引用
outerheight	返回窗口的外部高度
outerwidth	返回窗口的外部宽度
pageXOffset	设置或返回当前页面相对于窗口显示区左上角的 X 位置

属　　性	描　　述
pageYOffset	设置或返回当前页面相对于窗口显示区左上角的 Y 位置
parent	返回父窗口
screen	对 screen 对象的只读引用
self	返回对当前窗口的引用，等价于 window 属性
status	设置窗口状态栏的文本
top	返回最顶层窗口
window	window 属性等价于 self 属性，它包含了对窗口自身的引用
screenLeft screenTop screenX screenY	只读整数。声明了窗口的左上角在屏幕上的 x 坐标和 y 坐标。IE、Safari 和 Opera 支持 screenLeft 和 screenTop，而 Firefox 和 Safari 支持 screenX 和 screenY

window 对象方法如表 8.8 所示。

表 8.8　window 对象方法

方　　法	描　　述
alert()	显示带有一段消息和一个确认按钮的警告框
blur()	把键盘焦点从顶层窗口移开
clearInterval()	取消由 setInterval()方法设置的 timeout
clearTimeout()	取消由 setTimeout()方法设置的 timeout
close()	关闭浏览器窗口
confirm()	显示带有一段消息及确认按钮和取消按钮的对话框
createPopup()	创建一个 pop-up 窗口
focus()	把键盘焦点给予一个窗口
moveBy()	可相对窗口的当前坐标把它移动指定的像素
moveTo()	把窗口的左上角移动到一个指定的坐标
open()	打开一个新的浏览器窗口或查找一个已命名的窗口
print()	打印当前窗口的内容
prompt()	显示可提示用户输入的对话框
resizeBy()	按照指定的像素调整窗口的大小
resizeTo()	把窗口的大小调整到指定的宽度和高度
scrollBy()	按照指定的像素值来滚动内容
scrollTo()	把内容滚动到指定的坐标
setInterval()	按照指定的周期（以毫秒为单位）来调用函数或计算表达式
setTimeout()	在指定的毫秒数后调用函数或计算表达式

【例 8.49】　实用的 JavaScript 方案（涵盖所有浏览器）。

```
var w=window.innerWidth
```

```
|| document.documentElement.clientWidth
|| document.body.clientWidth;
var h=window.innerHeight
|| document.documentElement.clientHeight
|| document.body.clientHeight;
```

以下有 3 种方法能够确定浏览器窗口的尺寸。

➢ 对于 IE、Chrome、Firefox、Opera 及 Safari：

```
window.innerHeight-浏览器窗口的内部高度(包括滚动条)
window.innerWidth-浏览器窗口的内部宽度(包括滚动条)
```

➢ 对于 IE8、7、6、5：

```
document.documentElement.clientHeight
document.documentElement.clientWidth
```

➢ 或者：

```
document.body.clientHeight
document.body.clientWidth
```

【程序运行效果】 本例用兼容的方式显示浏览器窗口的高度和宽度（不包括工具栏/滚动条），如图 8.43 所示。

浏览器window宽度: 607, 高度: 300。

图 8.43 例 8.49 运行效果

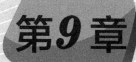

第9章

JavaScript 控制 HTML5
中的新元素

HTML5 规范引进了许多新特性，其中最让人期待就是 canvas 元素和视频、音频，HTML5 中的新元素提供了通过 JavaScript 绘制图形图像、视频音频的方法，该方法使用简单、功能强大。

9.1 canvas 元素

canvas 标记定义图形，如图表和其他图像，必须使用脚本来绘制图形。如图 9.1 所示，在画布（canvas）上画一个红色矩形、渐变矩形、彩色矩形和一些彩色的文字。

图 9.1 canvas 标记定义图形效果

9.1.1 定义 canvas 元素

一个画布在网页中是一个矩形框，通过 canvas 元素来绘制。

【例 9.1】 创建一个画布（canvas）。

```
<!DOCTYPE html>
<html>
<body>
<canvas id="mycanvas" width="200" height="100" style="border:1px solid #000000;">
您的浏览器不支持 HTML5
</canvas>
</body>
</html>
```

在默认情况下，canvas 元素没有边框和内容，可以使用 style 属性来添加边框。标记通常要指定一个 id 属性（脚本中经常引用），width 和 height 属性定义画布的大小。

提示： 可以在 HTML5 中使用多个 canvas 元素。

【程序运行效果】 如图 9.2 所示，定义了一个宽为 200px，高为 100px 的矩形画图框。

图 9.2　例 9.1 运行后的效果

9.1.2　绘制 canvas 路径

创建 canvas 和获取了 canvas 环境上下文之后，就可以开始绘图了。绘图的方式有两类：一类是进行图形绘制；另一类是进行图形处理。

所谓基本图形，就是指线、矩形、圆等最简单的图形，任何复杂的图形都是由这些简单的图形组合而成的。

在 canvas 上画线，将使用以下两种方法。

（1）moveTo(x,y)：定义线条开始坐标。

（2）lineTo(x,y)：定义线条结束坐标。

绘制线条必须使用到 "ink" 的方法，就像 stroke()。

【例 9.2】 使用 moveTo 与 lineTo 绘制复杂图形。

```
<!DOCTYPE html>
<html>
<head lang="en">
<meta charset="utf-8">
<title></title>
<script>
function draw(id){
    var canvas = document.getElementById(id);
    var context = canvas.getContext("2d");
        context.fillStyle = "#eeeeef";            //设置绘图区域颜色
        context.fillRect(0,0,300,400);            //画矩形
    var dx = 150;
    var dy = 150;
    var s =100;
        context.beginPath();                      //开始绘图
        context.fillStyle = "rgb(100,255,100)";   //设置绘图区域颜色
        context.strokeStyle = "rgb(0,0,100)";     //设置线条颜色
    var x = Math.sin(0);
    var y = Math.coas(0);
    var dig = Math.PI / 15*11;
        for(var i = 0; i<30; i++){                //不断地旋转绘制线条
            context.moveTo(x,y);                  //每次绘制的时候重新定义起始位置
            var x = Math.sin(i*dig);
```

```
            var y = Math.cos(i*dig);
            context.LineTo(dx+x*s,dy+y*s);
        }
    context.closePath();
    context.fill();
    context.stroke();
  }
</script>
</head>
<body onload="draw('canvas')">
<!--move to line to-->
<canvas id="canvas" width="300" height="400"></canvas>
</body>
</html>
```

【程序运行效果】 本例利用循环、moveTo 与 lineTo 形成复杂结果，在循环中的"context.moveTo(x,y);"语句主要是将光标移动到指定坐标点，绘制直线的时候以这个坐标点为起点，moveTo(x,y)画图到 x、y 轴的位置，运行效果如图 9.3（a）所示。去掉"context. moveTo(x,y);"语句后，画图的初始光标默认为上次结束点是起始位置，绘制直线的时候以这个坐标点为起点，moveTo(x,y)画图到 x、y 轴的位置，运行效果如图 9.3（b）所示。读者可以修改 moveTo 和 lineTo 体验不同的效果。

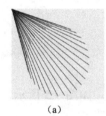
（a）

（b）

图 9.3 例 9.2 运行效果

【例 9.3】 使用 fillRect()函数绘制 canvas 矩形。

```
<script>
var c=document.getElementById("mycanvas");
var ctx=c.getContext("2d");
ctx.fillRect(20,20,150,100);
</script>
```

本例使用 fillRect()函数绘制"已填充"的矩形。默认的填充颜色是黑色，对应的语法格式如下：

```
context.fillRect(x,y,width,height);
```

提示：可以使用 fillStyle 属性来设置用于填充绘图的颜色、渐变或模式。

fillRect()参数如表 9.1 所示。

表 9.1 fillRect()函数的参数

参　　数	描　　述
x	矩形左上角的 x 坐标

续表

参　　数	描　　述
Y	矩形左上角的 y 坐标
width	矩形的宽度，以 px 为单位
height	矩形的高度，以 px 为单位

【程序运行效果】　本例运行效果如图 9.4 所示。

图 9.4　例 9.3 运行效果

在 canvas 中绘制圆形，将使用以下方法：

arc(x,y,r,start,stop)

实际上在绘制圆形时使用了"ink"的方法，如 stroke() 或者 fill()。

【例 9.4】　使用 arc() 函数绘制 canvas 圆形。

```
<script>
var c=document.getElementById("mycanvas");
var ctx=c.getContext("2d");
ctx.beginPath();
ctx.arc(95,50,40,0,2*Math.PI);
ctx.stroke();
</script>
```

arc() 函数用于创建弧/曲线（如创建圆或部分圆）。如图 9.5 所示，如果通过 arc() 函数创建圆，请把起始角设置为 0，结束角设置为"2*Math.PI"。

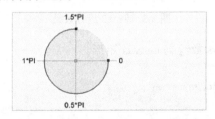

图 9.5　通过 arc() 函数创建圆

使用 stroke() 或 fill() 函数在画布上绘制实际的弧，对应的语法格式如下：

context.arc(x,y,r,sAngle,eAngle,counterclockwise);

中心：

arc(**100,75**,50,0*Math.PI,1.5*Math.PI)

起始角：

arc(100,75,50,**0**,1.5*Math.PI)

结束角：

arc(100,75,50,0*Math.PI,**1.5*Math.PI**)。

arc() 函数参数如表 9.2 所示。

表 9.2　arc()函数参数

参　　数	描　　述
x	圆的中心的 x 坐标
y	圆的中心的 y 坐标
r	圆的半径
sAngle	起始角，以弧度计（弧的圆形的三点钟位置是 0°）
eAngle	结束角，以弧度计
counterclockwise	可选，规定应该逆时针还是顺时针绘图。false=顺时针，true=逆时针

【程序运行效果】　本例运行效果如图 9.6 所示。

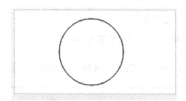

图 9.6　例 9.4 运行效果

9.1.3　处理 canvas 图形

【例 9.5】　使用 globalCompositeOperation 属性对图形进行处理。

```
<script>
    var gco=new Array();
    gco.push("source-atop");
    gco.push("source-in");
    gco.push("source-out");
    gco.push("source-over");
    gco.push("destination-atop");
    gco.push("destination-in");
    gco.push("destination-out");
    gco.push("destination-over");
    gco.push("lighter");
    gco.push("copy");
    gco.push("xor");
    for (n=0;n<gco.length;n++)
    {
        document.write("<div id='p_" + n + "' style='float:left;'>" + gco[n] + ":<br>");
        var c=document.createElement("canvas");
        c.width=120;
        c.height=100;
        document.getElementById("p_" + n).appendChild(c);
        var ctx=c.getContext("2d");
        ctx.fillStyle="blue";
        ctx.fillRect(10,10,50,50);
```

```
        ctx.globalCompositeOperation=gco[n];
        ctx.beginPath();
        ctx.fillStyle="red";
        ctx.arc(50,50,30,0,2*Math.PI);
        ctx.fill();
        document.write("</div>");
    }
</script>
```

globalCompositeOperation 属性设置或返回如何将一个源（新的）图像绘制到目标（已有的）图像上，对应的语法格式如下：

context.globalCompositeOperation="source-in";

源图像：打算放置到画布上的绘图。

目标图像：已经放置在画布上的绘图。

globalCompositeOperation ()属性值如表 9.3 所示。

表 9.3 globalCompositeOperation ()属性值

值	描　　述
source-over	默认值。在目标图像上显示源图像
source-atop	在目标图像顶部显示源图像。源图像位于目标图像之外的部分是不可见的
source-in	在目标图像中显示源图像。只有目标图像之内的源图像部分会显示，目标图像是透明的
source-out	在目标图像之外显示源图像。只有目标图像之外的源图像部分会显示，目标图像是透明的
destination-over	在源图像上显示目标图像
destination-atop	在源图像顶部显示目标图像。目标图像位于源图像之外的部分是不可见的
destination-in	在源图像中显示目标图像。只有源图像之内的目标图像部分会被显示，源图像是透明的
destination-out	在源图像之外显示目标图像。只有源图像之外的目标图像部分会被显示，源图像是透明的
lighter	显示源图像 + 目标图像
copy	显示源图像。忽略目标图像
xor	使用异或操作对源图像与目标图像进行组合

【程序运行效果】　本例运行效果如图 9.7 所示。

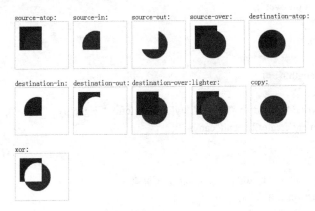

图 9.7　例 9.5 运行效果

9.1.4 绘制 canvas 文字

【例 9.6】 使用 fillText()函数绘制文字。

```
<script>
    var c=document.getElementById("myCanvas");
    var ctx=c.getContext("2d");
    ctx.font="20px Georgia";
    ctx.fillText("Hello World!",10,50);
    ctx.font="30px Verdana";
    //Create gradient
    var gradient=ctx.createLinearGradient(0,0,c.width,0);
    gradient.addColorStop("0","magenta");
    gradient.addColorStop("0.5","blue");
    gradient.addColorStop("1.0","red");
    //Fill with gradient
    ctx.fillStyle=gradient;
    ctx.fillText("Big smile!",10,90);
</script>
```

用 fillText()函数在画布上绘制填色的文本。文本的默认颜色是黑色，对应的语法格式如下：

```
context.fillText(text,x,y,maxWidth);
```

提示：请使用 font 属性来定义字体和字号，并使用 fillStyle 属性以另一种颜色/渐变来渲染文本。

fillText()函数的参数如表 9.4 所示。

表 9.4　fillText()函数的参数

参　　数	描　　述
text	规定在画布上输出的文本
x	开始绘制文本的 x 坐标位置（相对于画布）
y	开始绘制文本的 y 坐标位置（相对于画布）
maxWidth	可选。允许的最大文本宽度，以 px 为单位

【程序运行效果】 本例运行效果如图 9.8 所示。

Hello World!
Big smile!

图 9.8　例 9.6 运行效果

【例 9.7】 使用 strokeText()函数绘制文字。

```
<script>
    var c=document.getElementById("myCanvas");
    var ctx=c.getContext("2d");
    ctx.font="20px Georgia";
```

```
    ctx.strokeText("Hello World!",10,50);
    ctx.font="30px Verdana";
    //Create gradient
    var gradient=ctx.createLinearGradient(0,0,c.width,0);
    gradient.addColorStop("0","magenta");
    gradient.addColorStop("0.5","blue");
    gradient.addColorStop("1.0","red");
    //Fill with gradient
    ctx.strokeStyle=gradient;
    ctx.strokeText("Big smile!",10,90);
</script>
```

用 strokeText()函数在画布上绘制文本（无填充色）。文本的默认颜色是黑色，对应的语法格式如下：

```
context.strokeText(text,x,y,maxWidth);
```

提示： 请使用 font 属性来定义字体和字号，并使用 strokeStyle 属性以另一种颜色渐变来渲染文本。

strokeText ()函数的参数如表 9.5 所示。

表 9.5　strokeText ()函数的参数

参　　数	描　　述
text	规定在画布上输出的文本
x	开始绘制文本的 x 坐标位置（相对于画布）
y	开始绘制文本的 y 坐标位置（相对于画布）
maxWidth	可选。允许的最大文本宽度，以 px 为单位

【程序运行效果】　本例运行效果如图 9.9 所示。

Hello World!
Big smile!

图 9.9　例 9.7 运行效果

【例 9.8】　文字大小设置。

```
</canvas>
<script type="text/javascript">
var c=document.getElementById("myCanvas");
var ctx=c.getContext("2d");

ctx.beginPath();
//设定文字大小为 30px
ctx.font="30px Arial";
ctx.fillText("Hello World",100,50);

ctx.beginPath();
//设定文字大小为 50px
```

```
ctx.font="50px Arial";
ctx.fillText("Hello World",100,150);

ctx.beginPath();
//设定文字大小为100px
ctx.font="70px Arial";
ctx.fillText("Hello World",100,250);
</script>
```

font 属性是设置或返回画布上文本内容的当前字体的属性。

font 属性使用的语法与 CSS3 中 font 属性相同，对应的语法格式如下：

```
context.font="italic small-caps bold 12px arial";
```

font 属性值如表 9.6 所示。

表 9.6　font 属性值

值	描　　述
10px sans-serif	默认值
font-style	规定字体样式。可能的值：normal、italic、oblique
font-variant	规定字体变体。可能的值：normal、small-caps
font-weight	规定字体的粗细。可能的值：normal、bold、bolder、lighter、100、200、300、400、500、600、700、800、900
font-size/line-height	规定字号和行高，以 px 为单位
font-family	规定字体系列
caption	使用标题控件的字体（如按钮、下拉列表等）
icon	使用用于标记图标的字体
menu	使用用于菜单中的字体（下拉列表和菜单列表）
message-box	使用用于对话框中的字体
small-caption	使用用于标记小型控件的字体
status-bar	使用用于窗口状态栏中的字体

【程序运行效果】　本例运行效果如图 9.10 所示。

Hello World

Hello World

Hello World

图 9.10　例 9.8 运行效果

【例 9.9】　文字对齐方式设置。

```
<script>
    var c=document.getElementById("myCanvas");
    var ctx=c.getContext("2d");
    //Create a red line in position 150
    ctx.strokeStyle="red";
    ctx.moveTo(150,20);
```

```
        ctx.lineTo(150,170);
        ctx.stroke();
        ctx.font="15px Arial";
        //Show the different textAlign values
        ctx.textAlign="start";
        ctx.fillText("textAlign=start",150,60);
        ctx.textAlign="end";
        ctx.fillText("textAlign=end",150,80);
        ctx.textAlign="left";
        ctx.fillText("textAlign=left",150,100);
        ctx.textAlign="center";
        ctx.fillText("textAlign=center",150,120);
        ctx.textAlign="right";
        ctx.fillText("textAlign=right",150,140);
    </script>
```

textAlign 属性根据锚点，设置或返回文本内容的当前对齐方式。

通常，文本会从指定位置开始，不过，如果设置为"textAlign="right""，并将文本放置到位置 150，那么会在位置 150 结束，对应的语法格式如下：

```
context.textAlign="center|end|left|right|start";
```

提示： 请使用 fillText()或 strokeText()函数在画布上实际绘制并定位文本。

textAlign 属性值如表 9.7 所示。

表 9.7　textAlign 属性值

值	描　　述
start	默认值。文本在指定的位置开始
end	文本在指定的位置结束
center	文本的中心被放置在指定的位置
left	文本在指定的位置开始
right	文本在指定的位置结束

【程序运行效果】　本例主要是在文本间画出竖线以突出 textAlign 的显示效果，如图 9.11 所示。

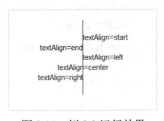

图 9.11　例 9.9 运行效果

9.1.5　绘制 canvas 图片

无论开发的是应用程序还是游戏软件，都离不开图片，没有图片就无法让整个页面漂亮起来。开发 HTML5 游戏的时候，游戏中的地图、背景、人物、物品等都是由图片组成的，所以图片的显示和操作非常重要，本节主要使用 canvas drawImage()函数、getImageData()函数和 putImageData()函数绘制图片，使用 createImageData 新建图片像素。

【例 9.10】 使用 drawImage()函数在画布上绘制图片。

```
<body>
img 标记：<br />
<imgsrc="images/image.jpg"></img>
<br />Canvas 画板：<br />
<canvas id="mycanvas" width="400" height="400">
你的浏览器不支持 HTML5
</canvas>
<script type="text/javascript">
var c=document.getElementById("myCanvas");
varctx=c.getContext("2d");
var image = new Image();
image.src = "images/image.jpg";
image.onload = function(){
ctx.drawImage(image,10,10);
ctx.drawImage(image,110,10,110,110);
ctx.drawImage(image,10,10,50,50,210,10,150,150);
};
</script>
</body>
```

drawImage()函数在 canvas 画布上绘制图像、画布或视频，也能够绘制图像的某些部分，以及增加或减少图像的尺寸。

在画布上定位图像：

```
context.drawImage(img,x,y);
```

在画布上定位图像，并规定图像的宽度和高度：

```
context.drawImage(img,x,y,width,height);
```

剪切图像，并在画布上定位被剪切的部分：

```
context.drawImage(img,sx,sy,swidth,sheight,x,y,width,height);
```

drawImage()函数的参数如表 9.8 所示。

表 9.8 drawImage()函数的参数

参 数	描 述
img	规定要使用的图像、画布或视频
sx	可选。开始剪切的 x 坐标位置
sy	可选。开始剪切的 y 坐标位置
swidth	可选。被剪切图像的宽度
sheight	可选。被剪切图像的高度
x	在画布上放置图像的 x 坐标位置
y	在画布上放置图像的 y 坐标位置
width	可选。要使用的图像的宽度（伸展或缩小图像）
height	可选。要使用的图像的高度（伸展或缩小图像）

运行 image.jpg 原图，与 canvas drawIamge()函数画图效果进行对比：

```
<imgsrc="images/image.jpg"></img>
```

从坐标(10,10)的位置绘制 image.jpg 图片：

```
ctx.drawImage(image,10,10);
```

从坐标(110,10)位置绘制整张 image.jpg 图片到长度为 110、宽度为 110 的矩形区域内，所以本例的运行效果会有一定的拉升感：

```
ctx.drawImage(image,110,10,110,110);
```

将 image.jpg 图片从(10,10)坐标位置截取(50,50)的宽度和高度，然后将截取到的图片从坐标(210,10)的位置开始绘制，放到长度为 110、宽度为 110 的矩形区域内。

```
ctx.drawImage(image,10,10,50,50,210,10,150,150);
```

【程序运行效果】 本例运行效果如图 9.12 所示。

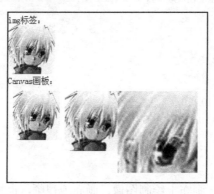

图 9.12 例 9.10 运行效果

【例 9.11】 利用 getImageData()函数和 putImageData()函数绘制图片。

```
<script type="text/javascript">
var c=document.getElementById("myCanvas");
varctx=c.getContext("2d");
var image = new Image();
image.src = "images/image.jpg";
image.onload = function(){
        ctx.drawImage(image,10,10);
        varimgData=ctx.getImageData(20,20,100,100);
        ctx.putImageData(imgData,10,110);
ctx.putImageData(imgData,90,110,20,20,50,50);
};
</script>
```

getImageData() 函数返回 ImageData 对象，该对象复制了画布指定矩形的像素数据。ImageData 对象不是图像，它规定了画布上一个部分（矩形），并保存了该矩形内每个像素的信息。对于 ImageData 对象中的每个像素，都存在着 4 方面的信息，即 RGBA 值：

➤ R——红色（0～255）；

➤ G——绿色（0～255）；

➤ B——蓝色（0～255）；

➤ A——alpha 通道（0～255；0 是透明的，255 是完全可见的）。

color/alpha 信息以数组形式存在，并存储于 ImageData 对象的 data 属性中。

getImageData()函数的语法格式如下：

```
context.getImageData(x,y,width,height);
```

getImageData()函数的参数如表 9.9 所示。

表 9.9 getImageData()函数的参数

参　数	描　述
x	开始复制的左上角位置的 x 坐标（以 px 为单位）
y	开始复制的左上角位置的 y 坐标（以 px 为单位）
width	要复制的矩形区域的宽度
height	要复制的矩形区域的高度

在操作完成数组中的 color/alpha 信息之后，可以使用 putImageData()函数将图像数据（从指定的 ImageData 对象）放回画布上。

putImageData()函数的语法格式如下：

```
context.putImageData(imgData,x,y,dirtyX,dirtyY,dirtyWidth,dirtyHeight);
```

getImageData()函数的参数如表 9.10 所示。

表 9.10 getImageData()函数的参数

参　数	描　述
imgData	规定要放回画布的 ImageData 对象
x	水平值，以 px 为单位，在画布上放置图像的位置
y	垂直值，以 px 为单位，在画布上放置图像的位置
dirtyX	可选。ImageData 对象左上角的 x 坐标，以 px 为单位
dirtyY	可选。ImageData 对象左上角的 y 坐标，以 px 为单位
dirtyWidth	可选。ImageData 对象所截取的宽度
dirtyHeight	可选。ImageData 对象所截取的高度

为看出 getImageData()函数、putImageData()函数绘制效果的不同，用 drawImage()函数从坐标(10,10)的位置绘制 image.jpg 图片：

```
ctx.drawImage(image,10,10);
```

使用 getImageData()函数从画板中获取像素数据：

```
varimgData=ctx.getImageData(20,20,100,100);
```

将所取得的整个像素数据画到 canvas 画板以(10,110)为起始坐标的位置上：

```
ctx.putImageData(imgData,10,110);
```

将所取得的像素数据一部分画到画板上：

```
ctx.putImageData(imgData,90,110,20,20,100,100);;
```

表示从(20,20)坐标位置开始截取像素，获取(50,50)长宽的像素区域，然后将截取到的像素画到 canvas 画板中以(90,110)为起始坐标的位置上。

【程序运行效果】 本例运行效果如图 9.13 所示。

图 9.13　例 9.11 运行效果

【例 9.12】　使用 createImageData() 函数在画布上绘制图片。

```
<script type="text/javascript">
var c=document.getElementById("myCanvas");
varctx=c.getContext("2d");
var image = new Image();
image.src = "images/image.jpg";
image.onload = function(){
    ctx.drawImage(image,10,10);
    varimgData=ctx.getImageData(20,20,100,100);

    var imgData01=ctx.createImageData(imgData);
    for (i=0; i<imgData01.width*imgData01.height*4;i+=4){
        imgData01.data[i+0]=255;
        imgData01.data[i+1]=0;
        imgData01.data[i+2]=0;
        imgData01.data[i+3]=255;
    }
    ctx.putImageData(imgData01,10,110);

    var imgData02=ctx.createImageData(100,100);
    for (i=0; i<imgData02.width*imgData02.height*4;i+=4){
        imgData02.data[i+0]=255;
        imgData02.data[i+1]=0;
        imgData02.data[i+2]=0;
        imgData02.data[i+3]=155;
    }
    ctx.putImageData(imgData02,120,110);
};
</script>
```

createImageData() 函数创建新的空白 ImageData 对象。新对象的默认像素值为 RGBA(0,0,0,0)。在操作完成数组中的 color/alpha 信息之后，可以使用 putImageData() 函数将图像数据复制回画布上。

createImageData() 函数的语法格式如表 9.23 和表 9.24 所示。

以指定的尺寸（以 px 为单位）创建新的 ImageData 对象：

```
varimgData=context.createImageData(width,height);
```

创建与指定的另一个 ImageData 对象尺寸相同的新 ImageData 对象（不会复制图像数据）：

```
varimgData=context.createImageData(imageData);
```

createImageData()函数的参数如表 9.11 所示。

表 9.11　createImageData()函数的参数

参　　数	描　　述
width	ImageData 对象的宽度，以 px 为单位
height	ImageData 对象的高度，以 px 为单位
imageData	另一个 ImageData 对象

为看出 createImageData()函数绘图效果的不同，用 drawImage()函数从坐标(10,10)的位置绘制 image.jpg 图片：

```
ctx.drawImage(image,10,10);
```

使用 getImageData()函数从画板中获取像素数据：

```
varimgData=ctx.getImageData(20,20,100,100);
```

（1）针对 imgData01 像素数据的解析。

使用 createImageData()函数返回与 imgData 相同大小的 ImageData 对象：

```
var imgData01=ctx.createImageData(imgData);
```

使用循环语句对 imgData01 进行赋值：

```
for (i=0; i<imgData01.width*imgData01.height*4;i+=4){
    imgData01.data[i+0]=255;
    imgData01.data[i+1]=0;
    imgData01.data[i+2]=0;
    imgData01.data[i+3]=255;
}
```

将所创建的像素数据 imgData01 画到 canvas 画板以(10,110)为起始坐标的位置上：

```
ctx.putImageData(imgData01,10,110);
```

（2）针对 imgData02 像素数据的解析。

使用 createImageData()函数返回一个大小为 100×100 的 ImageData 对象：

```
var imgData02=ctx.createImageData(100,100);
```

使用循环语句对 imgData02 进行赋值：

```
for (i=0; i<imgData02.width*imgData02.height*4;i+=4){
    imgData02.data[i+0]=255;
    imgData02.data[i+1]=0;
    imgData02.data[i+2]=0;
    imgData02.data[i+3]=155;
}
```

将所创建的像素数据 imgData02 画到 canvas 画板以(120,110)为起始坐标的位置上：

```
ctx.putImageData(imgData02,120,110);
```

【程序运行效果】　本例运行效果如图 9.14 所示。

图 9.14　例 9.12 运行效果

9.2　audio 标记

目前，大多数音频是通过插件来播放音频文件的，如常见的播放插件为 Flash，这就是为什么用户在用浏览器播放音乐时，常常要安装 Flash 插件的原因。但是并不是所有的浏览器都拥有同样的插件，为此，HTML5 中新增了 audio 标记，规定了一种包含音频的标准方法。

【例 9.13】　audio 标记简单应用案例。

HTML5 提供了播放音频文件的标准。直到现在，互联网上的音频仍然不存在一项旨在网页上播放音频的标准。今天，大多数音频是通过插件（如 Flash）来播放的。然而，并非所有浏览器都拥有同样的插件。HTML5 规定了在网页上嵌入音频元素的标准，即使用 audio 元素。

1）浏览器支持

IE9+、Firefox、Opera、Chrome 和 Safari 都支持 audio 元素。IE8 及更早的 IE 版本不支持 audio 元素。

2）HTML5 audio 如何工作

如果在 HTML5 中播放音频，则使用以下程序代码：

```
<audio controls>
    <source src="resource/horse.ogg" type="audio/ogg">
    <source src="resource/horse.mp3" type="audio/mpeg">
您的浏览器不支持 audio 元素。
</audio>
```

control 属性可以添加播放、暂停和音量控件。

在"<audio>"与"</audio>"之间要插入浏览器不支持的 audio 元素的提示文本。audio 元素允许使用多个 source 元素。source 元素可以链接不同的音频文件，浏览器将使用第一个支持的音频文件。

目前，audio 元素支持 3 种音频格式文件：MP3、Wav 和 Ogg，如表 9.12 所示。

表 9.12　浏览器支持的音频格式

浏览器	MP3	Wav	Ogg
Internet Explorer 9+	YES	NO	NO
Chrome 6+	YES	YES	YES
Firefox 3.6+	YES	YES	YES
Safari 5+	YES	YES	NO
Opera 10+	YES	YES	YES

音频格式的 MIME 类型如表 9.13 所示。

表 9.13　音频格式的 MIME 类型

Format	MIME 类型
MP3	audio/mpeg
Ogg	audio/ogg
Wav	audio/wav

HTML5 audio 标记如表 9.14 所示。

表 9.14　HTML5 audio 标记

标　记	描　述
audio	定义了声音内容
source	规定了多媒体资源，可以是多个，在 video 与 audio 标记中使用

【程序运行效果】　如图 9.15 所示，定义了一个音频播放器。

图 9.15　例 9.13 运行效果

可以在"<audio>"和"</audio>"之间放置文本内容，这些文本信息将会被显示在那些不支持 audio 标记的浏览器中。audio 标记支持 HTML5 的全局属性，并支持 HTML5 的事件属性。source 标记为媒体元素（如 video 和 audio 元素）定义媒体资源。source 标记允许规定两个视频/音频文件公用浏览器，根据它对媒体类型或者编解码器的支持进行选择。

【例 9.14】　设置为自动播放的 audio 元素。

```
<audio controls autoplay>
  <source src="resource/horse.ogg" type="audio/ogg">
  <source src="resource/horse.mp3" type="audio/mpeg">
您的浏览器不支持 audio 元素。
</audio>
```

【程序运行效果】　autoplay 属性规定了一旦音频就绪马上开始播放。如果设置了该属性，音频将自动播放，如图 9.16 所示。

0:00 / 0:01

图 9.16　例 9.14 运行效果

【例 9.15】　带有浏览器默认控件的 audio 元素。

```
<audio controls>
  <source src="resource/horse.ogg" type="audio/ogg">
  <source src="resource/horse.mp3" type="audio/mpeg">
</audio>
```

如果去掉"controls"，程序将无法显示音频界面。controls 属性是一个布尔属性。如果属性存在，它指定音频控件的显示方式。音视频控件包括：播放、暂停、进度条、音量等。

【程序运行效果】 本例运行效果如图 9.17 所示。

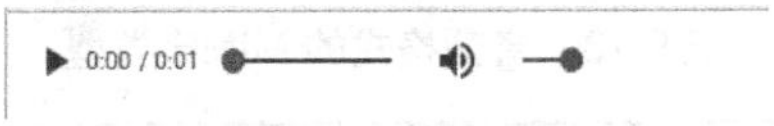

图 9.17 例 9.15 运行效果

【例 9.16】 设置音频循环播放。

```
<audio controls loop>
    <source src="resource/horse.ogg" type="audio/ogg">
    <source src="resource/horse.mp3" type="audio/mpeg">
</audio>
```

loop 属性是一个布尔逻辑属性。如果设置该属性，则音频将循环播放。

【程序运行效果】 本例运行效果如图 9.18 所示。

图 9.18 例 9.16 运行效果

【例 9.17】 被静音频。

```
<audio controls muted>
    <source src="resource/horse.ogg" type="audio/ogg">
    <source src="resource/horse.mp3" type="audio/mpeg">
您的浏览器不支持 audio 元素。
</audio>
```

muted 属性属于逻辑属性。如被设置，则规定视频输出应该被静音。

【程序运行效果】 本例运行效果如图 9.19 所示。

图 9.19 例 9.18 运行效果

【例 9.18】 设置为预加载的 audio 元素。

```
<audio controls preload="none">
    <source src="resource/horse.ogg" type="audio/ogg">
    <source src="resource/horse.mp3" type="audio/mpeg">
</audio>
```

preload 属性规定是否在页面加载后载入音频。如果设置了 autoplay 属性，则忽略该属性。preload 属性值包括：

auto——当页面加载后载入整个音频；

meta——当页面加载后只载入元数据；

none——当页面加载后不载入音频。

【程序运行效果】 本例运行效果如图 9.20 所示。

图 9.20 例 9.18 运行效果

【例 9.19】 播放音频。

```
<audio src="resource/horse.ogg" controls>
</audio>
```

src 属性描述了音频文件的地址（URL）。ogg 文件格式的音频，可以在 Firefox、Opera 和 Chrome 浏览器下播放。如果要在 IE 和 Safari 浏览器播放音频，必须使用 MP3 文件。如果需要兼容所有浏览器请在 audio 元素中使用 source 元素。source 元素可以链接到不同的音频文件。浏览器将使用第一个可识别的音频文件格式。

【程序运行效果】 本例运行效果如图 9.21 所示。

图 9.21　例 9.19 运行效果

9.3　video 标记

很多站点都会使用到视频，HTML5 提供了展示视频的标准。Web 站点上的视频直到现在，仍然不存在一项旨在网页上显示视频的标准。今天，大多数视频是通过插件（如 Flash）来显示的。然而，并非所有浏览器都拥有同样的插件。HTML5 规定了一种通过 video 元素来包含视频的标准方法。

IE9+、Firefox、Opera、Chrome 和 Safari 支持 video 元素，IE8 或者更早的 IE 版本不支持 video 元素。

【例 9.20】 video 标记简单应用案例。

```
<video width="320" height="240" controls>
  <source src=" resource/movie.mp4" type="video/mp4">
  <source src=" resource/movie.ogg" type="video/ogg">
您的浏览器不支持 HTML5 video 标记。
</video>
```

video 元素提供了播放、暂停和音量控件来控制视频。同时，video 元素也提供了 width 和 height 属性控制视频的尺寸。如果设置了 width 和 height 属性，所需的视频空间会在页面加载时被保留；如果没有设置这些属性，浏览器不知道视频和大小，浏览器就不能在页面加载时保留特定的空间，页面就会根据原始视频的大小而改变。

"<video>"与"</video>"之间插入的内容是提供给不支持 video 元素的浏览器显示的。video 元素支持多个 source 元素。source 元素可以链接不同的视频文件。浏览器将使用第一个可识别的视频格式。

目前，video 元素支持 3 种视频格式：MP4、WebM 和 Ogg，如表 9.15 所示。

表 9.15　浏览器支持的视频格式

浏 览 器	MP4	WebM	Ogg
Internet Explorer	YES	NO	NO
Chrome	YES	YES	YES

续表

浏 览 器	MP4	WebM	Ogg
Firefox	YES	YES	YES
Safari	YES	NO	NO
Opera	YES（从 Opera 25 起）	YES	YES

➤ MP4：带有 H.264 视频编码和 AAC 音频编码的 MPEG 4 文件；

➤ WebM：带有 VP8 视频编码和 Vorbis 音频编码的 WebM 文件；

➤ Ogg：带有 Theora 视频编码和 Vorbis 音频编码的 Ogg 文件。

video 标记如表 9.16 所示。

表 9.16　video 标记

标　记	描　述
video	定义一个视频
source	定义多种媒体资源，如 video 和 audio 标记
track	定义在媒体播放器文本轨迹

video 标记定义视频，如电影片段或其他视频流。可以在"<video>"和"</video>"之间放置文本内容，这样不支持 video 元素的浏览器就可以显示出该标记的信息。

video 标记的可选属性如表 9.17 所示。

表 9.17　video 标记的可选属性

属　性	值	描　述
autoplay	autoplay	如果出现该属性，则视频在就绪后马上播放
controls	controls	如果出现该属性，则向用户显示控件，如播放按钮
height	pixels	设置视频播放器的高度
loop	loop	如果出现该属性，则当媒介文件完成播放后再次开始播放
muted	muted	如果出现该属性，视频的音频输出被静音
poster	*URL*	规定视频正在下载时显示的图像，直到用户单击播放按钮
preload	auto metadata none	如果出现该属性，则视频在页面加载时进行加载，并预备播放。如果使用"autoplay"，则忽略该属性
src	URL	要播放视频的 URL
width	pixels	设置视频播放器的宽度

【程序运行效果】　本例运行效果如图 9.22 所示。

图 9.22　例 9.20 运行效果

【例 9.21】　设置为自动播放的 video 元素。

```
<video controls autoplay>
  <source src="resource/movie.mp4" type="video/mp4">
  <source src="resource/movie.ogg" type="video/ogg">
  您的浏览器不支持 HTML5 video 标签。
</video>
```

autoplay 属性是 boolean（布尔逻辑）属性。autoplay 属性规定一旦视频就绪马上开始播放。如果设置了该属性，视频将自动播放。

【程序运行效果】　本例运行效果如图 9.23 所示。

图 9.23　例 9.21 运行效果

【例 9.22】　带有浏览器默认控件的 video 元素。

```
<video controls>
  <source src="resource/movie.mp4" type="video/mp4">
  <source src="resource/movie.ogg" type="video/ogg">
  您的浏览器不支持 HTML5 video 标记。
</video>
```

controls 属性是一个 boolean（布尔逻辑）属性。controls 属性规定浏览器应该为视频提供播放控件。如果设置了该属性，则规定不存在视频制作者设置的脚本控件。浏览器控件应该包括播放、暂停、定位、音量、全屏切换、字幕（如果可用）、音轨（如果可用）。

【程序运行效果】　本例运行效果如图 9.24 所示。

图 9.24　例 9.22 运行效果

去掉"controls"后，本例运行效果如图 9.25 所示。

图 9.25　例 9.22 去掉"controls"后运行效果

【例 9.23】　设置为循环播放的 video 元素。

```
<video controls loop>
    <source src="resource/movie.mp4" type="video/mp4">
    <source src="resource/movie.ogg" type="video/ogg">
    您的浏览器不支持 HTML5 video 标记。
</video>
```

loop 属性是一个 boolean（布尔逻辑）属性。loop 属性规定当视频结束后将重新开始播放。如果设置该属性，则视频将循环播放。

【程序运行效果】　本例运行效果如图 9.26 所示。

图 9.26　例 9.24 运行效果

【例 9.24】　带有预览图的视频播放器。

```
<video width="320" height="240" poster="resource/logocss.gif" controls>
    <source src="resource/movie.mp4" type="video/mp4">
    <source src="resource/movie.ogg" type="video/ogg">
    您的浏览器不支持 HTML5 video 标记。
</video>
```

poster 属性指定视频下载时显示的图像，或者在用户单击播放按钮前显示的图像。属性取值为 URL。指定图片文件的 URL：绝对 URL——指向另外一个站点 URL（如 href="http://www.example.com/poster.jpg"）；相对 URL——指向同个站点的 URL（如 href="poster.jpg"）。

【程序运行效果】　本例视频未播放时用图像 resource/logocss.gif 来显示，如图 9.27 所示。

图 9.27　例 9.24 运行效果

【例 9.25】 页面加载时视频不应该被载入。

```
<video width="320" height="240" controls preload="none">
  <source src="resource/movie.mp4" type="video/mp4">
  <source src="resource/movie.ogg" type="video/ogg">
  您的浏览器不支持 HTML5 video 标记。
</video>
```

preload 属性规定是否在页面加载后载入视频。如果设置了 autoplay 属性，则忽略该属性。

注意： 如果使用 autoplay 属性，preload 将被忽略。属性值：auto 指示一旦页面加载，则开始加载音频/视频；metadata 指示当页面加载后仅加载音频/视频的元数据；none 指示页面加载后不应加载音频/视频。

【程序运行效果】 本例运行效果如图 9.28 所示。

图 9.28 例 9.25 运行效果

【例 9.26】 为视频创建简单的播放/暂停，以及调整尺寸控件。

```
<div style="text-align:center">
  <button onclick="playPause()">播放/暂停</button>
  <button onclick="makeBig()">放大</button>
  <button onclick="makeSmall()">缩小</button>
  <button onclick="makeNormal()">普通</button>
  <br>
  <video id="video1" width="420">
    <source src="resource/movie.mp4" type="video/mp4">
    <source src="resource/movie.ogg" type="video/ogg">
    您的浏览器不支持 HTML5 video 标记。
  </video>
</div>

<script>
var myVideo=document.getElementById("video1");

function playPause()
{
    if (myVideo.paused)
      myVideo.play();
    else
      myVideo.pause();
}
```

```
        function makeBig()
    {
        myVideo.width=560;
    }

        function makeSmall()
    {
        myVideo.width=320;
    }

        function makeNormal()
    {
        myVideo.width=420;
    }
</script>
```

video 元素使用 DOM 进行控制，video 和 audio 元素同样拥有方法、属性和事件。video 和 audio 元素的方法、属性和事件可以使用 JavaScript 进行控制。其中，video 和 audio 元素的方法用于播放、暂停以及加载等；video 和 audio 元素的属性（如时长、音量等）可以被读取或设置；video 和 audio 元素的 DOM 事件能够通知您，例如，video 元素开始播放、已暂停、已停止等。本例中简单的方法，向我们演示了如何使用 video 元素，读取并设置属性，以及如何调用方法。

【程序运行效果】 本例调用了两个方法：play()和 pause()。它同时使用了两个属性：paused 和 width。单击按钮，体验程序的效果，如图 9-29 所示。

图 9.29 例 9.26 运行效果

9.4 开发实例

【例 9.27】 canvas 开发实例——帧动画效果。
（1）构建基本窗口代码清单：

```
<!DOCTYPE html>
<meta charset="utf-8" />
<style type="text/css">
```

```
body{text-align:center;}
    #c1{border:1px dotted black}
</style>
<body>
<h2>超级玛丽动画效果</h2>
<img id="img1" src="images/image.png" />
<input id="btnGO" type="button" value="开始" /><br>
<canvas id="c1" width="320" height="200" ></canvas><br>
</body>
</html>
```

（2）构建超级玛丽动画效果：

```
<script>
varisAnimStart = false;              //是否开始动画
varMarioMovie = null;                //动画函数
varframen = 0;                       //图片切割个数
var frames = [];                     //保存每帧动画起始坐标
for (framen=0; framen<15; framen++ ) {
    frames[framen] = [32*framen, 0];
  }
 //定义每帧图像的宽度和高度
varfWidth = 32,
fHeight = 32;
function $(id)
   {
returndocument.getElementById(id);
   }
functioninit()
   {
       //响应 onclick 事件
     $("btnGO").onclick=function()
      {
    //如果没开始动画，则开始动画
    if(!isAnimStart)
        {
        varctx = $("c1").getContext("2d");
        varfIndex = 0;
        varcX = 160,
        cY = 100;
        animHandle = setInterval(function(){
            ctx.clearRect(0,0,320,200);
ctx.drawImage(img1,
            frames[fIndex][0],frames[fIndex][1],fWidth,fHeight,
            cX-64,cY-64,fWidth*4,fHeight*4);
            fIndex++;
            if(fIndex>=frames.length)
              {
            fIndex = 0;
              }
```

```
        },100)
        $("btnGO").value = "停止";
        isAnimStart = true;
        }
        else
        {
          $("btnGO").value = "开始";
        clearInterval(animHandle);
        isAnimStart = false;
        }
      }
    }
  init();
  </script>
```

本例实现了超级玛丽行走、蹲下等动画效果，主要采用 1s 连续放映 20 张静态图片的方式来形成了动态效果。本例中，主要用 drawImage()函数实现画图效果，用 setInterval()函数实现循环播放，用 clearInterval()函数实现动画的停止。

```
for (framen=0; framen<15; framen++ ) {frames[framen] = [32*framen, 0];}
```

表示将 image.png 图片进行坐标切割，形成 15 个不同的超级玛丽状态图，并把每个图片的横纵坐标放入 frames[]参数中。

```
ctx.clearRect(0,0,320,200);ctx.drawImage(img1,frames[fIndex][0],frames[fIndex][1],fWidth,fHeight,cX-64,cY-64,fWidth*4,fHeight*4);
```

表示清空画布后，把当前序列号为 Index 的图片画到(cX-64,cY-64)的位置上，且 fWidth*4,fHeight*4 表示高度和宽度放大 4 倍。

```
fIndex++;if(fIndex>=frames.length){fIndex = 0;}
```

表示 15 个图像都循环显示完成之后，又从第一个图像开始循环显示。

```
MarioMovie = setInterval(function(){},100)
```

表示 setInterval()函数让函数体 function 里面的代码以 100ms 的速度周期执行，可以调整毫秒值来使帧速度变快或者变慢。

```
clearInterval(MarioMovie);
```

表示 clearInterval()函数停止 MarioMovie 的动作循环效果。

【程序运行效果】 本例运行效果如图 9.30 所示。

图 9.30　例 9.27 运行效果

本例将演示如何抓取 video 元素中的帧画面，并显示在动态的 canvas 上，当视频播放时，定期从视频中抓取图像帧，并绘制到旁边的 canvas 上，当用户单击 canvas 上显示的任何一帧图像时，所播放的视频会跳转到相应的时间点。

【例9.28】　video开发实例——视频帧抓取。

步骤1：添加video和canvas元素，使用video元素播放视频。

```
<video id="movies" autoplay oncanplay="startVideo()" onended="stopTimeline()" autobuffer="true"
    width="400px" height="300px">
    <source src="medias/volcano.ogv" type='video/ogg; codecs="theora, vorbis"'>
    <source src="medias/volcano.mp4" type='video/mp4'>
</video>
```

video元素声明了autoplay属性，这样页面加载完成后，视频会被自动播放。此外，还增加了两个事件处理函数，当视频加载完毕，准备开始播放的时候，会触发oncanplay函数来执行预设的动作，当视频播放完后，会触发onended函数以停止帧的创建。

接着创建id为timenline的canvas元素，以固定的时间间隔在上面绘制视频帧画面。

```
<canvas id="timeline" width="400px" height="300px">
```

步骤2：添加变量，创建必须的元素之后，为示例编写脚本代码，在脚本中声明一些变量，同时增强代码的可读性。

```
var updateInterval = 5000;              //定义时间间隔，以ms为单位
    //定义抓取画面，显示大小
    var frameWidth = 100;
    var frameHeight = 75;
    //定义行列数
    var frameRows = 4;
    var frameColumns = 4;
    var frameGrid = frameRows * frameColumns;
    //定义当前帧
    var frameCount = 0;
    var intervalId;
    //定义播放完毕，取消定时器
var videoStarted = false;
```

变量updateInterval控制抓取帧的频率，其单位是ms，5000表示每5s抓取一次。frameWidth和frameHeight两个参数用来指定在canvas中展示的视频帧画面的大小。frameRows、frameColumns和frameGrid 3个参数决定了在画布中总共显示多少帧。为了跟踪当前播放的帧，定义了frameCount变量、frameCount变量能够被所有函数调用；intervalId用来停止控制抓取帧的计时器；videoStarted标志变量用来确保每个示例只创建一个计时器。

步骤3：添加updateFrame函数，整个示例的核心功能是抓取视频帧并绘制到canvas上，它是视频与canvas相结合的部分。具体程序代码如下：

```
//该函数负责把抓取的帧画面绘制到画布上
    function updateFrame() {
        var video = document.getElementById("movies");
        var timeline = document.getElementById("timeline");
        var ctx = timeline.getContext("2d");
        //根据帧数计算当前播放位置，然后以视频为输入参数绘制图像
        var framePosition = frameCount % frameGrid;
        var frameX = (framePosition % frameColumns) * frameWidth;
        var frameY = (Math.floor(framePosition / frameRows)) * framcHeight;
        ctx.drawImage(video, 0, 0, 400, 300, frameX, frameY, frameWidth, frameHeight);
```

```
            frameCount++;
        }
```

在操作 canvas 前，首先要获取 canvas 的二维上下文对象：

```
var ctx = timeline.getContext("2d");
```

这里按从左到右、从上到下的顺序填充 canvas 网格，所以要精确计算从视频中截取的每帧应该对应到哪个 canvas 网格中。根据每帧的高度和宽度，计算出它们的起始绘制坐标。

```
var framePosition = frameCount % frameGrid;
        var frameX = (framePosition % frameColumns) * frameWidth;
        var frameY = (Math.floor(framePosition / frameRows)) * frameHeight;
```

最后将图像绘制到 canvas 上的关键函数来调用，drawImage()函数中传入的不是图像，而是视频对象。

```
ctx.drawImage(video, 0, 0, 400, 300, frameX, frameY, frameWidth, frameHeight);
```

canvas 的绘图可以将视频源当做图像或者图案进行处理，这样开发人员就可以方便地修改视频并将其重新显示在其他位置。

当 canvas 使用视频作为绘制源时，画出的只是当前播放的帧，canvas 的显示图像不会随着视频的播放而动态更新，如果希望更新显示内容，就要在视频播放期间重新绘制图像。

步骤 4：定义 startVideo()函数，负责定时更新画布上的帧画面图像，一旦视频加载成功并播放，就会触发 startVideo()函数，因此每次页面加载都仅触发一次 startVideo()函数，除非视频重新播放。在该函数中，当视频开始播放后，将抓取第一帧图像，接着会启用定时器来定期调用 updateFrame()函数。

```
updateFrame();
        intervalId = setInterval(updateFrame, updateInterval);
```

步骤 5：当用户单击某一帧图像时，将计算帧图像所对应的视频位置，然后定位到该位置进行播放。

```
var timeline = document.getElementById("timeline");
        timeline.onclick = function(evt) {
            var offX = evt.layerX - timeline.offsetLeft;
            var offY = evt.layerY - timeline.offsetTop;
            //计算哪个位置的帧图像被单击
            var clickedFrame = Math.floor(offY / frameHeight) * frameRows;
            clickedFrame += Math.floor(offX / frameWidth);
            //计算视频对应播放到哪一帧图像
            var seekedFrame = (((Math.floor(frameCount / frameGrid)) *
                                frameGrid) + clickedFrame);
            //如果用户单击的帧图像位于当前帧图像之前，则设定其是上一轮的帧图像
            if (clickedFrame > (frameCount % 16))
                seekedFrame -= frameGrid;
            //不允许跳出当前帧图像
            if (seekedFrame < 0)
                return;
            var video = document.getElementById("movies");
            video.currentTime = seekedFrame * updateInterval / 1000;
            frameCount = seekedFrame;
        }
```

步骤 6：添加 stopTimeline()函数，最后要做的工作是在视频播放完毕时，停止视频抓取。

```
function stopTimeline() {
        clearInterval(intervalId);
    }
```

视频播放完毕时会触发 onended()函数，stopTimeline()函数会在此时被调用。

【程序运行效果】　本例运行效果如图 9.31 所示。

图 9.31　例 9.28 运行效果

案例实战篇

　　学习知识的目的是为了应用，本章将 HTML5、CSS3 与 JavaScript 结合起来，以案例的形式展示实用的效果，不管是单一的效果还是整个集团网站的开发，都能给读者带来不同的体验。在制作项目时，认真体会页面的布局、不同 HTML 标记的语言和属性。HTML5 和 CSS3 都是所见即所得的语言，在项目制作过程中仔细体会它们的语义与样式效果，感受 HTML5、CSS3 和 JavaScript 脚本配合使用的效果。

　　建议读者在本课程的基础上不断深入学习 JavaScript、jQuery 和其他前端框架的编程知识，网页设计是个注重实践的过程，读者只有多多练习，才能提高代码的编写效率。

第10章

综合小案例

HTML5、CSS3、JavaScript 三者共同构成了丰富多彩的网页，它们使得网页包含更多活跃的元素和更加精彩的内容，将 JavaScript 程序嵌入 HTML5 文档中，与 HTML5 标记相结合，对网页元素进行控制，对用户操作进行响应，从而实现网页动态交互效果，这种特殊效果通常称为网页特效，在网页中添加一些恰当的特效，使页面具有一定的动态效果，能吸引浏览者的眼球，提高网页的观赏性和趣味性。

10.1　运动效果设计

【设计说明】　运动效果如图 10.1 所示，当单击网页中的"点我"按钮时，一个小方块从页面左上角移动到右下角。该效果可以应用到一些浮动广告等实际应用场景中。

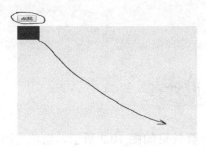

图 10.1　运动效果

步骤 1：设计 HTML5 页面显示。设计一个 p 元素存放"点我"的 button 元素，button 元素上添加 onclick 事件，当单击 button 元素时，响应的事件为 myMove()函数；设计两个 div 元素，用 id（myContainer 和 myAnimation）来唯一标识它们，myContainer 为黄色的背景矩形框，myAnimation 为运动的红色矩形框。

```
<p>
<button onclick="myMove()">点我</button>
```

```
</p>
<div id ="myContainer">
<div id ="myAnimation"></div>
</div>
```

步骤 2：设计 CSS3 渲染效果。设计 id 为 myAnimation 和 myContainer 的 div 元素属性，设置其大小、位置、颜色等。

```
#myContainer {
    width: 400px;                       //宽度为 400px
    height: 400px;                      //高度为 400px
    position: relative;                 //位置为相对位置
    background: yellow;                 //背景色为黄色
}
#myAnimation {
    width: 50px;                        //宽度为 50px
    height: 50px;                       //高度为 50px
    position: absolute;                 //位置为绝对位置
    background-color: red;              //背景颜色为红色
}
```

步骤 3：用 JavaScript 脚本来设计 myMove()函数的效果。

```
function myMove() {
var elem = document.getElementById("myAnimation");    //选取 id 号为 myAnimation 的元素对象
    var pos = 0;
    var id = setInterval(frame, 10);                   //定时触发函数：10ms 触发一次 frame 函数
    function frame() {
if (pos == 350) {                                      //当 pos 等于 350（即动作触发了 350 次）
        clearInterval(id);                             //则清除定时器
    } else {                                           //当 pos<350
        pos++;                                         //则 pos+1
    elem.style.top = pos + 'px';        //elem 元素 top 值设置为 pos 像素（即实现了元素下移的效果）
    elem.style.left = pos + 'px';       //elem 元素 left 值设置为 pos 像素（即实现了元素右移的效果）
    }
  }
}
```

10.2　手风琴菜单设计

【设计说明】手风琴菜单折叠效果如图 10.2 所示，当单击网页中的"选项 1"、"选项 2"或"选项 3"按钮时，分别将其折叠起来的选项框具体内容展现，如图 10.3 所示，再次单击"选项 1"、"选项 2"或"选项 3"按钮，则其具体内容又折叠起来。该效果可应用到一些菜单显示和新闻文章显示等实际应用场景中。

步骤 1：设计 HTML5 页面显示。设计三组 class 为 accordion 的选项，button 和 class 为 panel 的 div 元素。其中，div 元素中使用 p 元素来设计对应的折叠框具体内容信息。

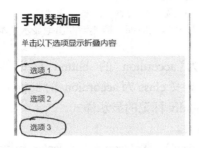

图 10.2 手风琴菜单折叠效果   图 10.3 手风琴菜单展开效果

```
<h2>手风琴动画</h2>
<p>单击以下选项显示折叠内容</p>
<button class="accordion">选项 1</button>
<div class="panel">
    <p>选项 1 内容</p>
</div>
<button class="accordion">选项 2</button>
<div class="panel">
    <p>选项 2 内容</p>
</div>
<button class="accordion">选项 3</button>
<div class="panel">
    <p>选项 3 内容</p>
</div>
```

其中，"<buttonclass="accordion">选项 1</button>"定义选项 1 的 class 属性为 accordion；"<div class="panel">"与"</div>"之间包含的是折叠隐藏的菜单内容。

步骤 2：定义 CSS3 属性，实现 class 为 accordion 的选项，button 和 class 为 panel 的 div 元素。div 元素中的 p 元素的样式如下：

```
button.accordion {
    background-color: #eee;            //背景颜色
    color: #444;                      //字体颜色
    cursor: pointer;                  //鼠标显示外观为手形
    padding: 18px;                    //填充为 18px
    width: 100%;                      //宽度为 100%
    border: none;                     //无边框
    text-align: left;                 //文字为左对齐
    outline: none;                    //没有外线框
    font-size: 15px;                  //字体大小为 15px
    transition: 0.4s;                 //运动速度为 0.4s
}
button.accordion.active, button.accordion:hover {
    background-color: #ddd;           //鼠标激活和悬停状态的背景颜色
}
div.panel {
    padding: 0 18px;                  //内容的上、下填充为 0px，左、右填充为 18px
    background-color: white;          //背景颜色
```

```
        max-height: 0;                          //最大高度为自动高度
        overflow: hidden;                       //隐藏超出宽度的内容
        transition: max-height 0.2s ease-out;   //动画以 0.2s 的时间间隔逐渐渐出地显示文本内容
    }
```

其中，"button.accordion"定义 class 为 accordion 的 button 标记的显示样式；"button.accordion.active, button.accordion:hover"定义 class 为 accordion 的 button 标记的单击后和悬停显示样式；div.panel 定义 class 为 panel 的 div 标记的显示样式。

步骤 3：用 JavaScript 代码实现单击后的效果。

```
var acc = document.getElementsByClassName("accordion"); //获取 class 名为 accordion 的标记对象
var i;
for (i = 0; i < acc.length; i++) { //对获取的标记 1～3 对象都添加 onclick 事件监听对象
    acc[i].onclick = function() {
        this.classList.toggle("active");//切换当前的标记 active 属性
        var panel = this.nextElementSibling;//寻找当前节点的下一个兄弟节点
        if (panel.style.maxHeight){//如果兄弟节点有 maxHeight（即当前 panel 对象是显示的状态）
            panel.style.maxHeight = null;//则将 panel 对象 maxHeight 设为 null（即设置为隐藏状态）
        } else {
            panel.style.maxHeight = panel.scrollHeight + "px";//如果 panel 对象 maxHeight 为 null（即设置为隐藏
状态），则将其 maxHeight 设置为滚动高度（即通过设置高度来实现显示效果）
        }
    }
}
```

10.3 表格数据搜索设计

【设计说明】表格数据未搜索之前状态如图 10.4 所示，当在搜索框中输入搜索的内容，出现如图 10.5 所示的搜索结果。该效果可应用到一些网页搜索功能等实际应用场景中。

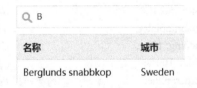

图 10.4　表格数据未搜索之前状态　　　图 10.5　表格数据未搜索之后状态

步骤 1：HTML5 页面设计。使用 input 标记设计一个搜索输入框，响应的事件为 onkeyup 键盘弹起事件，事件响应的动作为 myFunction()函数；设计一个表格 table。设计表格具体内容：

```
<input type="text" id="myInput" onkeyup="myFunction()" placeholder="搜索...">
<table id="myTable">
  <tr class="header">
    <th style="width:60%;">名称</th>
    <th style="width:40%;">城市</th>
  </tr>
```

```
        <tr>
            <td>Alfreds Futterkiste</td>
            <td>Germany</td>
        </tr>
        <tr>
            <td>Berglunds snabbkop</td>
            <td>Sweden</td>
        </tr>
        <tr>
            <td>Island Trading</td>
            <td>UK</td>
        </tr>
        <tr>
            <td>Koniglich Essen</td>
            <td>Germany</td>
        </tr>
</table>
```

步骤 2：CSS3 页面渲染。实现 id 为 myInput 的搜索框、myTable 的 table 元素和 table 内部元素的样式。

```
#myInput {
background-image: url('https://static.runoob.com/images/mix/searchicon.png');//搜索框背景图片
        background-position: 10px 12px;          /*设置搜索按钮位置，定位搜索按钮*/
        background-repeat: no-repeat;            /*不重复图片*/
        width: 100%;                             /*宽度占 100%*/
        font-size: 16px;                         /*字体大小为 16px*/
padding: 12px 20px 12px 40px;                    /*填充上边距为 12px；填充右边距为 20px；填充下边
                                                   距为 12px；填充左边距为 40px*/
        border: 1px solid #DDD;                  /*边框为 1px，实线颜色为#DDD*/
        margin-bottom: 12px;                     /*底部边框为 12px*/
}
#myTable {
        border-collapse: collapse;               /*边框格式*/
        width: 100%;                             /*宽度 100%*/
        border: 1px solid #DDD;                  /*边框为 1px，实线颜色为#DDD*/
        font-size: 18px;                         /*字体大小为 18px*/
}
#myTable th, #myTable td {
        text-align: left;                        /*文字左对齐*/
        padding: 12px;//填充为 12px
}
#myTable tr {
        border-bottom: 1px solid #DDD;           /*边框为 1px，实线颜色为#DDD*/
}
#myTable tr.header, #myTable tr:hover {
        background-color: #F1F1F1;               /*表头及鼠标移动过 tr 时添加背景*/
}
```

步骤 3：JavaScript 效果编码。当搜索框输入搜索内容时，去搜索 table 下的子元素是否存在该关键字，是则设置为显示，其他设置为隐藏。

```
function myFunction() {
    var input, filter, table, tr, td, i;                            //声明变量
input = document.getElementById("myInput");                         //应用 DOM 操作找出 id 为 myInput 的元素对象
    filter = input.value.toUpperCase();                             //将 input 的元素对象的值转为大写
document.getElementById("myTable");                                 //应用 DOM 操作找出 id 为 myTable 的元素对象
tr = table.getElementsByTagName("tr");                              //应用 DOM 操作找出 table 底下 tr 元素集合
  for (i = 0; i < tr.length; i++) {                                 //循环表格每一行，查找匹配项
        td = tr[i].getElementsByTagName("td")[0];                   //应用 DOM 操作找出 tr 底下 td 元素集合
    if (td) {                                                       //如果找到 td
      if (td.innerHTML.toUpperCase().indexOf(filter) > -1) {        //使用 indexOf()函数判断 filter 变量内容是否
                                                                    //在 td 的 html 元素的内容（转换成大写后）
                                                                    //中存在

            tr[i].style.display = "";                               //如果存在则 style 样式设为显示
        } else {                                                    //如果不存在
          tr[i].style.display = "none";                             //则设置为不显示
        }
      }
    }
}
```

10.4　图片 Modal（模态）效果设计

【设计说明】本例演示了如何结合 CSS3 和 JavaScript 来渲染图片。首先，我们使用 CSS 来创建 modal 窗口（对话框），默认是隐藏的。模块窗口隐藏时状态如图 10.6 所示。

然后，使用 JavaScript 来显示模块窗口，当我们单击图片时，图片会在弹出的窗口中显示。模块窗口显示时状态如图 10.7 所示。

图 10.6　模块窗口隐藏时状态　　　　　　　　图 10.7　模块窗口显示时状态

步骤 1：HTML5 页面设计。使用一个 img 标记放入一个图片，并设置图片的高度为 200px，宽度为 300px；设计一个 div 元素作为模块框，其 id 为 myModal，类名为 modal，模块框中定义了 span、img 和 div 标记，用来部署模块框的内容。

```
<body>
<img id="myImg" src=" images/lights600x400.jpg" alt="Northern Lights, Norway" width="300" height="200">
<div id="myModal" class="modal">
  <span class="close">×</span>
  <img class="modal-content" id="img01">
```

```
    <div id="caption"></div>
  </div>
```

步骤2：CSS3 页面渲染。实现 id 为 myImg 的图片、caption 当前状态和鼠标悬停状态的样式；实现类名为 modal 和 modal-content 的样式等，并且还实现了窗口的自适应设计。

```
#myImg {                              /*设置 id 为 myImg 的图片样式/
    border-radius: 5px;               /*设置半径为 5px 的圆角边框*/
    cursor: pointer;                  /*设置鼠标状态*/
    transition: 0.3s;                 /*设置动画变化的间隔时间为 0.3s*/
}
#myImg:hover {opacity: 0.7;}          /*设置图片的鼠标悬停状态样式：透明度为原图的 0.7*/
.modal {                              /*设置 class 为 modal 的模块框样式*/
    display: none;                    /*默认隐藏*/
    position: fixed;                  /*位置为固定定位*/
    z-index: 1;                       /*模块框在顶层*/
    padding-top: 100px;               /*模块框的填充效果为 100px*/
    left: 0;                          /*左边距为 0px*/
    top: 0;                           /*上边距为 0px*/
    width: 100%;                      /*宽度为 100%，满屏显示*/
    height: 100%;                     /*高度为 100%，满屏显示*/
    overflow: auto;                   /*如果文字不够显示则出现滚动条*/
    background-color: rgb(0,0,0);     /*设置背景色*/
    background-color: rgba(0,0,0,0.9); /*设置有透明度的背景色*/
}
.modal-content {                      /*设置 class 为 modal-content 的状态*/
    margin: auto;                     /*外边距为自动边距*/
    display: block;                   /*块状显示*/
    width: 80%;                       /*宽度为 80%*/
    max-width: 700px;                 /*最大宽度为 700px*/
}
#caption {                            /*设置 id 为 caption 的图片样式*/
    margin: auto;                     /*外边距为自动边距*/
    display: block;                   /*块状显示*/
    width: 80%;                       /*宽度为 80%*/
    max-width: 700px;                 /*最大宽度为 700px*/
    text-align: center;               /*文字为居中对齐*/
    color: #CCC;                      /*颜色值为#CCC*/
    padding: 10px 0;                  /*填充上、下边距为 10px，左、右边距为 0px*/
    height: 150px;                    /*高度为 150px*/
}
.modal-content, #caption {            /*设置 class modal-content 和 id caption 的元素动画*/
    -webkit-animation-name: zoom;     /*动画名为 zoom 的自定义动画 （浏览器兼容模式）*/
    -webkit-animation-duration: 0.6s; /*动画持续时间为 0.6s（浏览器兼容模式）*/
    animation-name: zoom;             /*动画名为 zoom 的自定义动画 */
    animation-duration: 0.6s;         /*动画变化的间隔时间为 0.6s*/
}
@-webkit-keyframes zoom {             /*自定义动画名为 zoom 的动画（浏览器兼容模式）*/
    from {-webkit-transform: scale(0)} /*动画从原来大小的 0 倍开始*/
    to {-webkit-transform: scale(1)}  /*动画到原来大小的 1 倍结束*/
```

```
}
@keyframes zoom {                                   /*自定义动画名为 zoom 的动画*/
    from {transform: scale(0.1)}                     /*动画从原来大小的 0 倍开始*/
    to {transform: scale(1)}                         /*动画到原来大小的 1 倍结束*/
}
.close {                                             /*定义 class 名为 close 的按钮状态*/
    position: absolute;                              /*位置为绝对位置*/
    top: 15px;                                       /*上边距为 15px*/
    right: 35px;                                      /*右边距为 35px*/
    color: #F1F1F1;                                   /*颜色值为 #F1F1F1*/
    font-size: 40px;                                 /*文字大小为 40px*/
    font-weight: bold;                               /*字体为粗体*/
    transition: 0.3s;                                /*动画变化的间隔时间为 0.3s*/
}
.close:hover,.close:focus {                          /*定义 class 名为 close 的鼠标悬停和获取焦点时的状态*/
    color: #BBB;                                      /*颜色值为#BBB*/
    text-decoration: none;                           /*没有下画线*/
    cursor: pointer;                                 /*鼠标状态*/
}
@media only screen and (max-width: 700px){          /*定义当屏幕小于 700px 时的显示状态*/
    .modal-content {                                 /*设置类名为 modal-content 模块窗口的样式*/
        width: 100%;                                 /*宽度为 100%*/
    }
}
```

步骤 3：JavaScript 效果编码。默认图片是隐藏的，当我们单击图片时，图片会在弹出的窗口中显示。

```
var modal = document.getElementById('myModal');              //获取模块窗口
//获取图片模块框，alt 属性作为图片中弹出的文本描述
var img = document.getElementById('myImg');                  //获取图片
var modalImg = document.getElementById("img01");             //获取模块框里的图片
var captionText = document.getElementById("caption");        //获取模块框里的标题显示
img.onclick = function(){                                    //当单击图片时产生的动作
    modal.style.display = "block";                           //显示状态为显示
    modalImg.src = this.src;                                 //模块框内部的图片的源为当前图片源
    modalImg.alt = this.alt;                                 //模块框内部的图片中的文本描述为当前图片源的文本描述
    captionText.innerHTML = this.alt;                        //模块框内部的图片的标题为当前图片源的文本描述
}
var span = document.getElementsByClassName("close")[0];      //获取 span 元素，设置关闭模块框按钮
span.onclick = function() {                                  //单击 span 元素上的(x)，关闭模块框
    modal.style.display = "none";
}
```

第11章

集团网站开发

一般企业集团网站的规模不是很大，通常包括 3～5 个栏目，如首页、产品、新闻、动态等栏目，并且有的栏目甚至只包含一个页面。此类网站主要用于发布集团内部的信息、分享和交流相关经验等。

11.1　案例分析

11.1.1　需求描述

本例模拟的是一个简化版的集团网站，网站上包含首页、产品列表、新闻列表和内容页面等栏目，本例采用的是蓝色和灰色的配色方案，蓝色部分显示导航菜单，灰色显示文本信息。首页部分实现效果如图 11.1 所示。

图 11.1　首页部分实现效果

11.1.2　设计分析

作为一个电子科技公司的集团网站首页，其页面需要简单、明了，给人以清晰的感觉。从集团网站的首页、产品列表、新闻列表、内容页面和关于我们的页面效果图，可以看到页面有一个共同点，那就是网页顶部导航和页面底部的网站版权是一样的，都可看成上、中、下结构，也就是说，最上方都是网站导航，中间部分是网页主体显示内容，每个页面的主体内容都不一样，最下方都是网站版权相关信息。因此，大家在制作网页时，可以先制作网站的导航和版权部分，这样在制作其他页面时，可以直接使用已经制作完成的导航和版权部分即可。网站的头部主要放置导航菜单、搜索栏和 LOGO 信息，其中 LOGO 信息可以是一张图片或者文本信息等，首页页面的左侧是新闻和活动等图片并加上信息概述，右侧是博文、职位信息和子公司描述等，单击图片或者文本可以进入相关信息的具体描述页面，也可以单击页面顶部的导航菜单进入相应的介绍页面。

11.1.3　网站文件结构

从页面的关系可以看到，大家在浏览某个网页时，首先进入首页，然后单击页面中的超链接，查看其他页面，如产品列表页、新闻列表页等，没有先后顺序之分，用户可以根据需要任意浏览某个页面。根据如上分析，本次制作集团网站的页面顺序如下。

（1）制作网站整体公用布局部分 public.html（可将头部和尾部公用部分放入其中，其他网站都是以此架构为模板来制作的）。

（2）制作集团网站首页 index.html。

（3）制作集团网站产品列表页 piclist.html。

（4）制作集团网站新闻列表页 list.html。

（5）制作集团网站内容页 content.html。

开发一个网站，网站中的文件结构是否合理非常重要，因此在网页制作前要设置网站文件的结构。通常开发一个网站，需要一个总的目录结构，例如，本网站名为 groupWeb，CSS3 的样式通常放在 CSS3 文件夹中，网页中用到的图片通常放在 image 或者 images 文件夹中，实现效果的 JavaScript 脚本放在 js 文件夹中。

11.1.4　网站总体架构

从效果图看，网页的结构不是很复杂，主要采用的是上、中、下结构，最上方为网站导航，最下方为网站版权，网页的主体又嵌套了一个左右版式，网站总体架构如图 11.2 所示。

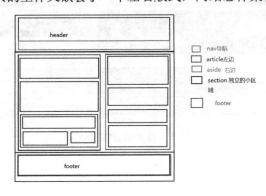

图 11.2　网站总体架构

在 HTML5 页面中，通常是由 div 标记作为层来部署不同的区域，可以是一个 div 层对应一个区域，也可以是多个 div 层对应一个区域，程序代码如下：

```
<body>
<div id="header_wrapper"></div>
<div id="body_wrapper" class="container"></div>
<div id="footer_wrapper"></div>
</body>
```

div 标记使用 HTML5 中的结构元素 header、section 和 footer 等划分网页结构。划分整体网页布局时，才有标准文档流结构。使用 CSS3 布局整体结构。

11.2 网站设计与实现

当网站整体架构完成后，就可以动手逐页地设计网站了，每个网页的制作流程采用自上而下、从左到右的顺序，完成之后，再对页面样式进行整体调整。

11.2.1 网站公共部分设计

网站导航和版权部分对任何一个网站都是必不可少的，网站导航对于整个网站有着提纲的作用，为了方便用户在复杂的网站页面之间跳转，版权部分通常是一些网站备案信息及一些页面中公用部分的内容，集团网站的导航和版权部分的页面效果如图 11.3 所示。

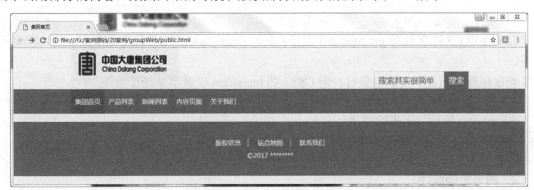

图 11.3　集团网站的导航和版权部分的页面效果

1. 网站顶部和导航设计

（1）顶部使用 header 标记，使用 div 标记进行框架布局。

```
<header>
  <div class="container">
<div id="logo"> </div>
<div id="sousuo"> </div>
  </div>
<div id="nav">
<nav class="container">
</nav>
</div>
```

```
</header>
```

header 标记包含一个 class 为 container 和 id 为 nav 的 div 元素来设置网站顶部和导航模块，网站顶部包含 id 为 logo 和 id 为 sousuo 的 div 元素来设置网站 LOGO 和搜索框；导航模块中设置一个 class 为 container 的容器来放置网站导航具体内容。整个头部标记的具体元素都设置在对应的位置上。

（2）页面最顶部显示网站 LOGO，在"<div id="logo"> </div>"中使用 a 标记实现链接效果，使用 src 标记加载 LOGO 图片信息。

```
<a href="index.html"><img src="images/menber_19.jpg"  height="80px" alt="集团首页"></a>
```

（3）在"<div id="sousuo"> </div>"中使用 form 表单，设置 search 类型的表单元素来布局网页搜索框。

```
<form action="index.html">
<input type="search" placeholder="搜索其实很简单"><input type="submit" value="搜索">
</form>
```

（4）使用无序列表 ul+li 标记制作顶部导航效果。

```
        <nav class="container">
                <ul>
                        <li class="on"><a href="index.html">集团首页</a></li><li>
                        <a href="piclist.html">产品列表</a></li><li>
                        <a href="list.html">新闻列表</a></li><li>
                        <a href="content.html">内容页面</a></li><li>
                        <a href="index.html">关于我们</a></li>
                </ul>
        </nav>
```

（5）使用 CSS3 属性的 div#nav nav li{display: inline-block;}实现每个菜单列表的块状显示效果。

当鼠标移动到每个菜单信息时，用 CSS3 的 transition 设置菜单渐变效果。

```
div#nav nav li{transition:background 1s linear;}
```

:hover 设置鼠标移上去的效果：

```
div#nav nav li.on , div#nav nav li:hover{ background-color: #2f89c5;}
```

（6）使用文字、文本、边框、背景和浮动等属性定位、美化网页元素。

2. 网站尾部设计

（1）尾部设置一个 class 为 container 的 footer 元素，其中用 ul+li 来设置尾部横向菜单显示效果；使用 p 元素设置版权信息。

```
        <footer class="container">
                <ul>
                        <li><a href="content.html">版权信息</a></li>
                        <li><a href="content.html">站点地图</a></li>
                        <li><a href="content.html">联系我们</a></li>
                </ul>
                <p>©2017 ********</p>
        </footer>
```

（2）使用 CSS3 属性的#footer_wrapper li{display: inline-block;}实现每个菜单列表的块状显示效果；使用文字、文本、边框、背景和浮动等属性定位、美化网页元素。

11.2.2 网站首页设计

首页是任何一个网站的主要页面，网站的导航和版权部分已经制作完成，这里不再展示，集团网站的主页主体内容如图 11.4 所示。

图 11.4 主页主体内容

修改导航部分"<li><a href="index.html">集团首页</a></li><li class="on">"，使得"集团首页"菜单为激活状态。网站首页主体部分是左右布局，左边布局结构用一个 article，里面包含 3 个 section 元素（分别代表轮播图、新闻和活动模块结构）；右边布局结构用一个 aside，里面包含 4 个 section 元素（分别代表博文、照片、联系、子公司模块结构）。

```
<article>
  <section id="lunbotu"> </section>
  <section id="xinwen"> </section>
  <section id="huodong"> </section>
</article>
<aside>
<section id="bowen"> </section>
  <section id="zhaopin"> </section>
  <section id="lianxi"> </section>
  <section id="zigongsi"> </section>
 </aside>
```

1. 网页主体内容最上方左侧是一个信息轮播图

（1）轮播图 HTML5 标记设计。

```
<div id="slide-runner">
        <a href="/"><img id="slide-img-1" src="images/a1.jpg" class="slide" alt="" /></a>
        <a href="/"><img id="slide-img-2" src="images/a2.jpg" class="slide" alt="" /></a>
        <a href="/"><img id="slide-img-3" src="images/a3.jpg" class="slide" alt="" /></a>
        <a href="/"><img id="slide-img-4" src="images/a4.jpg" class="slide" alt="" /></a>
        <a href="/"><img id="slide-img-5" src="images/a5.jpg" class="slide" alt="" /></a>
```

```
<a href="/"><img id="slide-img-6" src="images/a6.jpg" class="slide" alt="" /></a>
<a href="/"><img id="slide-img-7" src="images/a4.jpg" class="slide" alt="" /></a>
<div id="slide-controls">
    <p id="slide-client" class="text"><strong>联盟推荐: </strong><span></span></p>
    <p id="slide-desc" class="text"></p>
    <p id="slide-nav"></p>
</div>
</div>
```

（2）轮播图效果实现。

轮播图采用 JavaScript+jQuery 脚本实现，将素材中的 jQuery 和 script 文件复制到本项目的 js 目录下，然后在 HTML5 文件中引入 JavaScript 文件。

```
<script type="text/javascript" src="js/jquery.js"></script>
<script type="text/javascript" src="js/scripts.js"></script>
```

使用下面 JavaScript 代码来实现轮播图效果：

```
<script type="text/javascript">
if(!window.slider) var slider={};slider.data=[{"id":"slide-img-1","client":"第一条的标题在这里","desc":"第一条的这里是描述信息"},{"id":"slide-img-2","client":"标题在这里","desc":"这里是描述信息"},{"id":"slide-img-3","client":"标题在这里","desc":"这里是描述信息"},{"id":"slide-img-4","client":"标题在这里","desc":"这里是描述信息"},{"id":"slide-img-5","client":"标题在这里","desc":"这里是描述信息"},{"id":"slide-img-6","client":"标题在这里","desc":"这里是描述信息"},{"id":"slide-img-7","client":"标题在这里","desc":"这里是描述信息"}];
</script>
```

（3）轮播图 CSS3 设计。

轮播图背景阴影设计如下：

```
section#lunbotu{ box-shadow: 1px 4px 15px #A39F9F;}
```

2. 集团会员新闻

（1）集团会员新闻设计效果如图 11.5 所示。

图 11.5　集团会员新闻设计效果

```
<div class="title_bg">
<h2><a href="list.html">集团会员新闻</a></h2>
</div>
<ul>
<li>
    <a href="content.html"><img src="images/news_11.jpg" alt="新闻简介"> </a>
<a href="content.html" class="ms"> <div class="sanjiaoxing"></div>
    <h3>这里是很长很长的新闻标题</h3>
    <p>北京地铁 7 号线，是北京地铁第 18 条开通运营的线路，由北京市地铁运营有限公司运营一分公司负责运营。该线西起北京西站，东至焦化厂站，沿线经过丰台、西城、东城、朝阳…</p> </a>
</li>
…(此处多个类似的 li 元素设计)
</ul>
```

```
<section id="xinwen"></section>
```

新闻标记里面一个 class 为包含 title_bg 的 div 元素，该元素内容使用 h2 标记来展示"集团会员新闻"；新闻具体内容部分使用 ul+li 的设置模式，全部新闻用 ul 包含，在每个新闻的 li 标记设计新闻排列样式并由两个 a 标记组成，第一个 a 标记是图片信息，第二个 a 标记是信息内容部署。第二个 a 标记中设计了一个 class 为 sanjiaoxing 的 div 元素来实现图 11.5 画笔圈中的效果，h3 标记显示新闻标题，p 标记表示新闻具体内容。

（2）图 11.5 画笔圈中的效果是由 CSS3 旋转设置的方案实现的，设置 class 为"sanjiaoxing"的 div 元素的位置、颜色、高度和旋转角度。

```
.sanjiaoxing{
    width: 20px;
    height: 20px;
    background: #3598DC;
    position: absolute;
    top: 25px;
    left: -10px;
    transform: rotate(45deg);
}
```

（3）设置文本区域的高度、位置、底色、颜色等 CSS3 属性。

```
section#xinwen li a.ms{
    width: 308px;
    position: relative;
    background: rgb(53, 152, 220);
    color: #FFF;
    padding:10px;
    text-decoration: none;
    -webkit-box-sizing: border-box;
    -moz-box-sizing: border-box;
    -ms-box-sizing: border-box;
    -o-box-sizing: border-box;
    box-sizing: border-box;
}
```
完成图 11.5 的效果设计。

3. 集团活动模块设计

（1）集团活动模块设计效果如图 11.6 所示。

图 11.6　集团活动模块设计效果

```
<div class="title_bg">
  <h2><a href="list.html">集团活动</a></h2>
</div>
<section id="huodong_a"> </section>
<section id="huodong_b"> </section>
<section id="huodong_c"> </section>
<section id="huodong"></section>
```

新闻标记里面一个 class 为包含 title_bg 的 div 元素，该元素内容使用 h2 标记来展示"集团活动"；新闻具体内容部分使用 3 个 section 标记： huodong_a 放入顶部区域的 4 个图片；huodong_b 放入 10 个新闻简介；huodong_c 放入右下部的两张图片；全部的 section 都采用 ul+li/a 的设置模式，总体部分用 ul 包含，在每个新闻/图片设置一个 li 或者 a 标记。

huodong_a 设计如下：

```
<li><a href="content.html"><img src="images/hd_1.jpg"> </a> </li>
```

huodong_b 设计如下：

```
<li><a  href="content.html">新闻标题会很长很长很长新闻标题会很长很长很长新闻标题会很长很长很长
新闻标题会很长很长很长</a></li>
```

huodong_c 设计如下：

```
<li><a href="content.html"><img src="images/hd_17.jpg"> </a> </li>
```

（2）设计 huodong_a 的 CSS3 样式。

设置 section#huodong_a li 的 display 如下：

➤ "inline-block;" 设置块状模式；

➤ "vertical-align: top;" 设置顶部对齐；

➤ "margin-right: 9px;" 设计图片间隔；

➤ "section#huodong_a li:last-child" 表示使用 CSS3 选择器设置最后一个子元素 "margin-right: 0;"。

（3）设计 huodong_b 的文字缩略（文字太长的时候只显示前面部分文字内容，其他使用"…"显示）的效果。

```
section#huodong_b{
    width: 469px;
    display:inline-block;
    margin-top:10px;
    vertical-align: top;
    margin-right: 9px;
}
```

设置#huodong_b 显示区域的宽度、内嵌、上边距、对齐方式和右边距样式。

设置 section#huodong_b li 元素的 display 如下：

➤ "inline-block;" 表示内嵌属性；

➤ "width: 100%;" 表示宽度；

➤ "vertical-align: bottom;" 表示底部对齐；

➤ "overflow: hidden;" 表示藏文字超出宽度部分；

➤ "white-space: nowrap;" 表示文字不换行显示；

➤ "text-overflow: ellipsis;" 表示文字超出部分用 "…" 表示。

（4）设计 huodong_b 标题前面的数字框显示。

```
section#huodong_b li:before{
    content: counter(listxh);          //设置变量 listxh 来保存数字显示内容，数字采用自增方式
    background: #444;
    padding: 2px 5px;
    color: #FFF;
    margin-right: 5px;
}
section#huodong_b li{
counter-increment: listxh;             //设置变量 listxh 采用自增方式
}
```

（5）设计鼠标移动到新闻标题上实现阴影的渐变动态效果。

```
section#huodong_b li:hover{text-shadow: 1px 4px 4px #000;}
section#huodong_b li{transition:text-shadow 1s linear;}
```

4．精彩博文模块设计

使用 div+无序列表的方式、图片+文本的布局、浮动等属性，并让它们排列在不同的区域，以下是精彩博文模块中的布局方案。

```
<div class="title_bg">
    <h2><a href="list.html">精彩博文</a></h2>
</div>
<section id="bowen_a">
<ul>
<li><a href="content.html"><img src="images/bowen_06.jpg"></a><a href="content.html">精彩博文详细标题</a></li><li>
<a href="content.html"><img src="images/bowen_06.jpg"> </a><a href="content.html">精彩博文详细标题</a> </li>
</ul>
</section>
….(此处多个类似的 section 元素设计)
```

CSS3 的设置类似集团活动模块。

5．职位信息模块设计

使用 div+无序列表的方式、浮动等属性，并让它们排列在不同的区域，以下是职位信息模块中的布局方案。

```
<div class="title_bg">
    <h2><a href="list.html">职位信息</a></h2>
</div>
<ul>
    <li><a href="content.html">新闻标题会很长很长很长新闻标题会很长很长很长新闻标题会很长很长很长新闻标题会很长很长很长</a></li>
    ….(此处多个类似的 li 元素设计)
</ul>
```

CSS3 的设置类似集团活动模块。

6．"联系我们"模块设计

以设计图片的方式来实现"联系我们"的效果，其程序代码如下：

```
<div class="title_bg">
    <h2><a href="list.html">联系我们</a></h2>
</div>
```

```
<a href="content.html"><img src="images/about_13.jpg"></a>
```

CSS3 的设置类似集团活动模块。

7．"集团子公司"模块设计

（1）"<section id="zigongsi"></section>"里面包含一个 class 为 title_bg 的 div 元素，该元素内容使用 h2 标记来展示"集团子公司"；子公司具体内容部分使用 ul+li/a 的设置模式，总体部分用 ul 包含，在每个子公司设置一个 li 标记，每个 li 标记包括 h4 标记的子公司名称，class 为 zgsjj 的 div 元素来设置子公司图标和子公司简介。

```
<div class="title_bg">
<h2><a href="list.html">集团子公司</a></h2>
</div>
<ul>
  <li>
    <h4><a href="content.html">子公司名称</a></h4>
    <div class="zgsjj">
      <a href="content.html"><img src="images/menber_19.jpg"></a>
      <a href="content.html">从 2 月 6 日赴俄罗斯出席索契冬奥会开幕式，到 11 月 23 日结束南太平洋之
行，习近平主席 2014 年 7 次出访，足迹遍及 18 个国家...</a>
    </div>
  </li>
...(此处多个类似的 li 元素设计)
</ul>
```

（2）实现鼠标悬停过程中内容区域逐渐变大的动画效果。

在 CSS3 中设置鼠标 hover 效果：

```
.zgsjj{
    transition:padding 0.5s linear;
}
.zgsjj:hover{
    border: solid 1px #3598DB;
    padding: 10px 0;
}
```

8．完成页面完整效果图

不断对页面进行微调，设置页面中字体颜色、边框颜色、位置、边框等 CSS 属性。

11.2.3 网站产品列表页设计

产品列表页面主要以图片为主来显示产品信息，很多设计与首页设计基本类似，页面部分显示效果如图 11.7 所示。

图 11.7 页面部分显示效果

因为产品列表页面结构与网站首页的设计方式类似,所以复制网站公共部分 public.htm 生成 piclist.html,修改导航部分如下:

```
<li><a href="index.html">产品列表</a></li><li class="on">
```

使得"产品列表"菜单为激活状态。

产品列表页面主体部分是左右布局,左边布局结构用一个 article 标记,里面包含一个 header 头元素和两个 section 元素(分别代表产品列表和页面布局模块结构); 右边布局结构用一个 aside 标记,里面包含两个 section 元素(分别代表热门文章推荐 / TOP 10 和文章点击推荐 / TOP 10 模块结构)。

```
<article>
<header> </header>
  <section class="piclist"> </section>
  <section class="listnav"> </section>
</article>
<aside>
<section class="toplist"> </section>
  <section id="tuijianlist" class="toplist">
</aside>
```

为了设计本网页的 CSS3 结构,新建 list.css 文件,并将其引入 piclist.html 中。

```
<link href="css/list.css" rel="stylesheet" type="text/css">
```

1. header 头部

header 头部主要设计本网页的导航文本结构,使用 h2 标记进行文本表示。

```
<h2>您现在的位置: 首页 >  产品列表页</h2>
在 list.css 中设计 h2 样式: article header h2{
    color: #444;                    //设置颜色
    font-size: 16px;                //设置文字大小
    border-bottom: solid 1px #D6D6D6;   //设置底部边框
    padding-bottom: 10px;           //设置填充
    margin-bottom: 10px;            //设置外边距
}
```

2. 图片列表模块

(1)主要使用 ul+li+a 的结构设计图片与标题的部署。

```
<ul>
    <li><a  href="content.html"><img  src="images/pic1.jpg"></a><a  href="content.html"> 这 里 是 标 题 </a></li>
    …(这里包含多个类似的 li 结构)
</ul>
```

其中,第一个 a 标记使用 src 载入图片,第二个 a 标记中设计对应的图片标题。

(2)设计图片每行 3 张图片,使用 CSS3 来设计图片大小、边框、边距等。

```
.piclist li {
    margin-bottom: 10px;            //底部外边距
    margin-right: 10px;             //右边边距
    width: 202px;                   //li 的宽度
    height: 149px;                  //li 的高度
    text-align: center;             //li 中文字居中对齐
}
```

```
.piclist li img{
    width: 202px;                          //图片宽度
    height: 124px;                         //图片高度
    border-radius: 9px;                    //图片的边框为 9px 的圆形边框
}
.piclist li:nth-child(3n+3){               //每行最后一个图片的格式设计
    margin-right: 0;                       //右边边距为 0px
}
```

（3）设计图片的动态效果：使用 CSS3 自定义名为 piclist 的动画，当鼠标悬停在图片上时使图片按照设定的动画进行运动（以 Google 浏览器设定为例），本例设定了 0%、40%、60% 和 90%的动作，主要包括旋转角度、大小、透明度和圆角边距大小的变化情况。

```
@-webkit-keyframes piclist{
    0%{
        -webkit-transform:rotate(0deg) scale(1);     //角度为 0°，原始大小
        opacity: 0.5;                                //透明度为 0.5
        border-radius: 1px;                          //圆角边距为 1px
    }
    40%{
        -webkit-transform:rotate(60deg) scale(2);    //角度为 0°，大小为原始大小的 2 倍
        opacity: 0.9;                                //透明度为 0.9
    }
    60%{
        -webkit-transform:rotate(30deg) scale(1.3);  //角度为 0°，大小为原始大小的 1.3 倍
        opacity: 0.2;                                //透明度为 0.2
        border-radius: 110px;                        //圆角边距为 110px
    }
    90%{
        -webkit-transform:rotate(0deg) scale(0.8);   //角度为 0°，大小为原始大小的 0.8 倍
        opacity: 1;                                  //透明度为 1
        border-radius: 11px;                         //圆角边距为 11px
    }
}
```

在鼠标悬停图片元素时，加载名为 piclist 的动画。

```
.piclist li:hover img{
    -webkit-animation-name:piclist;                  //加载名为 piclist 的动画
    -webkit-animation-duration:1s;                   //加载的时间为 1s
    -webkit-animation-timing-function:linear;        //加载为线性加载
}
```

3. 页面上下页布局

（1）页面上下页布局是常见的一种布局结构。

```
<nav>
    <ul>
            <li><a href="list.html">1</a></li><li class="on">
            <a href="list.html">2</a></li><li>
            <a href="list.html">3</a></li><li>
            <a href="list.html">4</a></li><li>
            <a href="list.html">下一页</a></li><li>
```

```
            <a href="list.html">最后一页</a></li>
        </ul>
    </nav>
```

使用 nav 标记中使用 ul+li+a 的形式设定上下页模块结构，其中在激活状态的 li 标记中设定 class 为 on。

（2）使用 CSS3 设定 class 为 on 和鼠标悬停时的激活样式。

```
.listnav li.on , .listnav li:hover{ background-color: #444444;}
```

设置鼠标经过时元素的渐变动作，程序代码如下：

```
    -webkit-transition:background-color 0.5s linear;
```

4．热门文章推荐 / TOP 10 和文章点击推荐 / TOP 10 的设计都由一个 class 为 toplist_tit 的标题模块和 ul+li+a 的文章列表模块构成。

```
<div class="toplist_tit">
        <h3>热门文章推荐 / TOP 10</h3>
</div>
<ul>
    <li><a href="content.html">新闻标题会很长很长很长新闻标题会很长很长很长新闻标题会很长很长
很长新闻标题会很长很长很长</a></li>
    …（此处有多个 li 元素）
</ul>
```

热门文章推荐/TOP 10 的 CSS3 设计与首页的"集团活动"布局类似，此处不再赘述。

11.2.4 网站新闻列表页设计

新闻列表页面主要以新闻简介为主来显示新闻信息，很多设计与产品列表页面基本类似，页面部分显示效果如图 11.8 所示。

图 11.8 页面部分显示效果

因为新闻列表结构与产品列表页面的设计方式类似，所以复制网站产品列表页 piclist.html 生成 list.html，修改导航部分如下：

```
<li><a href="index.html">新闻列表</a></li><li class="on">
```

这条语句使得"新闻列表"菜单为激活状态。

新闻列表页面主体部分是左右布局，左边布局结构用一个 article 标记，里面包含一个 header 头元素和两个 section 元素（分别代表新闻列表和页面布局模块结构）； 右边布局结构用一个 aside 标记，里面包含两个 section 元素（分别代表热门文章推荐 / TOP 10 和文章点击推荐 / TOP

10 模块结构）。

```
<article>
<header> </header>
    <section class="newslist"> </section>
    <section class="listnav"> </section>
</article>
<aside>
    <section class="toplist"> </section>
    <section id="tuijianlist" class="toplist">
</aside>
```

其中，与产品列表不同的地方只有 header 内容和 class 为 newlist 的模块设置，所以只要把该两部分删除并修改即可。

1．header 部分修改

```
<header><h2>您现在的位置：首页 > 新闻列表页</h2> </header>
```

2．新闻列表模块设计采用 ul+li+a 的设计方式

```
<ul>
    <li><a href="content.html"> 新 闻 标 题 会 很 长 很 长 很 长 新 闻 标 题 会 </a><time
datetime="2014-12-28">2014-12-18</time></li>
    …（此处多次类似的 li 设计）
</ul>
```

（1）设计 5 个新闻 1 个隔断的样式。

```
.newslist li:nth-child(5n+5) {
    border-bottom: solid 1px #C6C2C2;          //加上底部边框
    padding-bottom: 10px;                      //填充为 10px
}
.newslist li:last-child{                       //最后 1 个新闻元素边框为 0
    border: 0;
}
```

（2）设计 datetime 时间样式。

```
.newslist li time{
    display: inline-block;                     //设置为块元素
    width: 117px;                              //宽度
    text-align: center;                        //文字中间对齐
    vertical-align: top;                       //垂直顶部对齐
    color: #444444;                            //颜色
}
```

（3）其他 CSS3 设计（略）。

11.2.5 网站内容列表页设计

网站内容列表页面主要以文章部署结构方式为主来显示新闻信息，很多设计与新闻列表页面基本类似，页面部分显示效果如图 11.9 所示。

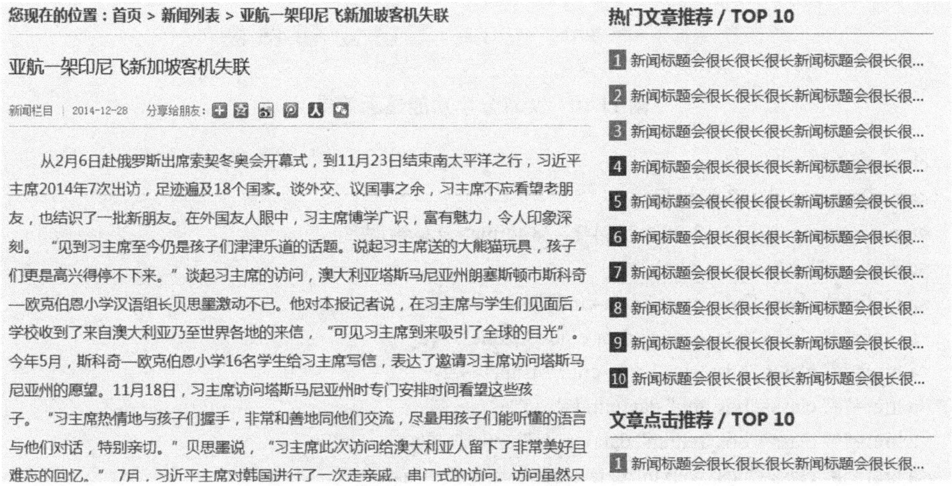

图 11.9 页面部分显示效果

因为内容列表结构与产品新闻页面的设计方式类似，所以复制网站新闻列表页 list.html 生成 content.html，修改导航部分如下：

```
<li><a href="index.html"内容列表</a></li><li class="on">
```

这条语句使得"内容列表"菜单为激活状态。

新闻列表页面主体部分是左右布局，左边布局结构用一个 article 标记，里面包含一个 header 头元素和 3 个 section 元素（分别代表文章内容显示布局、页面布局、相关阅读模块结构）；右边布局结构用一个 aside 标记，里面包含两个 section 元素（分别代表热门文章推荐 / TOP 10 和文章点击推荐 / TOP 10 模块结构）。

```
<article>
  <header> </header>
  <section></section>
  <section class="listnav"> </section>
  <section class="xiangguanyuedu"> </section>
</article>
<aside>
<section class="toplist"> </section>
  <section id="tuijianlist" class="toplist">
</aside>
```

其中，与新闻列表不同的地方只有 header 内容、文章内容显示布局、class 为 listnav、class 为 xiangguanyuedu 的 section 模块设置，所以只要把该 4 个部分删除并修改即可。

1. header 部分修改

```
<header><h2>您现在的位置：首页 > 新闻列表 > 亚航一架印尼飞新加坡客机失联 </h2> </header>
```

2. 文章列表模块设计采用 header+div 的模式设计方式

```
<header class="content_h1"></header>
<div class="content_nr"> </div>
```

（1）header 头部使用 h1 元素设计文章的标题。

```
<h1>亚航一架印尼飞新加坡客机失联</h1>
```

（2）设计一个 div 元素来实现文章的分享功能，如图 11.10 所示。

新闻栏目 ｜ 2014-12-28　　分享给朋友：

图 11.10　文章分享功能显示效果

```
<div class="title_bar">
    <a href="list.html">新闻栏目</a>
    <time datetime="2014-12-28">2014-12-28</time>分享给朋友：
    <div class="bdsharebuttonbox">
    <a href="#" class="bds_more" data-cmd="more"></a>
    <a href="#" class="bds_qzone" data-cmd="qzone"></a>
    <a href="#" class="bds_tsina" data-cmd="tsina"></a>
    <a href="#" class="bds_tqq" data-cmd="tqq"></a>
    <a href="#" class="bds_renren" data-cmd="renren"></a>
    <a href="#" class="bds_weixin" data-cmd="weixin"></a>
</div>
```

（3）使用 JavaScript 脚本实现分享效果，该脚本调用的是百度分享功能设计的通用脚本，可直接粘贴使用。

```
<script>
        window._bd_share_config=
        {
            "common":
            {
                "bdSnsKey":{},
                "bdText":"",
                "bdMini":"2",
                "bdPic":"",
                "bdStyle":"0",
                "bdSize":"16"
                },
            "share":{},
            "image":
            {
                "viewList":["qzone","tsina","tqq","renren","weixin"],
                "viewText":"分享到：",
                "viewSize":"16"
            },
        "selectShare":
        {
            "bdContainerClass":null,
            "bdSelectMiniList":["qzone","tsina","tqq","renren","weixin"]
        }
        };
        with(document)0[(getElementsByTagName('head')[0]||body).appendChild(createElement('script')).src='htt
p://bdimg.share.baidu.com/static/api/js/share.js?v=89860593.js?cdnversion='+~(-new Date()/36e5)];
    </script>
```

（4）文章的内容直接使用一个 div 元素存放即可。

```
<div class="content_nr">从 2 月 6 日赴俄…（由于篇幅关系，省略更多内容）</div>
```

3. class 部分修改

修改 class 为 listnav 的 section 中的"上一页"、"下一页"和"全部阅读"导航栏 li 的内容和结构。

```
<ul>
    <li><a href="list.html">下一页</a></li><li>
    <a href="list.html">上一页</a></li><li>
    <a href="list.html">全部阅读</a></li>
</ul>
```

4. 增加 class 为 xiangguanyuedu 的 section

（1）在该 section 下添加如下脚本。

```
<h5>相关阅读：</h5>
上一篇：<a href="list.html">俄罗斯出席索契冬奥会开幕式</a>
下一篇：<a href="list.html">亚航一架印尼飞新加坡客机失联</a>
```

（2）为该模块布局增加 CSS3 样式。

```
section.xiangguanyuedu{
    margin-top: 20px;              //上边距为20px
    height: 38px;                 //高度为38px
    overflow: hidden;            //隐藏超出宽度的文字
}
section.xiangguanyuedu a{
    text-decoration: none;        //删除链接的底线
    color: #3598DB;              //设置链接字体颜色
}
```

（3）其他 CSS3 设计（略）。

11.3　集团网站设计小结

11.3.1　网站兼容性改进

至此，网站的基本功能已经设计完成，但是网站还可以考虑得更加周全，如不同网页的兼容性问题，案例开发的环境主要是使用 Google 浏览器，在测试过程中，使用 IE、Firefox 等浏览器，发现有些部署和动画显示不出来，所以要对动画做如下改进。

1. style.css 中渐变的兼容性改进

```
div#nav nav li{
    display: inline-block;
    line-height: 60px;
    padding: 0 10px;
    border-right: solid 1px #2f89c5;
    -webkit-transition:background 1s linear;
    -moz-transition:background 1s linear;
    -ms-transition:background 1s linear;
    -o-transition:background 1s linear;
    transition:background 1s linear;
```

```
}
```

2. 新闻页的盒子模型兼容性改进

```css
section#xinwen li a.ms{
    width: 308px;
    position: relative;
    background: rgb(53, 152, 220);
    color: #FFF;
    padding:10px;
    text-decoration: none;
    -webkit-box-sizing: border-box;
    -moz-box-sizing: border-box;
    -ms-box-sizing: border-box;
    -o-box-sizing: border-box;
    box-sizing: border-box;
}
```

3. 新闻页中的三角形选中兼容性改进

```css
.sanjiaoxing{
    width: 20px;
    height: 20px;
    background: #3598DC;
    position: absolute;
    top: 25px;
    left: -10px;
    -webkit-transform: rotate(45deg);
    -moz-transform: rotate(45deg);
    -ms-transform: rotate(45deg);
    -o-transform: rotate(45deg);
    transform: rotate(45deg);
}
```

4. list.css 中自定义动画的兼容性改进

```css
@-webkit-keyframes piclist{
    0%{
        -webkit-transform:rotate(0deg) scale(1);
        -moz-transform:rotate(0deg) scale(1);
        -ms-transform:rotate(0deg) scale(1);
        -o-transform:rotate(0deg) scale(1);
        transform:rotate(0deg) scale(1);
        opacity: 0.5;
        border-radius: 1px;

    }
    40%{
        -webkit-transform:rotate(60deg) scale(2);
        -moz-transform:rotate(60deg) scale(2);
        -ms-transform:rotate(60deg) scale(2);
        -o-transform:rotate(60deg) scale(2);
        transform:rotate(60deg) scale(2);
```

```
        opacity: 0.9;
    }
    60%{
        -webkit-transform:rotate(30deg) scale(1.3);
        -moz-transform:rotate(30deg) scale(1.3);
        -ms-transform:rotate(30deg) scale(1.3);
        -o-transform:rotate(30deg) scale(1.3);
        transform:rotate(30deg) scale(1.3);
        opacity: 0.2;
        border-radius: 110px;
    }
    90%{
        -webkit-transform:rotate(0deg) scale(0.8);
        -moz-transform:rotate(0deg) scale(0.8);
        -ms-transform:rotate(0deg) scale(0.8);
        -o-transform:rotate(0deg) scale(0.8);
        transform:rotate(0deg) scale(0.8);
        opacity: 1;
        border-radius: 11px;
    }
}
.piclist li:hover img{
    -webkit-animation-name:piclist;
    -moz-animation-name:piclist;
    -ms-animation-name:piclist;
    -o-animation-name:piclist;
    animation-name:piclist;
    -webkit-animation-duration:1s;
    -moz-animation-duration:1s;
    -ms-animation-duration:1s;
    -o-animation-duration:1s;
    animation-duration:1s;
    -webkit-animation-timing-function:linear;
    -moz-animation-timing-function:linear;
    -ms-animation-timing-function:linear;
    -o-animation-timing-function:linear;
    animation-timing-function:linear;
}
```

5. 使用插件的形式进行兼容性部署

使用宏定义方式规定当浏览器是 IE9 以下时,加载 js 脚本插件,用插件里提供的方法实现低版本不能实现的功能,具体的实现方案要看载入查看的库函数,不是这里所讲范围,读者可以下载该库函数进行研究。

```
<!--[if lt IE 9]>
<script src="http://libs.useso.com/js/html5shiv/3.7/html5shiv.min.js"></script>
<script src="http://libs.useso.com/js/respond.js/1.4.2/respond.min.js"></script>
<script src="js/selectivizr.js" type="text/javascript"></script>
<![endif]-->
```

11.3.2　网站设计建议

（1）网站设计和编辑代码过程中，要整体把控页面的结构，每完成一部分都要通过浏览器检测，测试通过后再进行下面的编码。

（2）在制作项目时，认真体会页面的布局、不同 HTML5 编辑的语言和属性。HTML5 和 CSS3 都是所见即所得的语言，在项目制作过程中仔细体会它们的语义与样式效果，感受 HTML5、CSS3 和 JavaScript 脚本配合使用的效果。

（3）盒子模型是 CSS3 网页布局的基础，建议读者认真体会，好的布局可以大大减少页面的兼容 bug；使用 HTML5 和 CSS3 制作页面时，处处可见"浮动"，div+"浮动"布局很是神奇，建议可以多做些相关的练习；块元素与行内元素也是本项目设计的重点，通过本项目的学习，能够根据页面需求，灵活地实现它们之间的转换。

（4）建议读者认真体会列表和超链接的用法，能够熟练地运用列表与超链接组织页面元素。制作项目时，熟练掌握 CSS3 控制列表和超链接，并注意清除列表和超链接的默认样式。在实际工作中，注意超链接伪类的几种状态，能够设置超链接在单击前、单击后和鼠标悬停时的样式。

（5）建议读者在本书的基础上不断深入学习 JavaScript、jQuery 和其他前端框架的编程知识，网页设计是个注重实践的过程，提醒读者熟能生巧，多多练习才能提高代码的编写效率。

（6）编辑代码过程中，出现问题不要担心，可以检查是否有错误字符、标点符号、空格等问题，重在体验，保持正能量才能更好地完成。

反侵权盗版声明

电子工业出版社依法对本作品享有专有出版权。任何未经权利人书面许可，复制、销售或通过信息网络传播本作品的行为，歪曲、篡改、剽窃本作品的行为，均违反《中华人民共和国著作权法》，其行为人应承担相应的民事责任和行政责任，构成犯罪的，将被依法追究刑事责任。

为了维护市场秩序，保护权利人的合法权益，我社将依法查处和打击侵权盗版的单位和个人。欢迎社会各界人士积极举报侵权盗版行为，本社将奖励举报有功人员，并保证举报人的信息不被泄露。

举报电话：（010）88254396；（010）88258888
传　　真：（010）88254397
E-mail：　dbqq@phei.com.cn
通信地址：北京市海淀区万寿路 173 信箱
　　　　　电子工业出版社总编办公室
邮　　编：100036